国家级实验教学示范中心联席会
计算机学科组规划教材

教育部高等学校计算机类专业教学指导委员会
推荐教材

数据结构学习辅导与实验指导

——从概念到实现

王红梅 张丽杰 盖世蕊 编著

清华大学出版社
北京

内容简介

本书与清华大学出版社《数据结构——从概念到C实现》《数据结构——从概念到C++实现》《数据结构——从概念到Java实现》主教材配套使用。本书包括两部分。第一部分是学习辅导，共7章，对应主教材第1～7章。每章由3个模块组成：第一个模块是本章导学，包括知识结构图和重点整理；第二个模块是重点难点释疑，对本章的重点、难点进行梳理和剖析；第三个模块是习题解析，对主教材的作业册和补充习题进行深入浅出的解析。第二部分是实验指导，共8章。其中，第8章为实验概述；第9～14章对应主教材第2～7章，包括验证实验和设计实验；第15章是综合实验。附录给出了实验报告的一般格式。

本书配合主教材使用，起到衔接课堂教学和指导实验教学的作用。由于本书内容较为独立，习题解析比较详尽，实验内容结合实际，实验提示启发思维，因此也可以作为教师和学生的参考教材。

图书在版编目(CIP)数据

数据结构学习辅导与实验指导：从概念到实现/王红梅，张丽杰，盖世蕊编著. —北京：清华大学出版社，2024.1
国家级实验教学示范中心联席会计算机学科组规划教材
ISBN 978-7-302-65544-2

Ⅰ. ①数… Ⅱ. ①王… ②张… ③盖… Ⅲ. ①数据结构－高等学校－教学参考资料 Ⅳ. ①TP311.12

中国国家版本馆CIP数据核字(2024)第019985号

责任编辑：袁勤勇　战晓雷
封面设计：刘　键
责任校对：申晓焕
责任印制：宋　林

出版发行：清华大学出版社
网　　址：https://www.tup.com.cn，https://www.wqxuetang.com
地　　址：北京清华大学学研大厦A座　　**邮　　编**：100084
社 总 机：010-83470000　　**邮　　购**：010-62786544
投稿与读者服务：010-62776969，c-service@tup.tsinghua.edu.cn
质量反馈：010-62772015，zhiliang@tup.tsinghua.edu.cn
课件下载：https://www.tup.com.cn，010-83470236
印 装 者：三河市龙大印装有限公司
经　　销：全国新华书店
开　　本：185mm×260mm　　**印　　张**：14.25　　**字　　数**：329千字
版　　次：2024年2月第1版　　**印　　次**：2024年2月第1次印刷
定　　价：48.00元

产品编号：101688-01

前言

数据结构是计算机及相关专业的核心课程，也是计算机及相关专业硕士研究生入学考试的必考科目。数据结构课程知识丰富、内容抽象，隐藏在各知识单元的概念和方法较多，学生必须通过知识梳理、习题演练和动手实验才能达成数据结构课程的教学目标。本书与清华大学出版社《数据结构——从概念到C实现》《数据结构——从概念到C++实现》《数据结构——从概念到Java实现》主教材配套使用，起到衔接课堂教学和指导实验教学的作用。

本书包括两部分。第一部分是学习辅导，共7章，对应主教材第1～7章。每章由3个模块组成：第一个模块是本章导学，包括知识结构图和重点整理；第二个模块是重点难点释疑，对本章的重点、难点进行梳理和剖析；第三个模块是习题解析，对主教材的作业册和补充习题进行深入浅出的解析。第二部分是实验指导，共8章。其中，第8章为实验概述；第9～14章对应主教材第2～7章，包括验证实验和设计实验；第15章是综合实验。验证实验在主教材上都能找到具体的数据结构和算法实现，建议在学习相关知识的同时自行完成。数据结构课程通常包含实验环节，建议在实验课上完成设计实验。如果数据结构课程安排了课程设计，建议在课程设计环节完成综合实验；如果没有安排课程设计，建议以大作业的形式完成综合实验。

数据结构是一门实践性很强的课程，能够求解的问题更接近实际，本书按照"验证实验→设计实验→综合实验"递进的层次安排相关实验，循序渐进地提高学生运用数据结构解决实际问题的能力。验证实验由实验目的、实验内容、实验提示、实验程序4部分组成。其中，实验目的明确了该实验要运用哪些知识点，实验内容规定了实验的具体任务，实验提示给出了编程实现的关键点，实验程序以二维码的形式提供了C、C++、Java语言实现的范例程序和部分测试数据。设计实验和综合实验由问题描述、基本要求、测试样例、实验提示、扩展实验5部分组成。其中，问题描述建立问题的背景环境，对待求解的问题进行描述和说明；基本要求对求解方案进行约束规范，保证预定的实验意图，使某些难点和重点不会被绕过去，同时也便于教学检查；测试样例给出几组测试数据，同时也有助于理解问题；实验提示给出设计数据结构和算法的主要思路，以伪代码形式给出算法描述；扩展实验引导学生在完成实验任务后进行深入思考，探索其他实现方法。

本书由王红梅编写，其中设计实验案例由张丽杰老师整理，综合实验项目和习题由盖世蕊老师整理，2021级本科生杨宝祥调试了验证实验。

限于作者的知识和写作水平，本书虽经再三斟酌和反复修改，仍难免有缺点和错误，欢迎专家和读者批评指正。

作者的电子邮箱是 wanghongmei@ccut.edu.cn。

作　者

2024年1月

第一部分 学习辅导

第7章　排序技术　/122

第二部分　实验指导

第8章　实验概述　/141

第9章　线性表　/153

第10章　栈、队列和数组　/160

第一部分

学 习 辅 导

第1章

绪　论

1.1　本章导学

1.1.1　知识结构图

本章有两条主线：一条主线是数据结构，包括数据结构的基本概念，注意辨析逻辑结构和存储结构之间的关系；另一条主线是算法，包括算法的基本概念、描述方法以及分析方法。注意体会数据结构和算法在程序设计中的作用，标有☆的知识点为扩展与提高内容。本章的知识结构如图1-1所示。

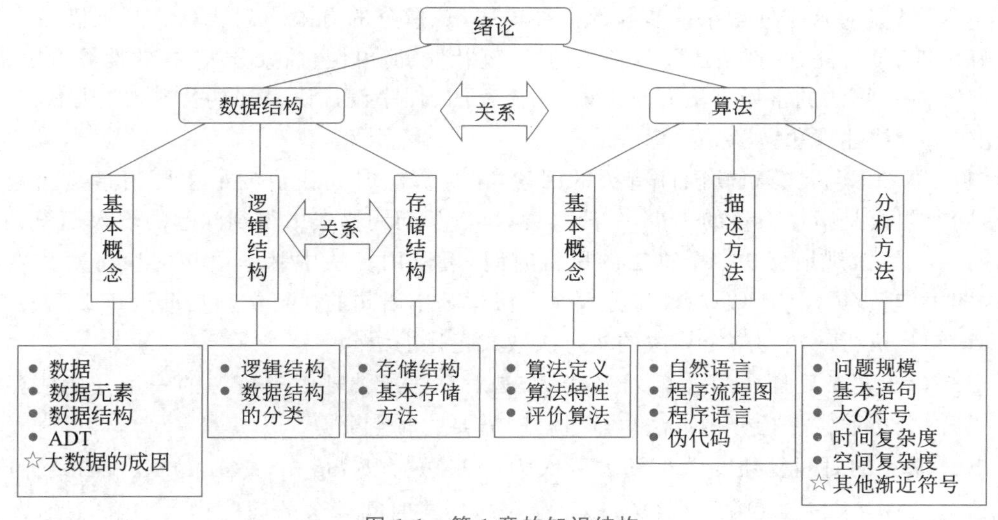

图1-1　第1章的知识结构

1.1.2　重点整理

1. 程序设计的一般过程是“问题→想法→算法→程序”。“问题→想法”的主要任务是抽象出数据模型，形成问题求解的基本思路；“想法→算法”的主要任务是将数据模型从机外表示转换为机内表示，将问题的解决方案转换为算法；“算法→程序”的主要任务是将算法的操作步骤转换为某种程序设计语言对应的语句。

2. 程序设计的关键是数据表示和数据处理。数据表示的主要任务是从问题抽象出数据模型，并将该模型从机外表示转换为机内表示；数据处理的主要任务是对问题的求解方法进行抽象描述，即设计算法。

3. 数据是所有能输入计算机中并能被计算机程序识别和处理的符号集合，是计算机程序加工处理的“原料”。

4. 数据元素是数据的基本单位，在计算机程序中通常作为一个整体进行考虑和处理。数据元素是讨论数据结构时涉及的最小数据单位，一般来说，能独立、完整地描述问题世界的一切实体都是数据元素。

5. 数据结构是指相互之间存在一定关系的数据元素的集合。数据结构研究非数值问题的数据组织和处理，包括数据的逻辑结构、存储结构和基本概念 3 方面。

6. 数据的逻辑结构是指数据元素之间逻辑关系的整体，分为 4 种类型：集合、线性结构、树结构和图结构，其中，树结构和图结构也称为非线性结构。

7. 数据的存储结构是数据及其逻辑结构在计算机中的表示。通常有两种存储方法：顺序存储和链接存储。顺序存储结构的基本思想是用一组连续的存储单元依次存储数据元素，数据元素之间的逻辑关系由元素的存储位置表示。链接存储结构的基本思想是用一组任意的存储单元存储数据元素，数据元素之间的逻辑关系用指针表示。

8. 抽象数据类型是一个数据模型以及定义在该模型上的一组操作。从抽象数据类型的角度，可以把数据结构的实现过程分为抽象层、设计层和实现层。

9. 算法是对特定问题求解步骤的一种描述，是指令的有限序列。算法必须满足有穷性、确定性、可行性，好算法还要具备正确性、健壮性、简单性、抽象分级、高效性等特性。

10. 描述算法的常用方法有自然语言、流程图、程序设计语言和伪代码等，其中，伪代码比较适合描述算法，被称为“算法语言”。

11. 不考虑与计算机软硬件有关的因素，影响算法时间代价的最主要因素是问题规模。问题规模是指输入量的多少，一般来说，可以从问题描述中得到问题的输入规模。

12. 为了客观地反映一个算法的执行时间，可以用算法中基本语句的执行次数度量算法的工作量，关注当问题规模充分大时算法中基本语句的执行次数在渐近意义下的阶。基本语句是执行次数与整个算法的执行次数成正比的语句。

13. 渐近复杂度通常用大 O 符号表示，是对算法所消耗时空资源的一种分析估算方法。算法分析通常是指分析算法执行过程中需要的时空资源。

14. 常见的时间复杂度由小到大依次为：$O(1)<O(\log_2 n)<O(n)<O(n\log_2 n)<O(n^2)<O(n^3)<\cdots<O(2^n)<O(n!)$。存在多项式时间算法的问题称为易解问题，需要指数时间算法的问题称为难解问题。

15. 算法的空间复杂度是指算法在执行过程中需要的辅助空间数量，如果算法所需的辅助空间相对于问题规模来说是一个常数，称此算法为原地（或就地）工作。

1.2 重点难点释疑

1.2.1 信息、数据与结构

简单地说，信息是关于某一事情的事实或知识，泛指人类社会传播的一切内容。人类通过获得、识别自然界和社会的不同信息来区别事物，得以认识和改造世界。大千世界有各种各样的信息，如孩子的哭声、手机的短信、股票的涨跌、道路的交通灯、人们用语言交流的思想等。

数据能够被计算机识别、存储和处理，是计算机程序加工的“原料”。例如，学生学籍管理程序处理的数据是每个学生的基本信息，包括学号、姓名、性别等数据项；计算机对弈程序处理的数据是在对弈过程中出现的棋局；编译程序处理的数据是用某种高级语言书写的源程序。

计算机程序处理的是数据，而不是信息，换言之，信息必须转换成数据才能在计算机中进行处理，而这些数据应该能够恰当地表示要处理的信息。某些情况下，这个转换过程是很复杂的。例如，“某学生很聪明”是一个信息，但是智力是非常复杂的概念，这个信息应该转换成什么数据呢？

在求解问题时，为了描述数据，同时也为了便于计算机程序加工处理，通常将问题世界的数据分解成一些较简单的成分（数据元素），再建立数据元素之间的逻辑关系（即结构）。对于非数值问题，数据成分之间存在如下 4 种关系：集合（没有关系）、线性结构（一对一）、树结构（一对多）、图结构（多对多）。

1.2.2 数据类型与抽象数据类型

数据结构是在计算机领域广泛使用的术语，通常反映数据的内部构成，即，数据由哪些数据元素构成，以什么方式构成，数据元素之间呈现什么关系。

数据类型是一组值的集合以及定义在这个值集上的一组操作。在高级程序设计语言中，数据类型是数据的一个属性，包含 3 层含义：第一，分配一定的存储空间，不同类型的数据具有不同的存储格式；第二，确定一个值的集合，不同类型的数据具有不同的取值范围；第三，确定一个运算集合，不同类型的数据可以进行的运算不同。由于基本数据类型中数据的存储表示、基本操作和具体实现都很规范，因此可以通过系统内置而隐藏起来。例如，C/C++ 语言中的整型（int）就是整数的数学含义以及可以进行的算术运算（加、减、乘、除等）。

在实际问题中，数据往往具有复杂的逻辑关系，通常用数据结构进行描述。更一般地，数据结构包括数据的逻辑结构、存储结构和操作（特别是基本操作）3 方面。由于数据结构不可能像基本数据类型那样规范，这就要求设计人员根据实际情况定义抽象数据类型。抽象数据类型是一个数据结构以及定义在该结构上的一组操作，可理解为对数据类型的进一步抽象。在高级程序设计语言中，抽象数据类型对应用户自定义数据类型。因此，数据结构的实现过程就是抽象数据类型（即用户自定义数据类型）的实现过程。

1.2.3 逻辑结构与存储结构

数据结构是指相互之间存在一定关系的数据元素的集合。按照视点的不同，数据结构分为逻辑结构和存储结构。一般来说，一种数据的逻辑结构根据需要可以采用多种存储结构，而采用不同的存储结构，其数据处理的效率往往是不同的。

数据的逻辑结构是指数据元素之间逻辑关系的整体。数据通常是非常复杂的，组成数据的数据元素之间可能存在各种各样的关系。例如，一个公司里的员工之间可能存在上下级关系、血缘关系、同乡关系、同学关系等，从数据结构的角度看，所有这些关系都可以抽象为数据元素之间的逻辑关系。数据的逻辑结构属于用户视图，是面向问题的，反映了数据内部的构成方式。关于逻辑结构，需要注意以下几点：

(1) 逻辑结构与数据元素本身的形式、内容无关。例如，在学籍登记表中再增加一个数据项，数据元素之间的逻辑关系仍然是线性的；再如，职工工资表的内容与学籍登记表的内容完全不同，但数据元素之间的逻辑关系同样是线性的。

(2) 逻辑结构与数据元素的相对位置无关。例如，在学籍登记表中按某一数据项重新排序，数据元素之间的关系仍然是线性的。

(3) 逻辑结构与所含数据元素的个数无关。例如，在学籍登记表中，再增加一名学生的基本信息或删除一名学生的基本信息，数据元素之间的关系仍然是线性的。

(4) 逻辑结构与数据的存储无关，是独立于计算机的。例如，学籍登记表可以按顺序存储结构存储在计算机中，也可以按链接存储结构存储在计算机中，不论以何种方式存储，其逻辑结构都是线性的。

数据的存储结构是数据及其逻辑结构在计算机中的表示。需要强调的是，存储结构除了存储数据元素之外，必须显式或隐式地表示数据元素之间的逻辑关系。这样，在逻辑上相邻的数据元素，在存储结构中就未必相邻。例如，父子关系可以看成逻辑关系，在逻辑上相邻；但他们未必生活在同一个地方，在物理上可能生活在不同的城市甚至不同的国家。数据的存储结构属于具体实现的视图，是面向计算机的，其基本目标是将数据及其逻辑关系存储到计算机的内存中。设计存储结构的难点和关键是如何表示数据元素之间的逻辑关系，并且便于计算机程序加工处理。

1.2.4 如何选择(或设计)数据结构

对于计算机领域具有时空性能约束的复杂工程问题，下面两个工作尤为重要：

(1) 抽象模型。针对给定的实际问题可以建立不同的数据结构(数据模型)。怎样建立一个好的数据结构？如何选择(或设计)一个合适的逻辑结构表示数据的逻辑关系？

(2) 存储实现。对于建立的数据结构，可以选择不同的存储实现；而采用不同的存储结构，数据处理的效率往往是不同的。怎样构造一个好的存储实现？如何根据操作的需要选择(或设计)一个恰当的存储表示？

需要强调的是，选择(或设计)某个逻辑结构和选择(或设计)某个结构的存储表示是不同的。前者是面向问题的，后者是面向机器的，需要将面向问题的逻辑结构向面向机器的存储结构进行转换，这正是数据结构的研究内容之一。

在选择(或设计)数据结构时需要确定必须支持的基本操作，并度量每种操作的时空资源约束，然后选择(或设计)最接近这些开销的数据结构。这实际上贯彻了以数据结构为中心的设计观点：先定义数据结构和对数据结构的基本操作，然后确定数据结构的存储表示，最后是基本操作的实现。

很多情况下，查找、插入和删除等重要操作的资源限制决定了数据结构的质量。因此，在选择(或设计)数据结构时注意考虑以下问题：所有数据元素是在某个已经定义好的序列中还是随机产生？初始时插入所有数据元素还是与其他操作混合插入？数据元素可以删除吗？需要频繁进行查找操作吗？

1.2.5 算法的时间复杂度分析

不考虑与计算机软硬件有关的因素，为了客观地反映一个算法的执行时间，可以用算法中基本语句的执行次数度量算法的工作量，关注当问题规模充分大时算法中基本语句的执行次数在渐近意义下的阶。

1. 非递归算法的时间复杂度分析

对非递归算法时间复杂度的分析，通常可以建立一个代表算法运行时间的求和表达式，然后用渐近符号表示这个求和表达式。具体步骤如下：

(1) 找出算法中的基本语句。通常来说，算法中执行次数最多的那条语句就是基本语句，通常是最内层循环的循环体。

(2) 计算基本语句执行次数的数量级。在基本语句执行次数的数学函数(可以不写出该函数)中，选取最高次幂的项作为执行次数的数量级。

(3) 用大 O 符号表示算法的时间性能。如果算法中包含并列的循环，则将并列循环的时间复杂度相加。将基本语句执行次数的数量级放入大 O 符号后面的括号中。

例 1-1　分析以下程序段，并用大 O 符号表示其执行时间。

```
for (i = 1; i <= n; i++)
  for ( j = 1; j <= i; j++)
    for (k = 1; k <= j; k++)
      x++;
```

解：基本语句是"x++;"，时间复杂度 $T(n)=\sum_{i=1}^{n}\sum_{j=1}^{i}\sum_{k=1}^{j}1=O(n^3)$。

2. 递归算法的时间复杂度分析

对递归算法时间复杂度的分析，关键是根据递归过程建立递推关系式，然后求解这个递推关系式。扩展递归是一种常用的求解递推关系式的基本技术，扩展就是将递推关系式中等号右边的项根据递推关系式进行替换，扩展后的项被再次扩展，以此类推，得到一个求和表达式，然后就可以借助于求和技术了。

例 1-2　使用扩展递归技术分析以下递推关系式的时间复杂度。

$$T(n)=\begin{cases}7, & n=1\\ 2T(n/2)+5n^2, & n>1\end{cases}$$

解：假定 $n=2^k$。将递推关系式进行反复扩展，即

$$\begin{aligned}T(n)&=2T\left(\frac{n}{2}\right)+5n^2\\&=2\left(2T\left(\frac{n}{4}\right)+5\left(\frac{n}{2}\right)^2\right)+5n^2\\&=2\left(2\left(2T\left(\frac{n}{8}\right)+5\left(\frac{n}{4}\right)^2\right)+5\left(\frac{n}{2}\right)^2\right)+5n^2\\&\ \ \vdots\\&=2^kT(1)+2^{k-1}\times5\left(\frac{n}{2^{k-1}}\right)^2+\cdots+2\times5\left(\frac{n}{2}\right)^2+5n^2\end{aligned}$$

即 $T(n)=7n+5\sum_{i=0}^{k-1}\left(\frac{n^2}{2^i}\right)=7n+5n^2\left(2-\frac{1}{2^{k-1}}\right)<10n^2=O(n^2)$

常见的算法时间复杂度由小到大依次为：$O(1)<O(\log_2 n)<O(n)<O(n\log_2 n)<O(n^2)<O(n^3)<\cdots<O(2^n)<O(n!)$，其中，$O(1)$表示基本语句的执行次数是一个常数，一般来说，只要算法中不存在循环语句，其时间复杂度就是$O(1)$。$O(\log_2 n)$、$O(n)$、$O(n\log_2 n)$、$O(n^2)$和$O(n^3)$等称为多项式时间，$O(2^n)$和$O(n!)$称为指数时间。存在多项式时间算法的问题称为易解问题，需要指数时间算法的问题称为难解问题。

1.3 习题解析

一、单项选择题

1. 计算机所处理的数据一般具有某种内在联系，这是指(　　)。

A. 数据和数据之间存在某种关系　　B. 元素和元素之间存在某种关系

C. 元素内部具有某种结构　　D. 数据项和数据项之间存在某种关系

【解答】 B

【分析】 数据结构是指相互之间存在一定关系的数据元素的集合。数据元素是讨论数据结构时涉及的最小数据单位，元素内部各数据项一般不予考虑。

2. 在数据结构中，与所使用的计算机无关的是数据的(　　)。

A. 逻辑结构　　B. 存储结构

C. 逻辑结构和存储结构　　D. 物理结构

【解答】 A

【分析】 存储结构也称物理结构，是数据结构在计算机中的表示。逻辑结构是面向问题的，与所使用的计算机无关。

3. 在存储数据时，通常不仅要存储各数据元素的值，还要存储(　　)。

A. 数据的处理方法　　B. 数据元素的类型

C. 数据元素之间的关系　　D. 数据的存储方法

【解答】 C

【分析】 数据的存储结构是数据结构在计算机中的表示，这包括两方面：数据元素以及数据元素之间的关系。

4. 设有数据结构(D,R)，其中$D=\{1,2,3,4,5\}$，$R=\{(1,2),(2,3),(2,4),(2,5),(3,5),(4,5)\}$。该数据结构属于(　　)结构。

A. 集合　　B. 线性表

C. 树　　D. 图

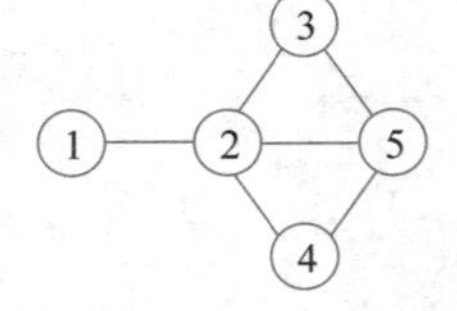

图 1-2　(D,R)的逻辑结构图

【解答】 D

【分析】 根据(D,R)画出逻辑结构图，如图 1-2 所示，是一种图结构。

5. 顺序存储结构中数据元素之间的逻辑关系由(　　)表示，链接存储结构中数据元素之间的逻辑关系由(　　)表示。

A. 线性结构　　B. 非线性结构　　C. 存储位置　　D. 指针

【解答】 C,D

【分析】 顺序存储结构是用一维数组存储数据元素,元素之间的逻辑关系由存储位置(即元素在数组中的下标)表示;在链接存储结构中,一个数据元素对应链表中的一个结点,元素之间的逻辑关系由结点中的指针表示。

6. 假设有如下遗产继承规则:丈夫和妻子可以相互继承遗产;子女可以继承父亲或母亲的遗产;子女间不能相互继承遗产。表示该遗产继承关系的数据结构应该是(　　)。

A. 集合　　B. 线性表　　C. 树　　D. 图

【解答】 D

【分析】 将丈夫、妻子和子女分别作为数据元素,根据继承关系画出逻辑结构图,如图1-3所示,是一个有向图。

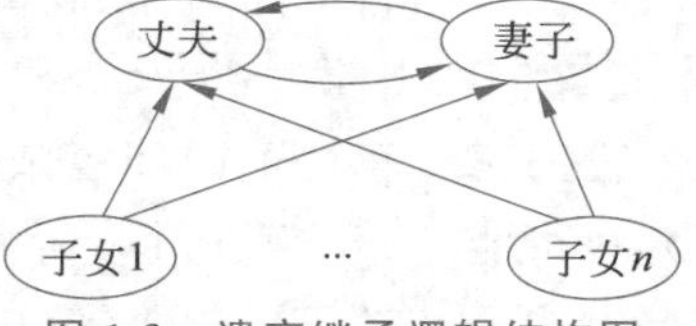

图1-3　遗产继承逻辑结构图

7. 以下对于数据结构的描述中不正确的是(　　)。

A. 相同的逻辑结构对应的存储结构也必相同

B. 数据结构由逻辑结构、存储结构和基本操作3方面组成

C. 数据结构基本操作的实现与存储结构有关

D. 数据的存储结构是逻辑结构的机内实现

【解答】 A

【分析】 相同的逻辑结构可以用不同的存储结构实现。一般来说,在不同的存储结构下基本操作的实现是不同的。例如,线性表既可以采用顺序存储也可以采用链接存储,在顺序存储和链接存储结构下插入操作的实现截然不同。

8. 下列特性中,不是算法必须具备的特性是(　　)。

A. 有穷性　　B. 确定性　　C. 高效性　　D. 可行性

【解答】 C

【分析】 高效性是好算法应具备的特性。

9. 算法应该具有确定性、可行性和有穷性,其中有穷性是指(　　)。

A. 算法在有穷的时间内终止　　B. 输入是有穷的

C. 输出是有穷的　　D. 描述步骤是有穷的

【解答】 A

【分析】 算法必须总是(对任何合法的输入)在执行有穷步之后结束,且每一步都在有穷时间内完成。选项B和C显然是正确的,但与算法无关。算法的描述步骤是有穷的不能保证执行时间也是有穷的。

10. 算法分析是对已设计的算法进行评价,其主要目的是(　　)。

A. 找出数据结构的合理性　　B. 研究算法中输入和输出的关系

C. 分析算法的效率以求改进　　D. 分析算法的易读性和文档性

【解答】 C

【分析】 算法分析是分析算法的时间复杂度和空间复杂度,进而判断算法是否需要改进以满足问题的时空性能约束。

11. 算法分析的两个主要方面是(　　)。

A. 空间性能和时间性能　　B. 正确性和简明性

C. 可读性和文档性　　D. 数据复杂性和程序复杂性

【解答】 A

【分析】 算法分析是对算法进行评价，正确性、简明性、可读性和文档性都是好算法的特性，但评价算法的主要依据是时空性能。

12. 某算法的时间复杂度是 $O(n^2)$，表明该算法(　　)。

A. 问题规模是 n^2　　B. 执行时间等于 n^2

C. 执行时间与 n^2 成正比　　D. 问题规模与 n^2 成正比

【解答】 C

【分析】 算法的时间复杂度是 $O(n^2)$，问题规模可能是 n(例如对 n 个元素进行排序)，也可能是 n^2(例如对 n 阶方阵进行转置)，也有其他可能，因此，从时间复杂度不能确定问题规模。时间复杂度是 $O(n^2)$ 表明算法的执行时间 $T(n) \leqslant cn^2$。

13. 设某算法对 n 个元素进行处理，所需时间是 $T(n)=100n\log_2 n+200n+500$，则该算法的时间复杂度是(　　)。

A. $O(1)$　　B. $O(n)$　　C. $O(n\log_2 n)$　　D. $O(n\log_2 n+n)$

【解答】 C

【分析】 如果 $T(n)$ 是多项式，则去掉所有的低次幂，将最高次幂的系数置为 1。

14. 假设时间复杂度为 $O(n^2)$ 的算法在有 200 个元素的数组上运行需要 3.1ms，则在有 400 个元素的数组上运行需要(　　)。

A. 3.1ms　　B. 6.2ms　　C. 12.4ms　　D. 9.61ms

【解答】 C

【分析】 设需要 x 毫秒，建立比例方程：

$$200^2 : 3.1 = 400^2 : x$$

解得

$$x = 3.1 \times \left(\frac{400}{200}\right)^2 = 12.4$$

15. 下列说法中错误的是(　　)。

(1) 算法原地工作的含义是指不需要任何额外的辅助空间

(2) 复杂度 $O(n)$ 的算法在时间上总是优于复杂度 $O(2^n)$ 的算法

(3) 时间复杂度是估算算法执行时间的一个上界

(4) 同一个算法，实现语言的级别越高，执行效率就越低

A. (1)　　B. (1)、(2)　　C. (1)、(4)　　D. (3)

【解答】 B

【分析】 算法原地工作是指空间复杂度为 $O(1)$，算法在运行过程中需要的辅助空间相对于问题规模来说是一个常数。如果仅就时间复杂度而言，复杂度为 $O(n)$ 的算法优于复杂度为 $O(2^n)$ 的算法。如果是时间上的比较，就需要考虑两个复杂度的系数，例如，复杂度为 $O(n)$ 的算法其系数为 100，复杂度为 $O(2^n)$ 的算法其系数为 1，这两个函数曲线就有一个交叉点。“实现语言的级别”指的是机器语言、汇编语言和高级语言。

二、指出如下程序段的基本语句，并分析时间复杂度

```
1. for ( m = 0, i = 1; i <= n; i++)
     for (j = 1; j <= 2 * i; j++)
       m = m + 1;
```

```
2. for (i = n-1; i >= 1; i--)
     for (j = 1; j <= i; j++)
       x++;
```

```
3. for (i = 0; i < n; i++)
     for (j = 0; j < m; j++)
       a[i][j] = 0;
```

```
4. y = 0;
     while ((y + 1) * (y + 1) <= n)
       y = y + 1;
```

```
5. for (i = 1; i <= n; i++)
     for (j = 1; j <= i; j++)
       for (k = 1; k <= j; k++)
         x++;
```

```
6. for (i = 1; i <= n; i++)
     if (2 * i <= n)
       for (j = 2 * i; j <= n; j++)
         y = y + i * j;
```

【解答】

1. 基本语句是“m = m + 1;”，外层循环执行 n 次，内层循环执行 2，4，…，$2n$ 次，共执行 $2+4+\cdots+2n=n(n+1)$次，时间复杂度是 $O(n^2)$。

2. 基本语句是“x++;”，时间复杂度 $T(n)=\sum_{i=n-1}^{1}\sum_{j=1}^{i}1=\sum_{i=n-1}^{1}i=O(n^2)$。

3. 基本语句是“a[i][j] = 0;”，执行了 mn 次，时间复杂度 $T(m,n)=O(mn)$。

4. 基本语句是“y = y + 1;”，设循环体共执行 $T(n)$次，每循环一次，循环变量 y 加 1，最终 y 的值是 $T(n)$，即$(T(n)+1)^2\leqslant n$，时间复杂度 $T(n)=O(n^{1/2})$。

5. 基本语句是“x++;”，时间复杂度 $T(n)=\sum_{i=1}^{n}\sum_{j=1}^{i}\sum_{k=1}^{j}1=O(n^3)$。

6. 基本语句是“y = y + i * j;”，$i=1$ 时执行 $n-1$ 次，$i=2$ 时执行 $n-3$ 次……$i=n/2$ 时执行 1 次，$i>n/2$ 时不再执行，总的执行次数为$(n-1)+(n-3)+\cdots+3+1=n^2/4$，时间复杂度是 $O(n^2)$。

三、解答下列问题

1. 对下列二元组表示的数据结构，请分别画出逻辑结构图并指出属于何种结构。

(1) $A=(D,R)$，其中 $D=\{a_1,a_2,a_3,a_4\}$，$R=\{\}$。

(2) $B=(D,R)$，其中 $D=\{a,b,c,d,e,f\}$，$R=\{<a,b>,<b,c>,<c,d>,<d,e>,<e,f>\}$。

(3) $C=(D,R)$，其中 $D=\{a,b,c,d,e,f,g,h\}$，$R=\{<d,b>,<d,g>,<d,h>,<b,a>,<b,c>,<g,e>,<g,f>\}$。

(4) $D=(D,R)$，其中 $D=\{1,2,3,4,5,6\}$，$R=\{(1,2),(1,4),(2,3),(2,4),(3,4),(3,5),(3,6),(4,6)\}$。

【解答】

(1) A 属于集合，逻辑结构如图 1-4(a)所示。

(2) B 属于线性结构，逻辑结构如图 1-4(b)所示。

(3) C 属于树结构，逻辑结构如图 1-4(c)所示。

(4) D 属于图结构，逻辑结构如图 1-4(d)所示。

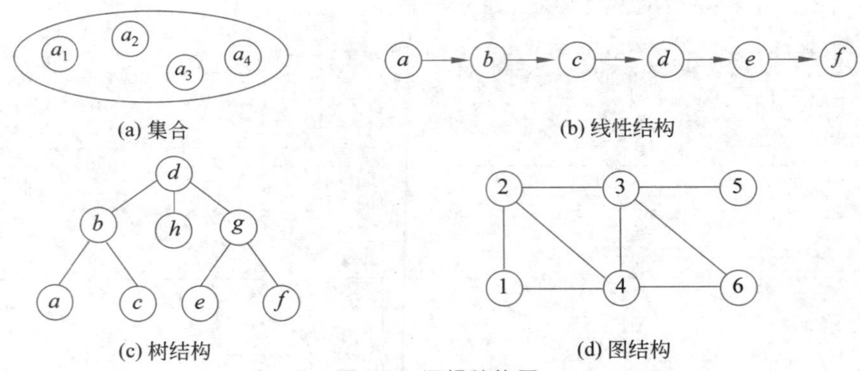

图 1-4 逻辑结构图

2. 为复数定义一个抽象数据类型，包含复数的常用运算，每个运算对应一个基本操作，每个基本操作的接口需定义输入、功能和输出。

【解答】 复数的抽象数据类型定义如下：

ADT Complex

DataModel

$D=\{e_1, e_2 | e_1$ 和 e_2 均是实数$\}$，$R=\{<e_1, e_2>| e_1$ 和 e_2 分别是实数的实部和虚部$\}$

Operation

Creat

输入：两个实数 x 和 y

功能：构造一个复数，实部是 x，虚部是 y

输出：复数 C

GetReal

输入：复数 C

功能：取复数 C 的实部

输出：复数 C 的实部值

GetImag

输入：复数 C

功能：取复数 C 的虚部

输出：复数 C 的虚部值

Add

输入：两个复数 C_1 和 C_2

功能：将复数 C_1 和 C_2 相加

输出：两个复数 C_1 和 C_2 的和

Sub

输入：两个复数 C_1 和 C_2

功能：将复数 C_1 和 C_2 相减

输出：两个复数 C_1 和 C_2 的差

Equal

　　输入：两个复数 C_1 和 C_2

　　功能：判断复数 C_1 和 C_2 是否相等

　　输出：如果复数 C_1 等于 C_2，返回 1；否则返回 0

endADT

3. 求多项式 $A(x)$ 的算法可根据下列两个公式之一来设计：

$$A(x)=a_nx^n+a_{n-1}x^{n-1}+\cdots+a_1x+a_0$$

$$A(x)=(\cdots(a_nx+a_{n-1})x+\cdots+a_1)x+a_0$$

根据算法的时间复杂度分析比较这两种算法的优劣。

【解答】 第二种算法的时间性能要好些。第一种算法需要执行 $(n+n-1+\cdots+2+1)=n(n+1)/2$ 次乘法运算和 n 次加法运算；第二种算法进行了优化，需要执行 n 次乘法运算和 n 次加法运算。

四、算法设计题

第 1～5 题要求分别用伪代码和程序语言描述算法，并分析时间复杂度。第 6、7 题要求用程序语言描述算法，并分析最好、最坏和平均情况下的时间复杂度。

1. 分式化简。将给定的真分数化简为最简分数形式。例如，将 6/8 化简为 3/4。

【解答】 设变量 m 和 n 分别表示真分数的分母和分子，首先采用欧几里得算法求 m 和 n 的最大公约数，再将 m 和 n 同时除以这个最大公约数，时间复杂度为 $O(\log_2\min(m,n))$。注意在辗转相除之前暂存变量 m 和 n 的值。伪代码描述的算法如下：

```
1. tempm = m; tempn = n;
2. r = m % n;
3. 重复下述操作直到 r 等于 0:
  3.1 m = n; n = r;
  3.2 r = m % n;
4. 输出 tempm/n 和 tempn/n;
```

程序设计语言描述的算法如下：

```
void SimpFraction(int m, int n, int &sm, int &sn)
{
  int tempm = m, tempn = n, r = m % n;
  while (r != 0)
  {
    m = n; n = r;
    r = m % n;
  }
  sm = tempm/n; sn = tempn/n;
}
```

2. 判断给定字符串是否是回文。所谓回文是正读和反读均相同的字符串。例如，"abcba"和"abba"都是回文，而"abcda"不是回文。

【解答】 用字符数组 str[n]存储字符串。变量 i 和 j 分别指向字符串的首部和尾部，

i 从前向后，j 从后向前，依次取出字符进行比较，直到 i 和 j 相遇。如果在匹配过程中对应字符不相等，则说明不是回文。算法只有一层循环，假设字符串长度为 n，共执行 $n/2$ 次，时间复杂度 $T(n)=O(n)$。伪代码描述的算法如下：

```
1. 初始化:i = 0; j = n-1;
2. 重复执行下述操作,直到 i 等于 j:
  2.1 如果 str[i]等于 str[j],则 i++; j--;
  2.2 否则 str 不是回文,返回 0;
3. str 是回文,返回 1;
```

程序设计语言描述的算法如下：

```
int TurnString(char str[ ], int n)
{
  int i = 0, j = n - 1;
  while (i < j)
    if (str[i] == str[j]) { i++; j--; }
    else return 0;                          //匹配失败
  return 1;                                 //全部匹配成功
}
```

3. 已知数组 A[n]的元素为整型，请将其调整为左右两部分，左边所有元素为奇数，右边所有元素为偶数，并要求算法的时间复杂度为 $O(n)$。

【解答】 设变量 i 和 j，初始时 i=0，j=n−1，从数组的两端向中间进行比较，若 A[i]为偶数并且 A[j]为奇数，则将 A[i]与 A[j]交换。算法将数组扫描一遍，时间复杂度为 $O(n)$。伪代码描述的算法如下：

```
1. 初始化:i = 0; j = n-1;
2. 重复执行下述操作,直到 i 等于 j:
  2.1 如果 A[i]为奇数,则 i++,直到 A[i]为偶数;
  2.2 如果 A[j]为偶数,则 j--,直到 A[j]为奇数;
  2.3 将 A[i]与 A[j]交换;i++; j--;
```

程序设计语言描述的算法如下：

```
void Adjust(int A[ ], n)
{
  int i = 0, j = n - 1, temp;
  while (i < j)
  {
    while (A[i] % 2 != 0) i++;
    while (A[j] % 2 == 0) j--;
    if (i < j)
    {
      temp =A[i]; A[i] = A[j]; A[j] = temp;
      i++; j--;
    }
  }
```

4. 在整型数组 r[n]中删除所有值为 x 的元素，要求算法的时间复杂度为 $O(n)$，空间复杂度为 $O(1)$。

【解答】 从头开始扫描数组。对于值等于 x 的元素，用变量 k 记载出现的次数；对于值不等于 x 的元素，将其前移 k 个位置，图 1-5 给出了删除所有值等于 3 的元素的操作示意图。该算法只扫描了一遍数组，因此时间复杂度为 $O(n)$。该算法只设置了两个简单变量，因此空间复杂度为 $O(1)$。

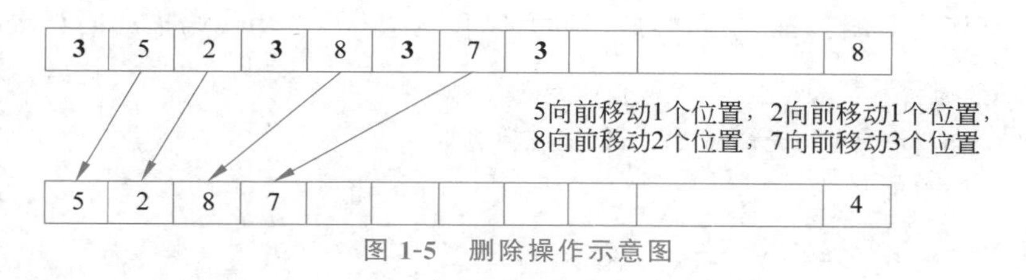

图 1-5 删除操作示意图

伪代码描述的算法如下：

```
1. 初始化:k = 0;
2. 循环变量 i 从 0~n-1 重复执行下述操作:
  2.1 如果 r[i]等于 x,则前移量 k++;
  2.2 否则将 r[i]前移 k 个位置;
  2.3 i++;
3. 返回删除所有值为 x 的元素后剩余元素个数;
```

程序设计语言描述的算法如下：

```
int DeleteAllx(int r[ ], int n, int x)
{
  int k = 0, i = 0;                          //k 记载 x 出现的次数
  for ( ; i < n; i++)
  {
    if (r[i] == x) k++;
    else r[i-k] = r[i];                      //前移 k 个位置
  }
  return n - k;                              //共删除了 k 个元素
}
```

5. 颜色排序。要求重新排列一个由字符 R、G 和 B(R 代表红色，G 代表绿色，B 代表蓝色)构成的数组，使得所有的 R 都排在最前面，G 排在其次，B 排在最后。要求时间性能是 $O(n)$。

【解答】 设数组 r[n]存储 R、G 和 B 三种元素，设 3 个变量 i、j、k，其中 i 之前的元素(不包括 r[i])全部为 R，k 之后的元素(不包括 r[k])全部为 B，i 和 j 之间的元素(不包括 r[j])全部为 G，j 指向当前正在处理的元素。首先将变量 i 初始化为 0，k 初始化为 n－1，j 初始化为 0。然后 j 从前向后扫描，在扫描过程中根据 r[j]的颜色，将其交换到序列的前面或后面，直到 j 等于 k。颜色排序的求解思想如图 1-6 所示。

当 j 扫描到 R 时，将 r[i]和 r[j]交换，只有当前面全部是 R 时，交换到 r[j]的是 R，否

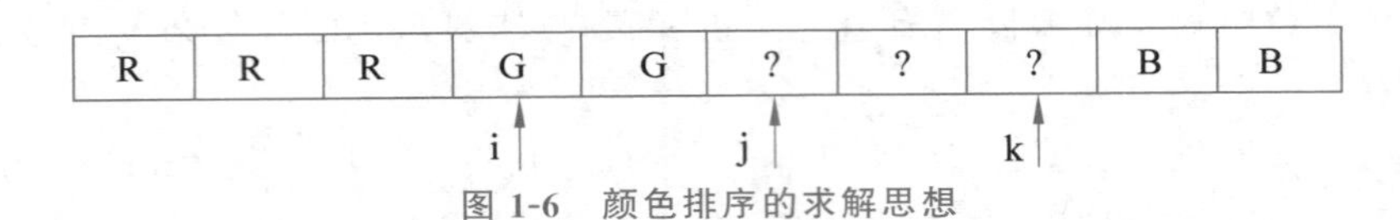

图 1-6 颜色排序的求解思想

则交换到 r[j]的一定是 G,因此交换后 j 应该加 1;当 j 扫描到 B 时,将 r[k]和 r[j]交换,R、G 和 B 均有可能交换到 r[j],则 r[j]需要再次判断,因此交换后不能改变 j 的值。由于下标 j 和 k 整体将数组扫描一遍,因此时间复杂度为 $O(n)$。伪代码描述的算法如下:

```
1. 初始化 i = 0; k = n - 1; j = 0;
2. 当 j≤k 时,依次考查元素 r[j],有以下 3 种情况:
   (1) r[j]是 R:交换 r[i]和 r[j];i++; j++;
   (2) r[j]是 G:j++;
   (3) r[j]是 B:交换 r[k]和 r[j];k--;
```

程序设计语言描述的算法如下:

```
void ColorSort(char r[ ], int n)
{
  int i = 0, k = n - 1, j = 0, temp;
  while (j <= k)
    switch (r[j])                          //考查当前元素
    {
      case 'R': temp = r[i]; r[i] = r[j]; r[j] = temp; i++; j++; break;
      case 'G': j++; break;
      case 'B': temp = r[j]; r[j] = r[k]; r[k] = temp; k--; break;
    }
}
```

6. 在整型数组 r[n]中,找出最大值和最小值。

【解答】 设变量 max 和 min 分别存储最大值和最小值,在扫描数组的过程中,不断确定当前的最大值和最小值。算法如下:

```
void MaxMin(int r[ ], int n, int &max, int &min)
{
  max = r[0]; min = r[0];
  for (int i = 1; i < n; i++)
  {
    if (r[i]> max) max = r[i];
    if (r[i]< min) min = r[i];
  }
}
```

最好情况下,数组 r[n]递增有序,则 r[i] > max 总是满足,元素的比较次数是 $n-1$ 次;最坏情况下,数组 r[n]递减有序,则 r[i] > max 总是不满足,要执行 else 部分,元素的比较次数是 $2(n-1)$次;平均情况下,$n-1$ 次循环中,第一个 if 语句执行 $n-1$ 次,else if 语句执行$(n-1)/2$次,元素的比较次数是$3(n-1)/2$。综上,最好、最坏、平均情况下的时间复杂度均是$O(n)$。

7. 在整型数组 r[n]中,找出最大值和次大值。

【解答】 设变量 max 和 nmax 分别存储最大值和次大值,首先在前两个元素中确定最大值和次大值,然后在扫描数组的过程中不断确定当前的最大值和次大值。算法如下:

```
void MaxNextMax(int r[ ], int n, int &max, int &nmax)
{
  max = r[0]; nmax = r[1];
  if (r[0] < r[1])
  {
    max = r[1]; nmax = r[0];
  }
  for (int i = 2; i < n; i++)
    if (r[i] > max)
    {
      nmax = max; max = r[i];
    }
    else if (r[i] > nmax)
      nmax = r[i];
}
```

最好情况下,数组 r[n]递增有序,则 r[i] > max 总是满足,for 循环中元素的比较次数是$n-2$次;最坏情况下,数组 r[n]递减有序,则 r[i] > max 总是不满足,要执行 else 部分,for 循环中元素的比较次数是$2(n-2)$次;平均情况下,for 循环中的第一个比较操作执行$n-2$次,第二个比较操作执行$(n-2)/2$次,总的比较次数是$3(n-2)/2$次。综上,最好、最坏、平均情况下的时间复杂度均是$O(n)$。

第 2 章

线 性 表

2.1 本章导学

2.1.1 知识结构图

本章有两条明线、一条暗线。两条明线分别是线性表的逻辑结构和存储结构，一条暗线是算法（即基本操作的实现），标☆的部分为扩展与提高内容。注意基于不同的存储结构比较相同操作的算法，注意对顺序表和链表从时间性能和空间性能等方面进行综合对比，在实际应用中能够为线性表选择（或设计）合适的存储结构。本章的知识结构如图 2-1 所示。

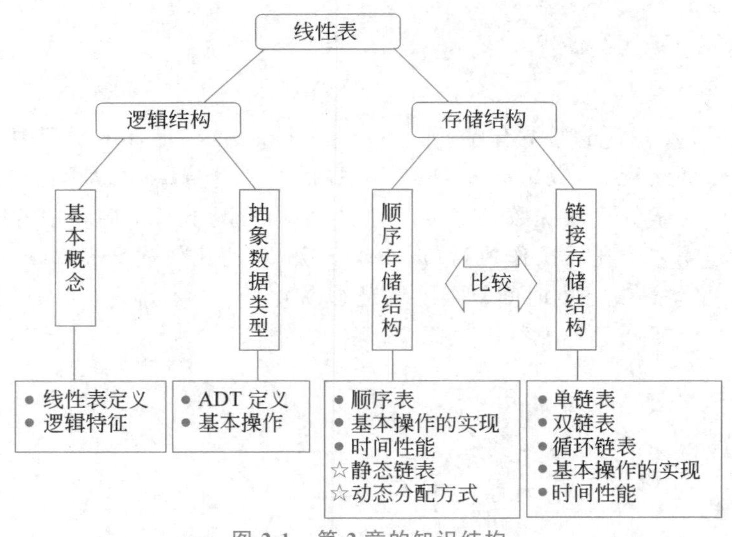

图 2-1 第 2 章的知识结构

2.1.2 重点整理

1. 线性表（简称表）是具有相同类型的数据元素的有限序列。在这个序列中，任意一对相邻的数据元素 a_{i-1} 和 a_i（$1<i\leqslant n$）之间存在序偶关系 $<a_{i-1}, a_i>$，并且 a_{i-1} 称为 a_i 的前驱，a_i 称为 a_{i-1} 的后继。

2. 线性表的数据元素具有抽象（即不确定）的数据类型，在实际问题中，数据元素的抽象类型将被具体的数据类型所取代。

3. 线性表的顺序存储结构称为顺序表，是用一段地址连续的存储单元依次存储线性表的数据元素，通常用一维数组实现，数据元素之间的逻辑关系用存储位置表示，可以按存储位置进行随机存取。

4. 在顺序表上实现插入和删除操作，在等概率情况下，平均要移动表中一半的元素，算法的时间复杂度为 $O(n)$。

5. 顺序表的优点：①无须为表示元素之间的逻辑关系增加额外的存储空间；② 可以实现随机存取。顺序表的缺点：① 插入和删除操作需要移动大量元素；②顺序表的容量难以扩充；③造成存储空间的碎片。

6. 线性表的链接存储结构称为链表，是用一组任意的存储单元存放线性表的元素，数据元素之间的逻辑关系用指针表示，按位置只能进行顺序存取。

7. 在单链表中，头指针指向第一个元素所在的结点，具有标识一个单链表的作用；最后一个元素所在结点的指针域为空(在图示中用"∧"表示)，称为尾标志；为了运算方便，通常在单链表的开始结点之前附设一个类型相同的结点，称为头结点。

8. 在单链表上实现插入和删除操作，无须移动结点，在将工作指针指向合适的位置后，仅需修改结点之间的链接关系。

9. 构造单链表可以采用头插法和尾插法。头插法是每次将新申请的结点插在头结点的后面，尾插法是每次将新申请的结点插在终端结点的后面。

10. 单链表算法的基本处理技术是遍历(也称扫描)。从头指针出发，通过工作指针的反复后移将整个单链表周游一遍的方法称为遍历。

11. 双链表是在单链表的每个结点中再设置一个指向其前驱结点的指针域。双链表是一种对称结构，便于实现各种操作，但增加了指针的结构性开销。

12. 循环单链表是在单链表中，将终端结点的指针域由空指针改为指向头结点。循环双链表是在双链表中，将终端结点的后继指针域由空指针改为指向头结点，将头结点的前驱指针域由空指针改为指向终端结点。可以采用尾指针标识循环链表。

13. 循环链表没有明显的尾端，需要格外注意循环条件，通常判断用作循环变量的工作指针是否等于某一指定指针(如头指针或尾指针等)，以判定工作指针是否遍历了整个循环链表。

14. 静态链表是用数组描述单链表，用数组元素的下标模拟单链表的指针(称为游标)。在静态链表上实现插入和删除操作时，只需要修改游标，不需要移动数据元素。

15. 对顺序表和链表的比较要综合考虑时间性能和空间性能。作为一般规律，若线性表需频繁查找却很少进行插入和删除操作，或其操作和数据元素在线性表中的位置密切相关时，宜采用顺序表作为存储结构；若线性表需频繁进行插入和删除操作，则宜采用单链表作为存储结构；当线性表中元素个数变化较大或者未知时，最好使用单链表实现；如果用户事先知道线性表的大致长度，使用顺序表的空间效率会更高。

2.2 重点难点释疑

2.2.1 头指针、尾标志、开始结点与头结点

在图 2-2 所示的单链表中，first 是头指针变量，其值称为头指针，在不致混淆的情况

下，通常将头指针变量简称为头指针。头指针指向单链表的第一个结点，因而具有标识单链表开始的作用。

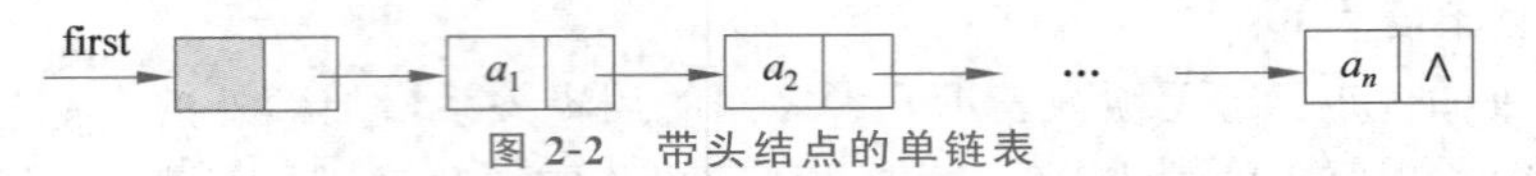

图 2-2 带头结点的单链表

在单链表终端结点的指针域中存放一个空指针，这个空指针称为尾标志。因为空指针不指向任何结点，因而尾标志具有标识单链表结束的作用。

单链表中第一个元素所在的结点称为开始结点，相应地，最后一个元素所在的结点称为终端结点。头结点是为了运算方便，在单链表的开始结点之前附设的一个类型相同的结点。在单链表中加上头结点后，头指针指向头结点，头结点的指针域指向开始结点。

2.2.2 带头结点的单链表与不带头结点的单链表

如图 2-3(a)所示，在不带头结点的单链表中，除了开始结点外，其余每个结点的存储地址都存放在其前驱结点的指针域中；而开始结点是由头指针指示的，这个特例需要在实现单链表时特殊处理，从而增加了程序的复杂性和出现错误的机会。因此，通常在单链表的开始结点之前附设一个头结点，如图 2-3(b)所示。下面以单链表的插入操作为例，讨论二者在算法实现上的差别，从而理解为什么要为单链表加上头结点。

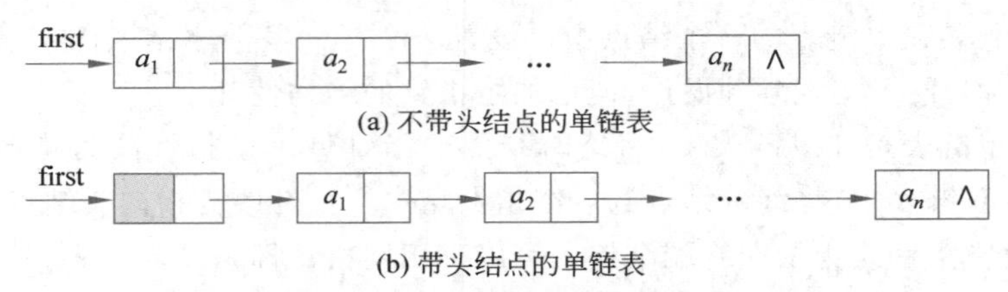

图 2-3 带头结点的单链表和不带头结点的单链表

在带头结点的单链表中插入一个结点，在表头、表中间和表尾的操作语句相同，不用特殊处理，操作过程如图 2-4 所示。算法如下：

```
int Insert(Node * first, int i, DataType x)
{
  Node * p = first;                          //工作指针 p 初始化
  int j = 0;
  while (p != NULL && j < i - 1)
  {
    p = p->next;                             //工作指针 p 后移
    j++;
  }
  if (p == NULL) {printf("位置非法"); return 0;}
  else
  {
    s = (Node * ) malloc(sizeof(Node));      //申请结点 s
    s->data = x;
```

```
    s->next = p->next; p->next = s;          //将结点 s 插入结点 p 之后
    return 1;
  }
}
```

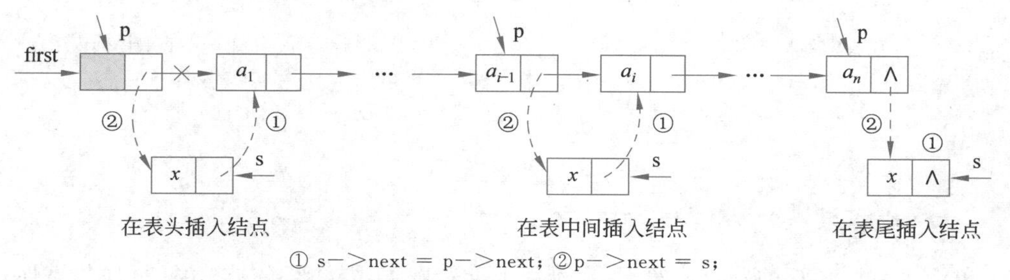

图 2-4　在带头结点的单链表的不同位置插入结点时指针的变化情况

在不带头结点的单链表中插入一个结点，在表头的操作语句与在表中间和表尾的操作语句不同，需要分为两种情况处理，操作过程如图 2-5 所示。算法如下：

```
int Insert(Node * first, int i, DataType x)
{
  Node * s = NULL, * p = first;                //工作指针 p 初始化
  int j = 0;
  if (i == 1)
  {
    s = (Node * ) malloc(sizeof(Node));        //申请结点 s
    s->data = x;
    s->next = first; first = s;                //结点 s 插入头指针之后
    return 1;
  }
  else
  {
    while (p != NULL && j < i - 1)
    {
      p = p->next;                             //工作指针 p 后移
      j++;
    }
    if (p == NULL) {printf("位置非法"); return 0;}
    else
    {
      s = (Node * ) malloc(sizeof(Node));      //申请结点 s
      s->data = x;
      s->next = p->next; p->next = s;          //将结点 s 插入结点 p 之后
      return 1;
    }
  }
}
```

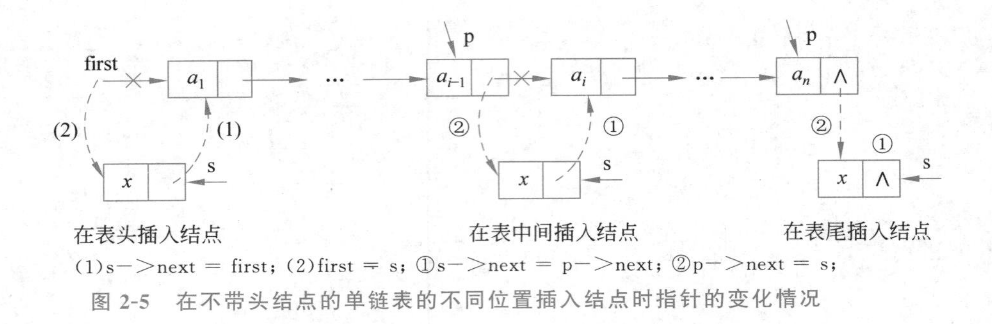

图 2-5　在不带头结点的单链表的不同位置插入结点时指针的变化情况

2.2.3　单链表的算法设计技巧

单链表算法设计的题目非常多,在难度上的跨度大,要注意分类总结,抓住关键性、规律性的设计思想和程序语句,才能深刻理解并灵活运用。

1. 基于单链表遍历操作的算法设计技巧

在与单链表有关的算法中,遍历单链表是最基本、最典型的算法。从头结点(或开始结点)开始,通过工作指针的反复后移而将整个单链表周游一遍的方法称为扫描。扫描是单链表的一种常用技术,在很多算法中都要用到。如果题目没有明确单链表不带头结点,为了运算方便,一般都是在带头结点的单链表上进行算法设计。

例 2-1　求单链表的长度。

【解答】　可以采用数数(计数)的方法,从第一个结点开始数,一直数到表尾。与遍历算法的设计思想类似,在工作指针 p 指向某结点时求出其序号,并且在 p 后移时将序号加 1,最后一个结点的序号即为单链表的结点个数。算法如下:

```
int Length(Node * first)
{
  Node * p = first->next;                            //初始化工作指针 p
  int count = 0;
  while (p != NULL)
  {
    p = p->next;
    count++;                                         //计数
  }
  return count;
}
```

2. 基于单链表构建操作的算法设计技巧

建立单链表的过程是一个动态生成的过程,从空表的初始状态,依次建立各元素结点,并逐个插入单链表,根据插入方式分为头插法(逆序)和尾插法(正序),可以利用单链表的构建算法完成相应的操作。

例 2-2　复制一个单链表。

【解答】　扫描已知单链表,对每个结点复制一个新结点并插入新的单链表中。因为要构建的单链表是已知单链表的一个副本，需要保持原有的顺序，所以用尾插法。算法如下：

```
Node * Copy(Node * first)
{
  Node * head = NULL, * p = NULL, * r = NULL, * s = NULL;
  head = (Node * ) malloc(sizeof(Node));
  p = first->next;  r = head;
  while (p != NULL)
  {
    s = (Node * ) malloc(sizeof(Node));  s->data = p->data;
    r->next = s; r = s;
    p = p->next;
  }
  r->next = NULL;
  return head;
}
```

例 2-3　将单链表就地置逆。

【解答】　采用头插法建立的单链表，元素的顺序和插入顺序正好相反。首先，将原表的头结点作为新表的头结点，为此要将工作指针 p 预置在开始结点处，然后依次取原表的结点插在新表的头结点之后。在置逆过程中应注意，后继结点的地址将被破坏，在取原表结点之前要暂存其后继结点的地址，如图 2-6 所示。算法如下：

```
Node * Reverse(Node * first)
{
  Node * p = NULL, * u = NULL;
  p = first->next;  first->next = NULL;
  while (p != NULL)
  {
    u = p->next;                          //暂存后继结点地址
    p->next = first->next;                //插在头结点之后
    first->next = p;
    p = u;
  }
  return first;
}
```

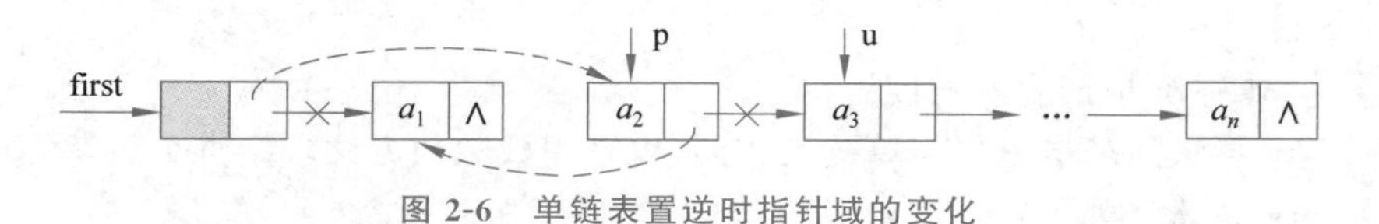

图 2-6　单链表置逆时指针域的变化

3. 基于单链表有序性的算法设计技巧

在线性表中，如果数据元素按值非递减或非递增有序排列，即 $a_{i-1} \geqslant a_i$ 或 $a_{i-1} \leqslant a_i$ $(2 \leqslant i \leqslant n)$，则称该线性表为有序表。有序表的基本操作和线性表大致相同，但由于有序表中的数据元素有序排列，因此对有序表的操作要充分利用其有序性。

例 2-4 在一个有序单链表（从小到大排列）中插入一个元素值为 x 的结点，使插入新结点后的单链表仍然有序。

【解答】 首先建立一个待插入的结点 s，然后依次与单链表中各结点的数据域进行比较，找到结点 s 的插入位置。寻找结点 s 的插入位置可以有两种方法：

方法 1：设置工作指针 p，将 x 与 p 的后继结点的数据域进行比较，这样，在找到插入位置后，将结点 s 插在结点 p 之后。注意将工作指针初始化为指向头结点。算法如下：

```
Node * Insert(Node * first, DataType x)
{
  Node * s = NULL, * p = first;
  s = (Node * ) malloc(sizeof(Node)); s->data = x;
  while (p->next != NULL && p->next->data < x)
    p = p->next;
  s->next = p->next; p->next = s;
  return first;
}
```

方法 2：设置两个工作指针 pre 和 p，pre 指向 p 的前驱结点，p 指向待比较的结点，找到插入位置后，将结点 s 插在结点 pre 和 p 之间。算法如下：

```
Node * Insert(Node * first, DataType x)
{
  Node * s = NULL, * p = NULL, * pre =NULL;
  s = (Node * ) malloc(sizeof(Node)); s->data = x;
  pre = first;  p = first->next;
  while (p != NULL && p->data < x)
  {
    pre = p; p = p->next;
  }
  s->next = p;  pre->next = s;                //结点 s 插在 pre 和 p 之间
  return first;
}
```

4. 循环链表的算法设计技巧

在循环单链表中，终端结点的指针域指向头结点，整个单链表形成一个由指针链接的环。循环单链表的操作和单链表的操作基本一致，差别仅在于判别表尾的循环条件，通常将单链表的循环条件 p!＝NULL 改为 p!＝first，将 p－＞next!＝NULL 改为 p－＞next!＝first。

例 2-5 求循环单链表的长度。

【解答】 算法的基本思想与单链表相同，也采用数数的方法求结点个数，注意循环条件是 p!＝first。算法如下：

```
int Length(Node * first)
{
  Node * p = first->next;                     //初始化工作指针 p
```

```
    int count = 0;
    while (p != first)                          //注意循环条件的变化
    {
      p = p->next;
      count++;
    }
    return count;
}
```

在循环链表中，为了方便查找开始结点和终端结点，可以设置尾指针指向终端结点而不设置头指针。

例 2-6　假设两个循环单链表均带头结点，指针 tail1 和 tail2 分别是指向这两个循环单链表的尾指针，要求将循环单链表 tail2 链接到循环单链表 tail1 之后，并使链接后的链表仍是循环单链表。

【解答】　循环单链表由尾指针指示，实现两个循环单链表首尾相接只需修改下列指针，如图 2-7 所示，注意指针修改的先后顺序：

```
u = tail1->next; v = tail2->next;          //暂存两个循环单链表头结点的地址
tail1->next = v->next; tail2->next = u;  //修改指针
tail1 = tail2;                          //合并后的循环单链表由 tail1 和 tail2 指示
```

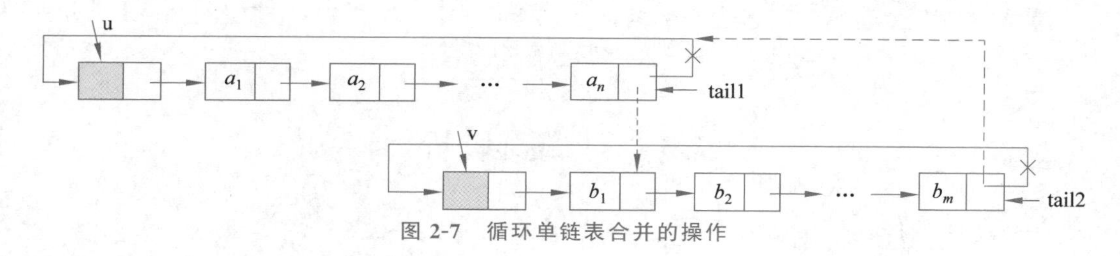

图 2-7　循环单链表合并的操作

5. 多个单链表的算法设计技巧

多个单链表的算法设计难度较大。这类算法的设计技巧是：每个单链表分别设置工作指针，然后以一个单链表为主要链表，完成相应的处理。

例 2-7　有两个整数序列 $A=(a_1, a_2, \cdots, a_m)$和 $B=(b_1, b_2, \cdots, b_n)$已经存入两个单链表中，设计算法判断序列 B 是否在序列 A 中。

【解答】　本例是在单链表上实现子序列匹配问题。从两个单链表的第一个元素结点开始，若对应结点的数据相等，则分别后移工作指针；若对应结点的数据不等，则链表 A 从上次开始比较结点的后继结点开始(为此设 start 标记链表 A 每次匹配的开始结点)，链表 B 仍从第一个元素结点开始进行比较，如图 2-8 所示。若链表 B 到表尾，则匹配成功；若链表 A 到表尾而链表 B 未到表尾，则匹配失败。算法如下：

```
int Pattern(Node * A, Node * B)
{
  Node * p = NULL, * q = NULL, * start = NULL;
```

```
    p= A->next; q = B->next;
    start = p;                                   //start 保存每趟比较的起始位置
    while (p != NULL && q != NULL)
      if (p->data == q->data)
      {
        p = p->next; q = q->next;
      }
      else
      {
        start = start->next;  p = start;         //p 回溯到链表 A 新的开始比较结点
        q = B->next;                             //q 回溯到链表 B 的第一个结点
      }
    if (q == NULL) return 1;                     //链表 B 全部扫描完毕
    else return 0;                               //链表 B 不是链表 A 的子序列
}
```

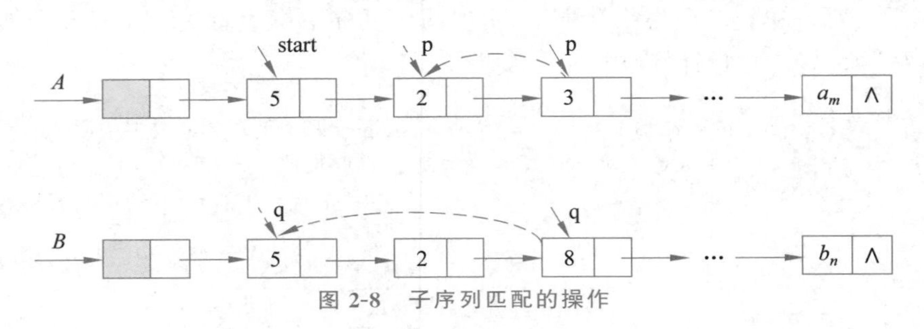

图 2-8　子序列匹配的操作

2.3　习题解析

一、单项选择题

1. 顺序存储结构的优点是(　　)。

　A. 结点的存储密度大　　　　B. 插入运算方便

　C. 删除运算方便　　　　　　D. 可用于各种逻辑结构的存储表示

【解答】 A

【分析】 由于顺序存储不需要存储元素之间的关系，因此结点的存储密度大。顺序存储结构要求存储位置(即下标)表示逻辑关系，不能方便地表示诸如树、图等元素之间具有复杂逻辑关系的数据结构。

2. 已知线性表采用顺序存储结构，每个元素占用 4 个存储单元，第 9 个元素的地址是 144，则第一个元素的地址是(　　)。

　A. 108　　　B. 180　　　C. 176　　　D. 112

【解答】 D

【分析】 设第一个元素的地址是 d，则 $144=d+(9-1)\times 4$，解得 $d=112$。

3. 具有 n 个结点的线性表采用数组实现，时间复杂度是 $O(1)$ 的操作是(　　)。

　A. 访问第 i 个结点($1\leqslant i\leqslant n$)和求第 i 个结点的直接前驱($2\leqslant i\leqslant n$)

B. 在第 i 个结点后插入一个新结点($1\leqslant i\leqslant n$)

C. 删除第 i 个结点($1\leqslant i\leqslant n$)

D. 以上都不对

【解答】 A

【分析】 求第 i 个结点的直接前驱即访问第 $i-1$ 个结点,也是按位置访问,时间性能为 $O(1)$。顺序表在第 i 个位置执行插入和删除操作的时间性能均为 $O(n)$。

4. 在顺序表的第 $i(1\leqslant i\leqslant n+1)$ 个元素之前插入一个元素,需向后移动(　　)个元素;删除第 $i(1\leqslant i\leqslant n)$ 个元素时,需向前移动(　　)个元素。

A. $n-i$　　B. $n-i+1$　　C. $n-i$　　D. $n-i+1$

【解答】 B,C

【分析】 在顺序表的第 $i(1\leqslant i\leqslant n+1)$ 个元素之前插入一个元素,需要将第 $i\sim n$ 个元素向后移动一个位置;删除第 $i(1\leqslant i\leqslant n)$ 个元素,需要将第 $i+1\sim n$ 个元素向前移动一个位置。

5. 线性表采用链接存储时,其地址(　　)。

A. 必须是连续的　　B. 必须是部分连续的

C. 一定是不连续的　　D. 连续与否均可以

【解答】 D

【分析】 线性表的链接存储是用一组任意的存储单元存储线性表的数据元素,这组存储单元可以连续,也可以不连续,甚至可以零散分布在内存中的任意位置。

6. 循环单链表 L 的终端结点 p 满足(　　)。

A. p－＞next＝NULL　　B. p＝NULL

C. p－＞next＝L　　D. p＝L

【解答】 C

【分析】 如图 2-9 所示,结点 p 的指针域指向头结点 L。

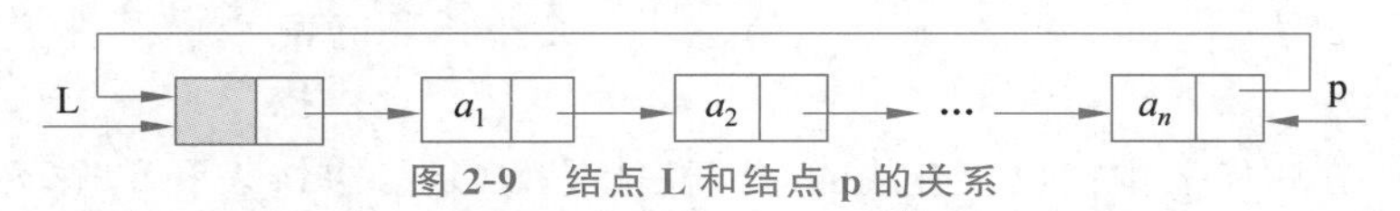

图 2-9　结点 L 和结点 p 的关系

7. 采用带头结点的循环单链表存储线性表($a_1,a_2,\cdots,a_n$),设 L 为链表的头指针,则链表中最后一个结点的指针域中存放的是(　　)。

A. 变量 L 的地址　　B. 变量 L 的值

C. 元素 a_1 的地址　　D. 空指针

【解答】 B

【分析】 循环单链表中最后一个结点的指针域存放的是头结点的地址,如图 2-9 所示,单链表的头指针指向头结点,因此,变量 L 的值是头结点的地址。

8. 设指针 rear 指向循环单链表的终端结点,若要删除链表的第一个元素结点,正确的操作是(　　)。

A. rear＝rear－＞next;

B. s＝rear－＞next；rear－＞next＝s－＞next；

C. rear＝rear－＞next－＞next；

D. s＝rear－＞next－＞next；rear－＞next－＞next＝s－＞next；

【解答】 D

【分析】 指针 rear 指向带头结点的循环单链表的终端结点，则 rear－＞next 指向头结点，rear－＞next－＞next 指向第一个元素结点。选项 A 将指针 rear 指向了头结点，选项 B 删除的是头结点，选项 C 将指针 rear 指向了第一个元素结点。

9. 循环单链表的主要优点是(　　)。

A. 不需要头指针

B. 从表中任一结点出发都能扫描到整个链表

C. 已知某个结点的位置后，能够容易找到它的直接前驱

D. 在进行插入、删除操作时，能更好地保证链表不断开

【解答】 B

【分析】 循环单链表也需要头指针，从某结点出发查找直接前驱的时间复杂度是 $O(n)$，插入与删除修改指针的操作与单链表相同。

10. 链表不具有的特点是(　　)。

A. 可随机访问任一元素　　B. 插入、删除不需要移动元素

C. 不必事先估计存储空间　　D. 所需空间与线性表长度成正比

【解答】 A

【分析】 在链表中进行按位置查找时，只能从头指针出发进行顺序查找，时间复杂度是 $O(n)$。

11. 若某线性表最常用的操作是取第 i 个元素和找第 i 个元素的前驱，则采用(　　)存储方法最节省时间。

A. 顺序表　　B. 单链表

C. 双链表　　D. 单循环链表

【解答】 A

【分析】 在顺序表中按位置查找的时间性能是 $O(1)$。单链表和单循环链表既不能实现随机存取，查找第 i 个元素的前驱也不方便。双链表虽然能快速查找第 i 个元素的前驱，但不能实现随机存取。

12. 若链表最常用的操作是在最后一个结点之后插入一个结点和删除第一个元素结点，则采用(　　)存储方法最节省时间。

A. 单链表　　B. 带头指针的循环单链表

C. 双链表　　D. 带尾指针的循环单链表

【解答】 D

【分析】 在链表中最后一个结点之后插入一个结点需要查找终端结点的地址，所以，单链表、带头指针的循环单链表、双链表都不合适。在带尾指针的循环单链表中，在最后一个结点之后插入一个结点和删除第一个元素结点的时间性能均是 $O(1)$。

13. 若链表最常用的操作是在最后一个结点之后插入一个结点和删除最后一个结

点，则采用(　　)存储方法最节省运算时间。

A. 单链表　　　　B. 循环双链表

C. 循环单链表　　　　D. 带尾指针的循环单链表

【解答】 B

【分析】 在链表中最后一个结点之后插入一个结点需要查找终端结点的地址，所以，单链表、循环单链表都不合适。删除最后一个结点需要查找终端结点的前驱结点的地址，所以，带尾指针的循环单链表不合适，而循环双链表满足条件。

14. 在具有 n 个结点的有序单链表中，插入一个新结点并保持单链表仍然有序，算法的时间复杂度是(　　)。

A. $O(1)$　　　　B. $O(n)$

C. $O(n^2)$　　　　D. $O(n\log_2 n)$

【解答】 B

【分析】 首先要顺序查找新结点在单链表中的位置。

15. 对于 n 个元素组成的线性表，建立一个有序单链表的时间复杂度是(　　)。

A. $O(1)$　　B. $O(n)$　　C. $O(n^2)$　　D. $O(n\log_2 n)$

【解答】 C

【分析】 将 n 个元素依次插入有序单链表中，插入每个元素需 $O(n)$。

16. 在长度为 n 的线性表中查找值为 x 的数据元素，算法的时间复杂度为(　　)。

A. $O(1)$　　B. $O(\log_2 n)$　　C. $O(n)$　　D. $O(n^2)$

【解答】 C

【分析】 在顺序表和链表中进行按值查找，都要进行顺序查找，时间复杂度均为 $O(n)$。

17. 使用双链表存储线性表，其优点是(　　)。

A. 提高查找速度　　　　B. 更方便数据的插入和删除

C. 节约存储空间　　　　D. 很快回收存储空间

【解答】 B

【分析】 在链表中一般只能进行顺序查找，所以，双链表并不能提高查找速度。因为双链表的每个结点有两个指针域，显然不能节约存储空间。对于动态存储分配，回收存储空间的速度是一样的。由于双链表具有对称性，所以插入和删除操作更加方便。

18. 在非空单链表 A 中，已知 q 所指结点是 p 所指结点的直接前驱。若在 q 和 p 之间插入 s 所指结点，则执行(　　)操作。

A. s－＞next＝p－＞next; p－＞next＝s;

B. q－＞next＝s; s－＞next＝p;

C. p－＞next＝s－＞next; s－＞next＝p;

D. p－＞next＝s; s－＞next＝q;

【解答】 B

【分析】 此题是在结点 q 和 p 之间插入结点 s，所以不用考虑修改指针的顺序。选项 A 将结点 s 插在了结点 p 的后面。选项 C 的指针修改错误，s－＞next 是野指针，不能作为赋值语句的右值。选项 D 将结点 q、p 和 s 构成一个环。相关分析如图 2-10 所示。

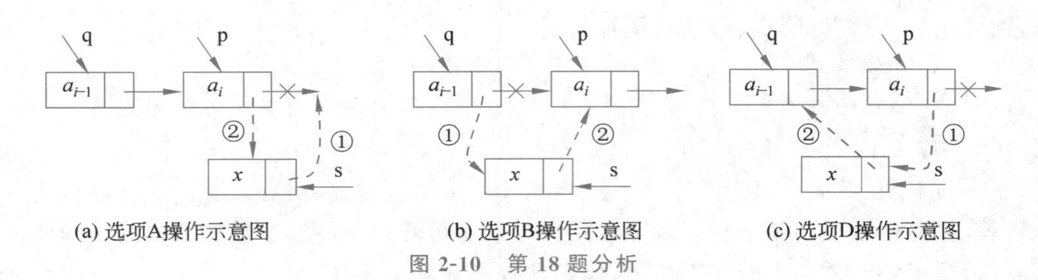

图 2-10 第 18 题分析

19. 在双链表指针 pa 所指结点后面插入 pb 所指结点，执行的语句序列是(　　)。

(1)pb－＞next＝pa－＞next;　　(2)pb－＞prior＝pa;

(3)pa－＞next＝pb;　　(4)pa－＞next－＞prior＝pb;

A. (1)(2)(3)(4)　　B. (4)(3)(2)(1)

C. (2)(1)(3)(4)　　D. (2)(1)(4)(3)

【解答】 D

【分析】 在链表中，对指针的修改操作必须保持线性表的逻辑关系。图 2-11 给出选项 C 和 D 的图解。

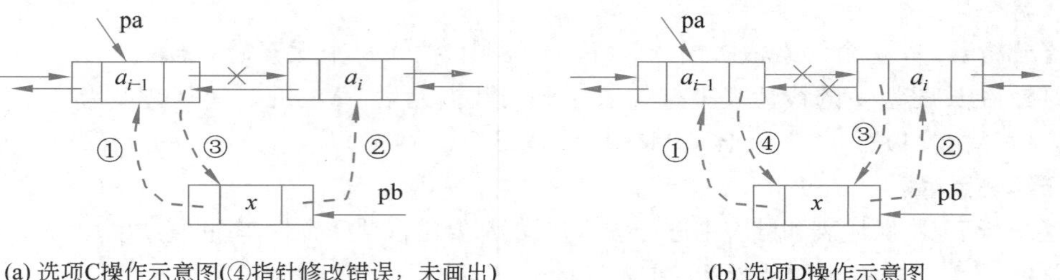

图 2-11 第 19 题分析

20. 设线性表有 n 个元素，下列操作中，(　　)在顺序表上实现比在链表上实现的效率更高。

A. 输出第 $i(1\leqslant i\leqslant n)$个元素值

B. 交换第 1 个和第 2 个元素的值

C. 顺序输出所有 n 个元素

D. 查找值为 x 的元素在线性表中的序号

【解答】 A

【分析】 顺序表输出第 $i(1\leqslant i\leqslant n)$个元素值需要 $O(1)$时间，链表输出第 $i(1\leqslant i\leqslant n)$个元素值需要 $O(n)$时间。顺序表和链表交换第 1 个和第 2 个元素的值都仅需要 $O(1)$时间。顺序表和链表顺序输出所有 n 个元素都需要 $O(n)$时间。顺序表和链表查找与给定值 x 相等的元素都需要进行顺序查找，需要 $O(n)$时间。

二、解答下列问题

1. 请说明顺序表和单链表各有何优缺点，并分析下列情况下采用何种存储结构更好些。

(1) 线性表的总长度基本稳定，且很少进行插入和删除操作，但要求以最快的速度按位置存取线性表中的元素。

(2) n 个线性表同时并存,并且在处理过程中各表的长度会动态发生变化。

【解答】 顺序表的优点:无须为表示数据元素之间的逻辑关系而增加额外的存储空间,可以快速存取任一位置的元素(即随机存取)。顺序表的缺点:插入和删除操作需移动大量元素,顺序表的容量难以扩充,造成存储空间的碎片。

单链表的优点:不必事先知道线性表的长度,插入和删除元素只需修改指针,不用移动元素。单链表的缺点:需要指针的结构性开销,按位置存取元素只能进行顺序查找。

情况(1)选用顺序存储结构。从时间性能角度考虑,顺序表可以进行随机存取,单链表只能进行顺序存取。由于很少进行插入和删除操作,所以空间变化不大,且需要快速存取,所以应选用顺序存储结构。

情况(2)选用链接存储结构。从空间性能角度考虑,链表容易实现容量的扩充,适合线性表的长度动态变化的情况。顺序表不仅容量难以扩充,多个顺序表并存还会造成存储空间的碎片。

2. 带头结点的单链表和不带头结点的单链表(假设头指针是 first)为空的判断条件是什么?分别画出存储示意图。

【解答】 在带头结点的单链表中,链表为空的判断条件是 first－>next ＝ NULL,如图 2-12(a)所示。在不带头结点的单链表中,链表为空的判断条件是 first ＝ NULL,如图 2-12(b)所示。

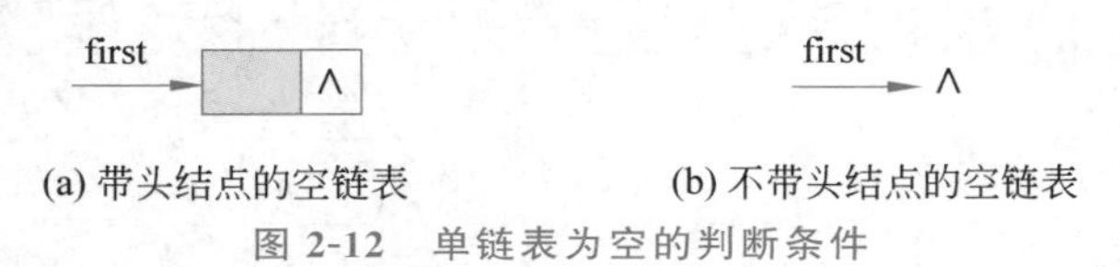

图 2-12 单链表为空的判断条件

3. 单链表设置头结点的作用是什么?

【解答】 加上头结点之后,所有元素结点的存储地址都存放在其前驱结点的指针域中,而且无论单链表是否为空,头指针始终指向头结点,统一了空表和非空表的处理。在带头结点的单链表中执行插入和删除等操作,在表头与在其他位置的操作语句是一致的,不用特殊处理。如果单链表不带头结点,则需要特殊处理在表头的情况,例如,带头结点与不带头结点的单链表在表头插入结点操作的比较如图 2-13 所示。

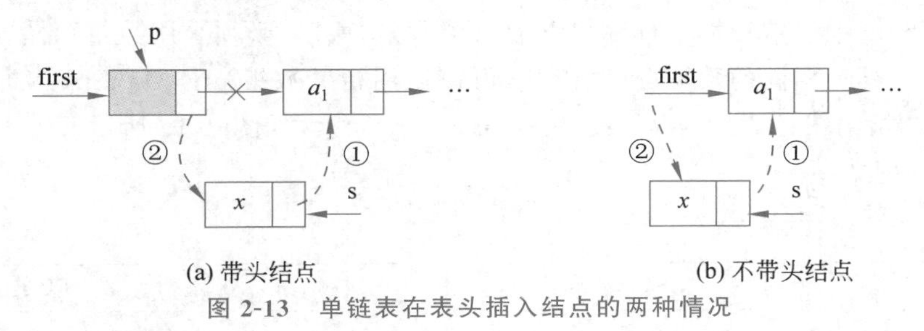

图 2-13 单链表在表头插入结点的两种情况

4. 假设指针 p 指向单链表中的某个结点,将结点 s 插入到结点 p 的后面,执行的指针修改操作是:(1)s－>next ＝ p－>next;(2)p－>next ＝ s。是否可以颠倒这两条语句？为什么？

【解答】 不能颠倒这两条语句。如果先执行 p－＞next ＝ s，则断开了 p－＞next 和后继结点的链接关系，沿着 p－＞next 将无法获得结点 p 的后继结点，如图 2-14 所示。

图 2-14 第 4 题分析

5. 假设线性表有 n 个元素，包含如下基本操作：

(1) 按位查找，查找序号为 $i(1\leqslant i\leqslant n)$ 的元素。

(2) 按值查找，查找值等于 x 的元素。

(3) 插入新元素作为第一个元素。

(4) 插入新元素作为最后一个元素。

(5) 删除第一个元素。

(6) 删除最后一个元素。

如果线性表采用以下存储结构，请给出各种基本操作对应的时间复杂度。

①顺序表；②带头结点的单链表；③带头结点的循环单链表；④不带头结点由尾指针标识的循环单链表；⑤带头结点的双链表；⑥带头结点的循环双链表。

【解答】 在各种存储结构下，线性表基本操作的时间复杂度如表 2-1 所示。

表 2-1 各种存储结构的基本操作的时间复杂度

存储结构	基本操作					
	(1)	(2)	(3)	(4)	(5)	(6)
①	$O(1)$	$O(n)$	$O(n)$	$O(1)$	$O(n)$	$O(1)$
②	$O(n)$	$O(n)$	$O(1)$	$O(n)$	$O(1)$	$O(n)$
③	$O(n)$	$O(n)$	$O(1)$	$O(n)$	$O(1)$	$O(n)$
④	$O(n)$	$O(n)$	$O(1)$	$O(1)$	$O(1)$	$O(n)$
⑤	$O(n)$	$O(n)$	$O(1)$	$O(n)$	$O(1)$	$O(n)$
⑥	$O(n)$	$O(n)$	$O(1)$	$O(1)$	$O(1)$	$O(1)$

6. 如果线性表中数据元素的类型不一致，但是希望能根据下标随机存取每个元素，请为这个线性表设计一个合适的存储结构。

【解答】 由于要求根据下标随机存取每个元素，所以，必须采用数组存储。但是数组中的元素要求具有相同的数据类型，因此，可以使用指针数组 ptr[MaxSize]（即间接寻址方法），ptr[i]指向线性表的第 $i+1(0\leqslant i\leqslant n-1)$ 个元素，如图 2-15 所示。

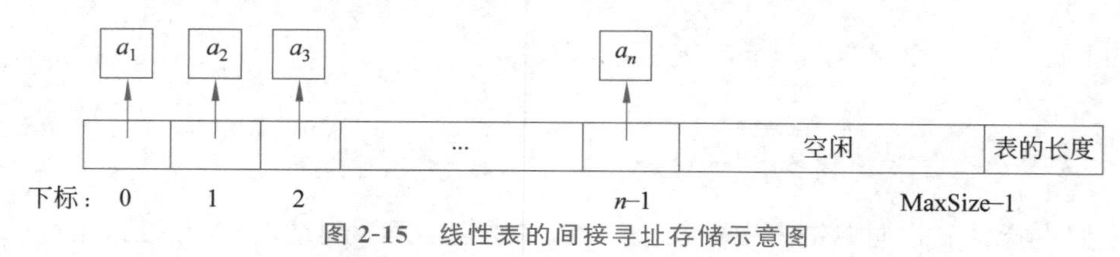

图 2-15 线性表的间接寻址存储示意图

7. 设 n 表示线性表的元素个数，E 表示存储数据元素所需的存储单元大小，D 表示在数组中可以存储的元素个数($D \geqslant n$),则使用顺序存储方式存储该线性表需要多少存储空间?

【解答】 根据题意,数组长度为 D,每个数组元素占用的存储单元大小为 E,因此,顺序存储方式存储该线性表所需存储空间为 DE。

8. 设 n 表示线性表的元素个数,E 表示存储数据元素所需的存储单元大小,P 表示存储指针所需的存储单元大小,则使用单链表存储方式存储该线性表需要多少存储空间?

【解答】 每个结点所需存储空间为 $E+P$,线性表中的一个元素对应单链表中的一个结点,单链表共有 n 个结点,则共需要 $n(E+P)$ 的存储空间。如果单链表带头结点,则共需要 $(n+1)(E+P)$ 的存储空间。

9. 设线性表 $(a_1,a_2,\cdots,a_n)$ 采用顺序存储结构,在等概率的情况下,插入一个元素平均需要移动的元素个数是多少?若元素插在 a_i 与 a_{i+1} 之间($1 \leqslant i \leqslant n$)的概率为 $\dfrac{n-i}{\frac{n(n-1)}{2}}$,插入一个元素平均需要移动的元素个数是多少?

【解答】 设元素插在第 i 个位置的概率为 p_i,在等概率的情况下,移动的元素个数为

$$\sum_{i=1}^{n+1} p_i(n-i+1)=\frac{n}{2}$$

元素插在 a_i 与 a_{i+1} 之间($1 \leqslant i \leqslant n$)即插在第 $i+1$ 个位置,移动的元素个数为

$$\sum_{i=1}^{n} p_i(n-i)=\sum_{i=1}^{n}\frac{(n-i)^2}{\frac{n(n-1)}{2}}=\frac{2n-1}{3}$$

三、算法设计题

1. 已知顺序表 L 中的元素递增有序排列,要求将元素 x 插入表 L 中并保持表 L 仍递增有序。

【解答】 可以从有序表的尾部开始依次取元素与 x 进行比较。若当前元素大于 x,将该元素后移一个位置,再取前一个元素重复上述操作;否则,当前位置就是插入位置。算法如下:

```
int Insert(SeqList * L, DataType x)
{
  int i = L->length - 1;
  if (L->length == MaxSize) {printf("overflow"); return 0;}
  while (i >= 0 && L->data[i] > x)
  {
    L->data[i+1] = L->data[i];
    i--;
  }
  L->data[i + 1] = x;
  return 1;
}
```

2. 定义三元组(a,b,c)(均为整数)的距离$D=|a-b|+|b-c|+|c-a|$。给定3个非空整数集合S_1、S_2和S_3,按升序分别存储在3个数组中。请设计一个尽可能高效的算法,计算并输出所有可能的三元组$(a,b,c)(a\in S_1,b\in S_2,c\in S_3)$中的最小距离。例如,$S_1=\{-1,0,9\}$,$S_2=\{-25,-10,10,11\}$,$S_3=\{2,9,17,30,41\}$,则最小距离为2,相应的三元组为(9,10,9)。

【解答】 不失一般性,假设$a\leqslant b\leqslant c$,由$D=|a-b|+|b-c|+|c-a|$可知,决定D大小的关键是$|c-a|$的值,对于一个确定的c值,问题的关键是找到最接近c的a值。设$\text{dist}=|S_{1i}-S_{2j}|+|S_{2j}-S_{3k}|+|S_{3k}-S_{1i}|$,根据以下3种情况修改相应的下标:

(1) 如果S_{1i}是S_{1i}、S_{2j}、S_{3k}的最小值,则$i++$。

(2) 如果S_{2j}是S_{1i}、S_{2j}、S_{3k}的最小值,则$j++$。

(3) 如果S_{3k}是S_{1i}、S_{2j}、S_{3k}的最小值,则$k++$。

算法如下:

```
#define MAX 1000                                    //定义最大整数
int TriMin(int a, int b, int c)                     //判断 a 是否是 3 个数中的最小值
{
  if (a <= b && a <= c)  return 1;
  return 0;
}
int FindMinofTrip(int A[ ], int n, int B[ ], int m, int C[ ], int t)
{
  int i = 0, j = 0, k = 0, min = MAX, dist;
  while (i < n && j < m && k < t)
  {
    dist = abs(A[i]-B[j]) + abs(B[j]-C[k]) + abs(C[k]-A[i]);
    if (dist < min) min = dist;
    if (TriMin(A[i], B[j], C[k])) i++;
    else if (TriMin(B[j], C[k], A[i])) j++;
    else k++;
  }
  return min;
}
```

3. 判断非空单链表是否递增有序。

【解答】 若单链表的长度为1,则结论显然成立。设单链表的长度大于1,设工作指针p指向当前结点,设指针q指向结点p的后继结点(如果后继结点存在),在扫描的过程中判断结点p的值是否小于结点q的值。算法如下:

```
int Increase(Node * first)
{
  Node *p = first->next, *q = p->next;
  while (q != NULL)               //当 p 的后继结点存在,进行比较
  {
    if (p->data < q->data) { p = q; q = p->next; }
```

```
    else return 0;
  }
  return 1;                              //退出循环说明每个结点的值均小于其后继结点的值
}
```

4. 设单链表以非递减有序排列，请在单链表中删除值相同的多余结点。

【解答】 在有序单链表中，值相同的结点位于连续位置。可以扫描单链表，设工作指针 p 指向当前结点。若结点 p 的元素值与后继结点的元素值不相等，则后移指针 p；否则删除该后继结点。算法如下：

```
Node * Purge(Node * first)
{
  Node *p = first->next, *q = NULL;
  while (p->next != NULL)
    if (p->data == p->next->data)
    {
      q = p->next;
      p->next = q->next;
      free(q);
    }
    else p = p->next;
  return first;
}
```

5. 已知单链表中各结点的元素值为整型且递增有序，要求删除链表中所有大于 mink 且小于 maxk 的所有元素，并释放被删结点的存储空间。

【解答】 利用单链表的有序性，在单链表中查找第一个大于 mink 的结点和第一个小于 maxk 的结点，将二者之间的所有结点删除。算法如下：

```
Node * DeleteBetween(Node * first, int mink, int maxk)
{
  Node *p = first, *q = NULL, *u = NULL;
  while (p->next != NULL && p->next->data <= mink)
    p = p->next;
  if (p->next != NULL)
  {
    q = p->next;
    while (q->data < maxk)
    {
      u = q->next;                       //暂存结点 q 的后继结点
      p->next = q->next;                 //删除结点 q
      free(q);
      q = u;
    }
  }
  return first;
}
```

6. 假设在长度大于 1 的循环单链表中既无头结点也无头指针，s 为指向链表中某个结点的指针，要求删除结点 s 的前驱结点。

【解答】 利用循环单链表的特点，通过指针 s 找到其前驱结点 q 以及 q 的前驱结点 p，然后将结点 q 删除，如图 2-16 所示。由于循环单链表的长度大于 1，因此结点 q 一定存在。算法如下：

```
Node * Del(Node * s)
{
  Node * p = s, * q = NULL;                    //工作指针 p 初始化
  while (p->next->next != s)                    //查找 s 的前驱结点的前驱结点
    p = p->next;
  q = p->next;                                  //q 为 s 的前驱结点
  p->next = s;                                  //删除 q 所指结点
  free(q);
  return s;
}
```

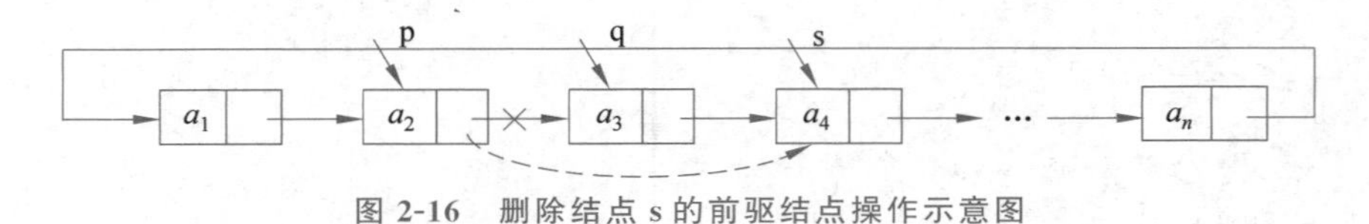

图 2-16　删除结点 s 的前驱结点操作示意图

7. 以单链表作为存储结构，将线性表扩展为原来的 2 倍。假设线性表为$(a_1,a_2,\cdots,a_n)$，扩展后为$(a_1,a_1,a_2,a_2,\cdots,a_n,a_n)$。

【解答】 设工作指针 p 指向单链表的开始结点，在遍历过程中复制结点 p 并插入到结点 p 的后面。算法如下：

```
Node * Double(Node * first)
{
  Node * p = first->next, * s = NULL;           //工作指针 p 初始化
  while (p !=NULL)
  {
    s = (Node * )malloc(sizeof(Node));
    s->data = p->data;                          //复制一个新结点
    s->next = p->next; p->next = s;
    p = s->next;                                //p 指向原链表的下一结点
  }
  return first;
}
```

8. 判断带头结点的循环双链表是否对称。

【解答】 设工作指针 p 和 q 分别指向循环双链表的开始结点和终端结点，若结点 p 和结点 q 的数据域相等，则工作指针 p 后移，工作指针 q 前移，直到指针 p 和指针 q 指向同一结点（结点个数为奇数），或结点 q 成为结点 p 的前驱（结点个数为偶数），如图 2-17 所示。循环双链表的结点结构定义请参见主教材。算法如下：

```
int Equal(DulNode * first)
{
  DulNode *p = first->next, *q = first->prior;
  while (p != q && p->prior != q)
    if (p->data == q->data) { p = p->next; q = q->prior; }
    else return 0;
  return 1;
}
```

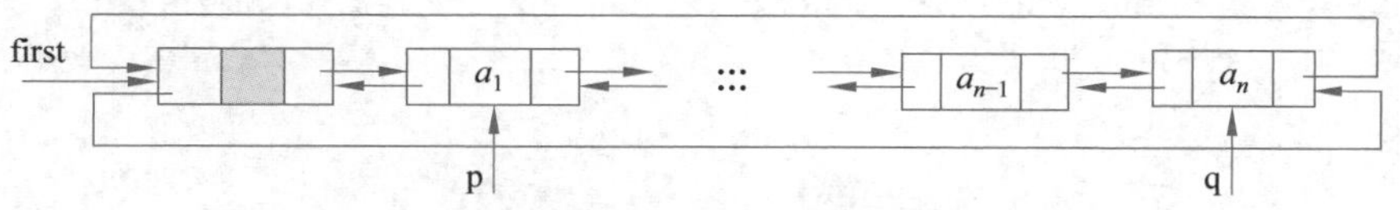

图 2-17 判断循环双链表是否对称的操作示意图

9. 请将两个递增有序单链表 la 和 lb 合并为一个递增有序单链表，要求空间复杂度为 $O(1)$。

【解答】 可以用尾插法，利用单链表的有序性，将两个链表中值较小的结点插在结果链表的终端结点的后面。由于要求就地合并，因此将链表 la 的头结点作为结果链表的头结点。设指针 p 和 q 分别为链表 la 和 lb 的工作指针，指针 r 指向结果链表当前的终端结点。算法如下：

```
Node * Union(Node * la, Node * lb)
{
  Node *p = NULL, *q = NULL, *r = NULL;
  p = la->next;  q = lb->next;                   //工作指针 p 和 q 分别初始化
  r = la;                                        //r 为链表 la 当前的终端结点
  while (p != NULL && q != NULL)
    if (p->data < q->data)
    {
      r->next = p; r = p; p = p->next;           //结点 p 插在 r 的后面
    }
    else
    {
      r->next = q; r = q; q = q->next;           //结点 q 插在 r 的后面
    }
  if (p != NULL) r->next = p;                    //收尾处理,链表 lb 已到表尾
  else r->next = q;                              //收尾处理,链表 lb 已到表尾
  return la;
}
```

10. 设循环单链表 L1，对其遍历的结果是 $x_1, x_2, \cdots, x_n$。请将该链表拆成两个循环单链表 L1 和 L2，使得 L1 中含有原 L1 表中序号为奇数的结点且遍历结果为 $x_1, x_3, x_5, \cdots$；L2 中含有原 L1 表中序号为偶数的结点且遍历结果为 $\cdots, x_6, x_4, x_2$。

【解答】 首先构造一个空的循环单链表 L2，然后设工作指针 p 遍历单链表 L1，将奇数号结点保留在 L1 中，将偶数号结点用头插法插入 L2 中。算法如下：

```
Node * DePatch (Node * L1)
{
  Node * L2 = NULL, * p = L1->next, * q = NULL;
  L2 = (Node * )malloc(sizeof(Node)); L2->next = L2;
  while (p != L1)
  {
    q = p->next;
    if (q == NULL) break;
    p->next = q->next;                              //将结点 q 从链表 L1 中摘下
    q->next = L2->next; L2->next = q;               //用头插法插入链表 L2 中
    p = p->next;
  }
  return L2;
}
```

第3章 栈、队列和数组

3.1 本章导学

3.1.1 知识结构图

本章包括3部分，分别是栈、队列和数组，标☆的知识点为扩展与提高内容。本章学习要以栈和队列的操作特性为切入点，并注意将栈和队列、顺序栈和链栈、顺序队列和循环队列、循环队列与链队列进行对比。多维数组以矩阵的压缩存储方法为重点，辨析特殊矩阵和稀疏矩阵的压缩存储方法，找出矩阵的任意元素与其存储位置之间的关系。本章的知识结构如图3-1所示。

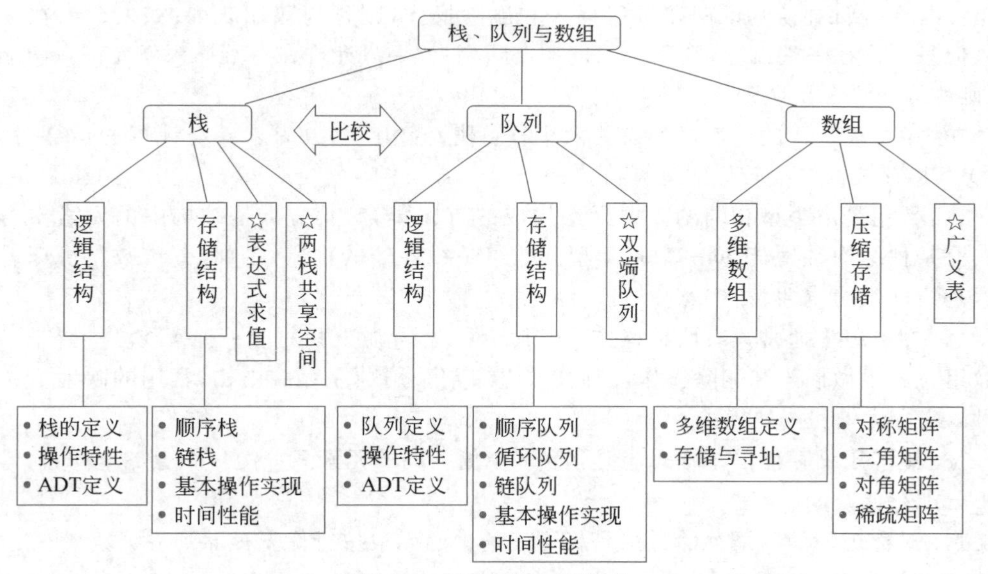

图3-1　第3章的知识结构

3.1.2 重点整理

1. 栈是限定仅在表尾进行插入和删除操作的线性表。栈中元素除了具有线性关系外，还具有后进先出的操作特性。

2. 栈的顺序存储结构称为顺序栈，顺序栈本质上是顺序表的简化。通常把数组中下标为0的一端作为栈底，同时附设变量top指示栈顶元素在数组中的位置。顺序栈基本操作算法的时间复杂度均为$O(1)$。

3. 栈的链接存储结构称为链栈，通常用单链表实现，并且用单链表的头部作为栈顶。链栈的插入和删除操作只需处理栈顶情况，时间复杂度均为 $O(1)$。

4. 队列是只允许在一端进行插入操作，在另一端进行删除操作的线性表。队列中的元素除了具有线性关系外，还具有先进先出的操作特性。

5. 顺序队列会出现假溢出问题，可以将顺序队列改造成首尾相接的循环队列。通常约定：变量 front 指向队头元素的前一个位置，变量 rear 指向队尾元素，凡是涉及队头或队尾指针的修改都需要将其与数组长度进行求模运算。

6. 在循环队列中，队空的判定条件是 front = rear；在浪费一个存储单元的情况下，队满的判定条件是(rear+1) %数组长度= front。

7. 队列的链接存储结构称为链队列，通常用单链表实现，并设置队头指针指向头结点，队尾指针指向终端结点。链队列的插入操作在队尾进行，删除操作在队头进行，时间复杂度均为 $O(1)$。

8. 在一个程序中，如果同时使用具有相同数据类型的两个顺序栈，可以使用一个数组存储两个栈，将一个栈的栈底位于该数组的始端，另一个栈的栈底位于该数组的末端，两个栈从各自的端点向中间延伸。

9. 如果允许在队列的两端进行插入和删除操作，则称为双端队列；如果允许在两端插入但只允许在一端删除，则称为二进一出队列；如果只允许在一端插入但允许在两端删除，则称为一进二出队列。

10. 中缀表达式的求值过程需要两个栈：栈 OPND 存放尚未参与计算的运算对象，栈 OPTR 存放优先级较低的运算符。

11. 数组是由类型相同的数据元素构成的有序集合，其特点是结构中的元素本身可以具有某种结构，但属于同一数据类型。数组是线性表的推广，例如，二维数组可以看作元素是线性表的线性表。

12. 在数组中通常只有两种操作：存取和修改，本质上只对应一种操作——寻址。由于数组一般不做插入和删除操作，因此，数组通常采用顺序存储结构，常用的映射方法有两种：按行优先和按列优先。

13. 矩阵压缩存储的基本思想是：为多个值相同的元素只分配一个存储空间；对零元素不分配存储空间。

14. 对称矩阵的压缩存储方法是将下三角中的元素按行优先存储到一维数组 SA 中，下三角中的元素 $a_{ij}(i \geqslant j)$在数组 SA 中的下标 k 与 i、j 的关系为 $k=i(i+1)/2+j$。三角矩阵的压缩存储方法与对称矩阵的压缩存储方法类似。

15. 对角矩阵的压缩存储方法是按行存储非零元素，按其压缩规律，找到相应的映像函数。例如，三对角矩阵压缩存储后的映像函数为 $k=2i+j$。

16. 稀疏矩阵的压缩存储需要将每个非零元素表示为三元组(行号，列号，非零元素)，将稀疏矩阵的非零元素对应的三元组所构成的集合按行优先的顺序排列成一个线性表，称为三元组表。三元组表有两种存储结构：顺序存储结构(称为三元组顺序表)和链接存储结构(称为十字链表)。

3.2 重点难点释疑

3.2.1 浅析栈的操作特性

栈是限定仅在表尾进行插入和删除操作的线性表，栈中元素除了具有线性关系外，还具有后进先出的操作特性。需要强调的是，栈只是对线性表的插入和删除操作的位置进行了限制，并没有限定插入和删除操作进行的时间，也就是说，出栈可随时进行，只要某个元素位于栈顶就可以出栈。例如，有 3 个元素 a、b、c 依次进栈，且每个元素只允许进一次栈，则可能的出栈序列有 5 种：abc、acb、bac、bca、cba，设 I 代表入栈，O 代表出栈，操作过程如图 3-2 所示。

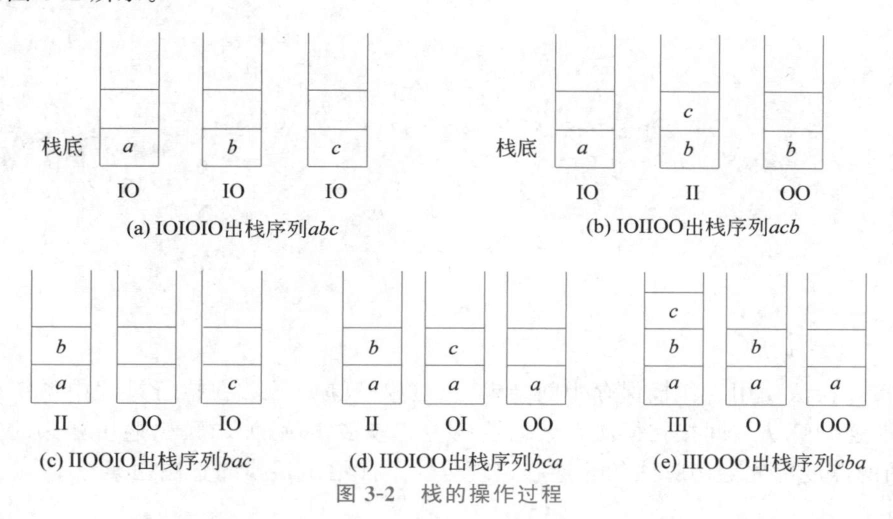

图 3-2 栈的操作过程

3.2.2 递归算法转换为非递归算法

将递归算法转换为非递归算法有两种方法：一种是直接转换法，不需要回溯，可以使用一些变量保存中间结果，将递归结构用循环结构替代；另一种是间接转换法，需要回溯，可以使用工作栈模拟系统栈保存中间结果。下面分别讨论这两种方法。

1. 直接转换法

直接转换法通常用来消除尾递归和单向递归。尾递归是指在递归算法中，递归调用语句只有一个，并且处在算法的最后。当递归调用返回时，将返回到上一层递归调用的下一条语句，而这个返回位置正好是算法的结束处，所以，可以使用一些变量保存中间结果，然后用循环结构替代递归结构。单向递归是指递归算法中虽然有多处递归调用语句，但各递归调用语句的参数之间没有关系，并且这些递归调用语句都处在递归算法的最后。显然，尾递归是单向递归的特例。

例 3-1 将求阶乘的递归算法转换为非递归算法。

解：设变量 s 保存递归的中间结果，递归与非递归算法如下。

```
long Fac1(int n)
{
  if (n == 1) return 1;
  else return n * Fac1(n-1);
}
```

⇨

```
long Fac2(int n)
{
  int s = 1, i;
  for (i = 2; i <= n; i++)
    s = s * i;
  return s;
}
```

例 3-2　将求斐波那契数列的递归算法转换为非递归算法。

解：设变量 s1 和 s2 分别保存 $f(n-1)$和 $f(n-2)$的值，递归与非递归算法如下。

```
int Fac3(int n)
{
  if (n == 1 || n == 2) return 1;
  else return Fac3(n-1) + Fac3(n-2);
}
```

⇨

```
int Fac4(int n)
{
  int i, s, s1 = 1, s2 = 1;
  for (i = 3; i <= n; i++)
  {
    s = s1 + s2;
    s2 = s1;          //保存 f(n-2)
    s1 = s;           //保存 f(n-1)
  }
  return s;
}
```

2. 间接转换法

间接转换法使用工作栈保存中间结果，通过模拟递归函数在执行过程中系统栈的变化得到非递归算法。间接转换法在数据结构中有较多实例，如二叉树遍历算法的非递归实现、图的深度优先遍历算法的非递归实现等。下面给出转换的算法框架：

```
将初始状态 s 进栈;
while (栈不为空)
{
  s = 栈顶元素;
  if (s 是要找的结果) 返回;
  else
  {
    t = s 的相关状态;
    if (t 存在) 将 t 进栈;
    else 退栈;
  }
}
```

3.2.3　循环队列中队空和队满的判定方法

对于循环队列有一个虽然小却十分重要的问题：如何确定队空和队满的判定条件。设存储循环队列的数组长度为 QueueSize，可以有以下 3 种判定方法：

方法一：浪费一个数组单元，则队满的判定条件是(rear＋1) mod QueueSize＝＝

front，从而保证了 front==rear 是队空的判定条件。

方法二：设置一个标志 flag，当 front==rear 且 flag==0 时为队空，当 front==rear 且 flag==1 时为队满。相应地要修改入队和出队算法，当有元素入队时，队列非空，将 flag 置 1；当有元素出队时，队列不满，将 flag 置 0。

方法三：设置一个计数器 count 累计队列的长度，则当 count==0 时队列为空，当 count==QueueSize 时队列为满。相应地要修改入队和出队算法，入队时将 count 加 1，出队时将 count 减 1。

3.2.4　特殊矩阵压缩存储的寻址计算

在特殊矩阵的压缩存储中，注意矩阵中行下标和列下标的范围以及存储矩阵的一维数组的起始下标，不要死记公式，要真正理解压缩存储的方法，从中找出矩阵的任意元素与其存储位置之间的关系。

例 3-3　假设对称矩阵 **A** 的行下标和列下标的范围均为 $0\sim n-1$，将矩阵中的元素按行优先存储到数组 SA[$n(n+1)/2$]中，请给出寻址公式。

解：将对称矩阵 **A** 的下三角元素 a_{ij}（$n-1\geqslant i\geqslant j\geqslant 0$）存储到数组 SA[$k$]中，如图 3-3 所示，$k$ 与 i、j 之间的关系为 $k=i(i+1)/2+j$。

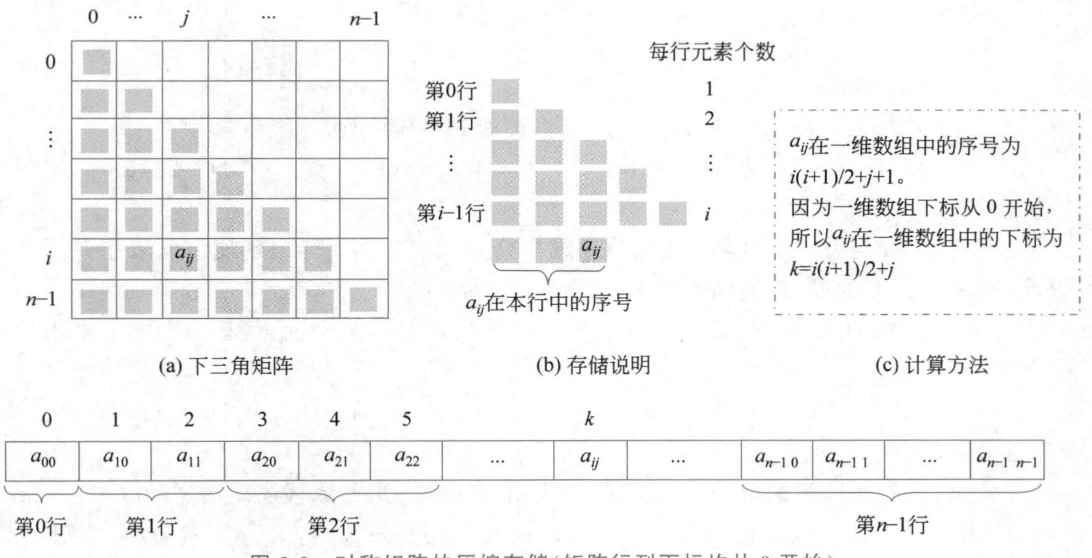

图 3-3　对称矩阵的压缩存储（矩阵行列下标均从 0 开始）

例 3-4　假设对称矩阵 **A** 的行下标和列下标的范围均为 $1\sim n$，将矩阵中的元素按行优先存储到数组 SA[$n(n+1)/2$]中，请给出寻址公式。

解：将对称矩阵 **A** 的下三角元素 a_{ij}（$n\geqslant i\geqslant j\geqslant 1$）存储到数组 SA[$k$]中，如图 3-4 所示，$k$ 与 i、j 之间的关系为 $k=i(i-1)/2+j-1$。

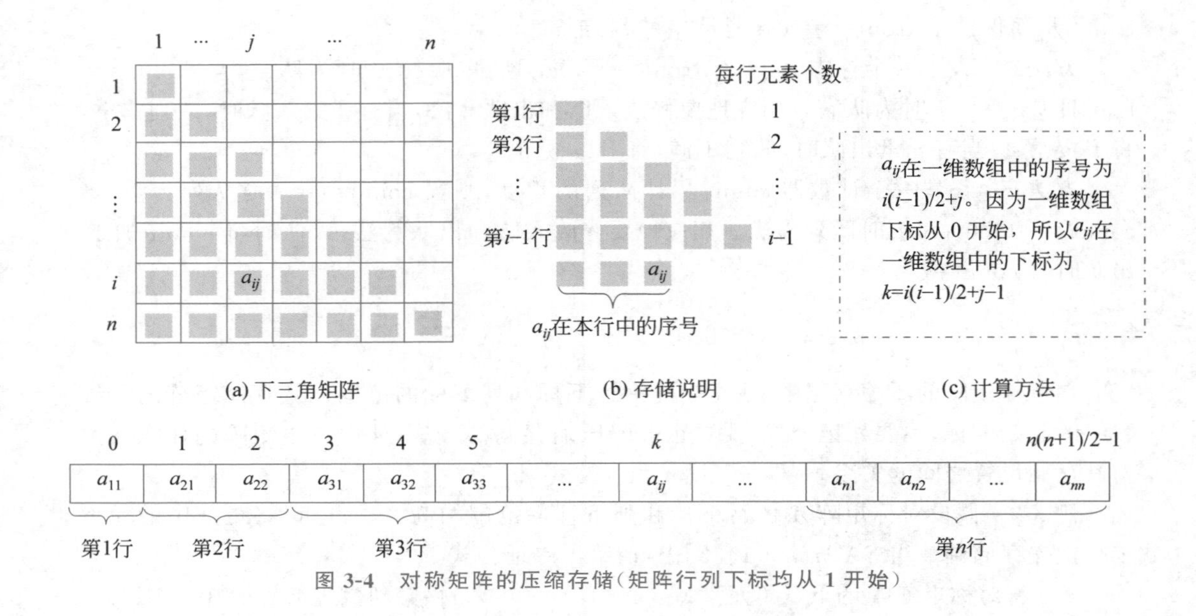

图 3-4 对称矩阵的压缩存储(矩阵行列下标均从 1 开始)

3.3 习题解析

一、单项选择题

1. 一个栈的入栈序列是 1,2,3,4,5,则不可能的出栈序列是(　　)。

A. 54321　　B. 45321　　C. 43512　　D. 12345

【解答】 C

【分析】 此题有一个技巧：在出栈序列中任意元素后面不能出现比该元素小并且是升序(指的是元素的序号)的两个元素。

2. 若一个栈的入栈序列是 1,2,3,…,n,出栈序列的第一个元素是 n,则第 i 个出栈元素是(　　)。

A. 不确定　　B. $n-i$　　C. $n-i-1$　　D. $n-i+1$

【解答】 D

【分析】 出栈序列的第一个元素是 n,则出栈序列一定是入栈序列的逆序。

3. 若一个栈的入栈序列是 1,2,3,…,n,出栈序列是 $p_1,p_2,\cdots,p_n$,若 $p_1=3$,则 p_2 的值(　　)。

A. 一定是 2　　B. 一定是 1　　C. 不可能是 1　　D. 以上都不对

【解答】 C

【分析】 由于 $p_1=3$,说明 1,2,3 入栈后 3 出栈,此时可以将当前栈顶元素 2 出栈,也可以继续执行入栈操作,因此 p_2 的值可能是 2,但一定不能是 1,因为 1 不是栈顶元素。

4. 设计判断表达式中左右括号是否配对的算法,采用(　　)数据结构最佳。

A. 顺序表　　B. 栈　　C. 队列　　D. 链表

【解答】 B

【分析】　每个右括号与它前面的最后一个没有匹配的左括号配对，因此配对规则具有后进先出性。

5. 当字符序列 t3_依次通过栈，输出长度为 3 且可用作 C 语言标识符的序列个数是(　　)。

A. 4　　B. 5　　C. 3　　D. 6

【解答】　C

【分析】　输出长度为 3 说明将字符序列全部出栈，可以作为 C 语言标识符的序列只能以字母 t 或下画线开头，而栈的输出序列中以字母 t 或下画线开头的有 3 个，分别是 t3_、t_3 和_3t。

6. 在栈顶指针为 top 的带头结点的链栈中插入指针 s 所指结点，执行的操作是(　　)。

A. top－＞next＝s；

B. s－＞next＝top；

C. s－＞next＝top；top－＞next＝s；

D. s－＞next＝top－＞next；top－＞next＝s；

【解答】　D

【分析】　链栈带头结点，将结点 s 插在头结点的后面。

7. 在栈顶指针为 top 的不带头结点的链栈中删除栈顶结点，用 x 保存被删除结点的值，执行的操作是(　　)。

A. x＝top；top＝top－＞next；

B. x＝top－＞data；

C. top＝top－＞next；x＝top－＞data；

D. x＝top－＞data；top＝top－＞next；

【解答】　D

【分析】　链栈不带头结点，栈顶结点即指针 top 指向的结点，先暂存 top－＞data，再将栈顶结点摘链。

8. 在解决计算机主机与打印机之间速度不匹配问题时通常设置一个打印缓冲区，该缓冲区应该是一个(　　)结构。

A. 栈　　B. 队列　　C. 数组　　D. 线性表

【解答】　B

【分析】　先进入打印缓冲区的文件先被打印，因此缓冲区具有先进先出特性。

9. 一个队列的入队顺序是 1,2,3,4，则队列的输出顺序是(　　)。

A. 4321　　B. 1234　　C. 1432　　D. 3241

【解答】　B

【分析】　队列的入队顺序和出队顺序总是一致的。

10. 设数组 $S[n]$作为两个栈 S1 和 S2 的存储空间，对任何一个栈只有当 $S[n]$全满时不能进行进栈操作。为这两个栈分配空间的最佳方案是(　　)。

A. S1 的栈底位置为 0，S2 的栈底位置为 $n-1$

B. S1 的栈底位置为 0，S2 的栈底位置为 $n/2$

C. S1 的栈底位置为 0,S2 的栈底位置为 n

D. S1 的栈底位置为 0,S2 的栈底位置为 1

【解答】 A

【分析】 两栈共享空间要保证两个栈是相向增长,因此两个栈的栈底应该分别位于数组的两端。

11. 假设用数组 $A[21]$存储循环队列,front 指向队头元素的前一个位置,rear 指向队尾元素,假设当前 front 和 rear 的值分别为 8 和 3,则该队列的长度为(　　)。

A. 5　　B. 11　　C. 16　　D. 24

【解答】 C

【分析】 队列长度是(rear－front＋21) mod 21 ＝ (3－8＋21) mod 21 ＝ 16。

12. 假设循环队列存储在数组 $A[0]$～$A[m]$中,则入队操作为(　　)。

A. rear＝rear＋1　　B. rear＝(rear＋1) mod (m－1)

C. rear＝(rear＋1) mod m　　D. rear＝(rear＋1) mod (m＋1)

【解答】 D

【分析】 入队操作将 rear 加 1 后与数组长度取模,注意数组长度是 $m+1$。

13. 在链队列中,设指针 f 和 r 分别指向队首结点和队尾结点,则插入 s 所指结点的操作是(　　)。

A. f－>next＝s; f＝s;　　B. r－>next＝s; r＝s;

C. s－>next＝r; r＝s;　　D. s－>next＝f; f＝s;

【解答】 B

【分析】 结点 s 插在队尾的后面,无须修改队头指针。

14. 设栈 S 和队列 Q 的初始状态为空,元素 e1、e2、e3、e4、e5、e6 依次通过栈 S,一个元素出栈后即进入队列 Q。若 6 个元素出队的顺序是 e2、e4、e3、e6、e5、e1,则栈 S 的容量至少应该是(　　)。

A. 6　　B. 4　　C. 3　　D. 2

【解答】 C

【分析】 由于队列具有先进先出性,所以,此题中队列形同虚设,即出栈顺序也是 e2、e4、e3、e6、e5、e1,操作序列是 IIOIIOOIIOOO,栈中元素的最大个数是 3。

15. 在表达式 3 * 2^(4＋2 * 2－6 * 3)－5 求值过程中,当扫描到 6 时,对象栈和算符栈的元素分别为(　　),其中^表示乘幂。

A. 3,2,4,4; # * ^(＋－　　B. 3,2,8; # * ^－

C. 3,2,4,2,2; # * ^(－　　D. 3,2,8; # * ^(－

【解答】 D

【分析】 当扫描到 6 时,已经计算了 2 * 2＝4 和 4＋4＝8,因此,对象栈为 3, 2, 8;算符栈中还有未计算的运算符 # * ^(－。

16. 二维数组 A 行下标的范围是 0～8,列下标的范围是 0～9。若 A 按行优先方式存储,元素 $A[8][5]$的起始地址与当 A 按列优先方式存储(　　)元素的起始地址一致。

A. $A[8][5]$　　B. $A[3][10]$　　C. $A[5][8]$　　D. $A[4][9]$

【解答】 D

【分析】 二维数组 A 有 9 行 10 列，设数组 $A[9][10]$ 的起始地址是 d，则元素 $A[8][5]$ 按行优先存储的起始地址为 $d+8\times10+5=d+85$。设元素 $A[i][j]$ 按列优先存储的起始地址与之相同，则 $d+9\times j+i=d+85$，解得 $i=4, j=9$。

17. 如果一维数组 $a[50]$ 和二维数组 $b[10][5]$ 具有相同的基类型和首地址，假设二维数组 b 以列优先方式存储，则 $a[18]$ 的地址和(　　)的地址相同。

A. $b[1][7]$　　B. $b[1][8]$　　C. $b[8][1]$　　D. $b[7][1]$

【解答】 C

【分析】 $a[18]$ 是数组 a 的第 19 个元素，设 $b[i][j]$ 是数组 b 以列优先方式存储的第 19 个元素，则 $10\times j+(i+1)=19$，解得 $i=8, j=1$。

18. 将 100×100 的三对角矩阵 **A** 按行优先压缩存储在数组 $B[298]$ 中，则元素 $A[66][65]$ 在数组 B 中的下标为(　　)。

A. 198　　B. 195　　C. 197　　D. 196

【解答】 C

【分析】 矩阵 **A** 的第 0 行有 2 个非零元素，第 1～65 行每行有 3 个非零元素，元素 $A[66][65]$ 是第66 行的第一个非零元素，则 $A[66][65]$ 在数组 B 中的下标为 $2+65\times3=197$。

19. 若将 n 阶上三角矩阵 **A** 按列优先方式压缩存储在数组 $B[n(n+1)/2]$ 中，则存放到 $B[k]$ 中的非零元素 a_{ij} $(1\leqslant i, j\leqslant n)$ 的下标 i、j 与 k 的对应关系是(　　)。

A. $\dfrac{i(i+1)}{2}+j$　　B. $\dfrac{i(i-1)}{2}+j-1$

C. $\dfrac{j(j+1)}{2}+i$　　D. $\dfrac{j(j-1)}{2}+i-1$

【解答】 D

【分析】 按列优先方式存储，元素 a_{ij} 的左面有 $j-1$ 列，共计 $1+2+\cdots+(j-1)=j(j-1)/2$ 个元素，元素 a_{ij} 在第 j 列是第 i 个元素，注意到数组 B 的下标从 0 开始，则 $k=\dfrac{j(j-1)}{2}+i-1$。

20. 假设 100×90 的稀疏矩阵 **A** 的元素类型为整型，其中非零元素个数为 10，设整型数据占 2 字节，则采用三元组顺序表存储时，需要的字节数是(　　)。

A. 60　　B. 66　　C. 18000　　D. 33

【解答】 B

【分析】 稀疏矩阵用三元组(行号，列号，元素值)表示非零元素，每个非零元素需要 $3\times2=6$ 字节。三元组顺序表还要存储稀疏矩阵的行数、列数和非零元素个数，因此，需要的字节数是 $10\times(3\times2)+2+2+2=66$。

二、解答下列问题

1. 在操作序列 push(1)、push(2)、pop、push(5)、push(7)、pop、push(6)之后，栈顶元素和栈底元素分别是什么？画出操作序列的执行过程。(push(k)表示整数 k 入栈，pop

表示栈顶元素出栈。)

【解答】 栈顶元素为6,栈底元素为1,执行过程如图3-5所示。

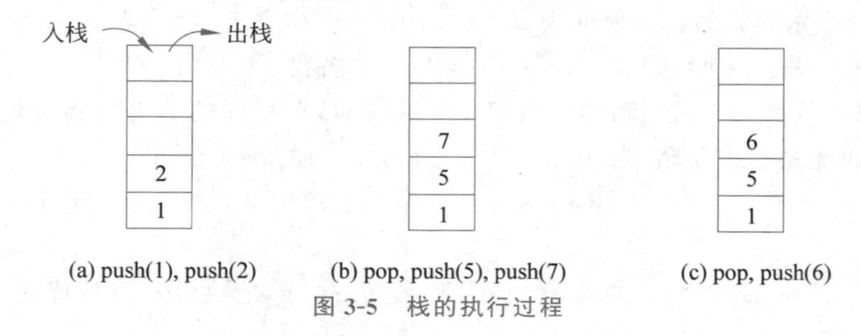

图3-5 栈的执行过程

2. 在操作序列 EnQueue(1)、EnQueue(3)、DeQueue、EnQueue(5)、EnQueue(7)、DeQueue、EnQueue(9)之后,队头元素和队尾元素分别是什么?画出操作序列的执行过程。(EnQueue(k)表示整数 k 入队,DeQueue 表示队头元素出队。)

【解答】 队头元素为5,队尾元素为9,执行过程如图3-6所示。

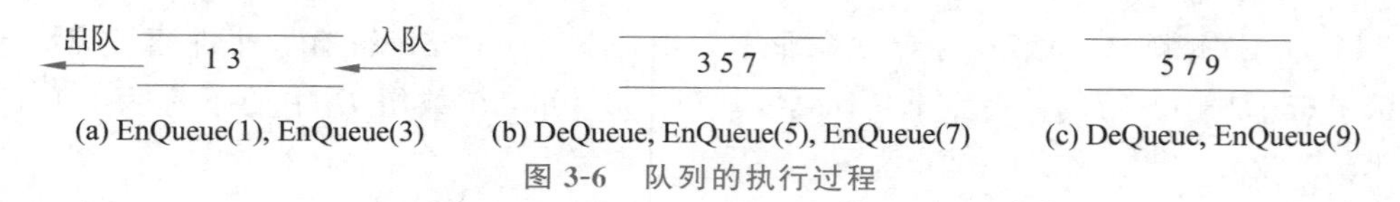

图3-6 队列的执行过程

3. 假设I和O分别表示入栈和出栈操作。若入栈序列为1、2、3、4,能否得到如下出栈序列?若能,请给出相应的I和O操作串;若不能,请说明原因。

(1) 3、1、4、2。

(2) 1、3、2、4。

【解答】 序列(1)不能,3是第一个出栈元素,则栈中元素自栈底依次是1、2,此时要么2出栈,要么4进栈后再出栈。由于1不是栈顶元素,因此第2个出栈元素不可能是1。序列(2)可以,操作串是IOIIOOIO。

4. 假设I和O分别表示入栈和出栈操作。栈的初态和终态均为空,入栈和出栈的操作序列可表示为仅由I和O组成的序列,称可以操作的序列为合法序列,否则称为非法序列。如何判定所给的操作序列是否合法呢?请结合具体实例给出判定规则。

【解答】 在入栈和出栈操作序列的任一位置,入栈次数(即I的个数)都必须大于或等于出栈次数(即O的个数),否则在形式上视作非法序列。由于栈的初态和终态都为空,因此整个序列的入栈次数必须等于出栈次数,否则在形式上视为非法序列。例如,IOIIOIOO和IIIOOIOO是合法序列,IIOIOIIO和IIIOIOIO是非法序列。

5. 若用一个长度为6的数组实现循环队列,且当前rear和front的值分别为0和3,从队列中删除一个元素,再增加两个元素后,rear和front的值分别是多少?请画出操作示意图。

【解答】 当前rear和front的值分别为0和3,则队列中有3个元素,如图3-7(a)所示。删除一个元素后front的值为4,增加两个元素后rear的值为2,如图3-7(b)所示。

6. 对于循环队列,可以用队列中的元素个数代替队尾位置,请定义循环队列的这种

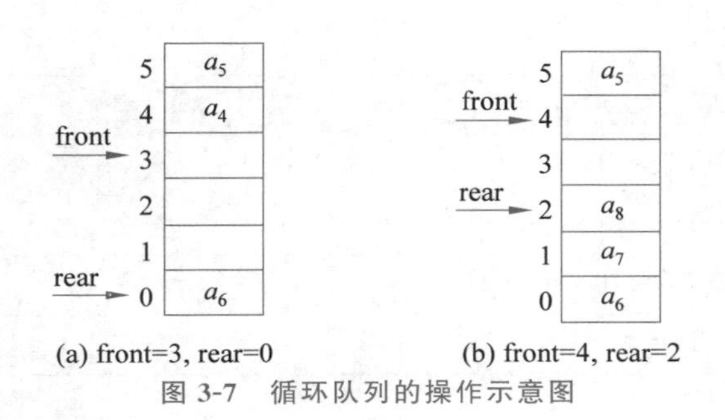

(a) front=3, rear=0　　(b) front=4, rear=2

图 3-7　循环队列的操作示意图

存储结构。

【解答】　设变量 front 存储队头元素的前一个位置，变量 count 存储队列的元素个数，可以通过队头位置和队列长度计算出队尾元素的位置，存储结构定义如下：

```
#define QueueSize 100                      //定义数组的最大长度
typedef int DataType;                      //定义队列元素的数据类型,假设为 int 型
typedef struct
{
  DataType data[QueueSize];                //存放队列元素的数组
  int front,count;                         //队头位置和队列长度
} CirQueue;
```

7. 利用两个栈 S1 和 S2 模拟一个队列，利用栈的运算实现队列的插入和删除操作，请简述算法思想。

【解答】　利用两个栈 S1 和 S2 模拟一个队列。在队列中插入元素时，用栈 S1 存放已经入队的元素，即通过向栈 S1 执行入栈操作实现。在队列中删除元素时，将栈 S1 的元素全部送入栈 S2 中，再从栈 S2 中删除栈顶元素，最后将栈 S2 的元素全部送入栈 S1 中。判断队空的条件是栈 S1 和 S2 同时为空。

8. 给出表达式 A－B＊C/D 的求值过程，说明在求值过程中栈的作用。

【解答】　设栈 OPND 存储运算对象，栈 OPTR 存储优先级较低的运算符，在计算表达式的过程中，栈 OPND 和 OPTR 的变化过程如表 3-1 所示。算术表达式中的下画线标示当前扫描的字符。

表 3-1　栈 OPND 和 OPTR 的变化过程

步骤	栈 OPND	栈 OPTR	算术表达式
初始		＃	A－B＊C/D＃
1	A	＃	A－B＊C/D＃
2	A	＃－	－B＊C/D＃
3	AB	＃－	B＊C/D＃
4	AB	＃－＊	＊C/D＃
5	ABC	＃－＊	C/D＃

续表

步骤	栈 OPND	栈 OPTR	算术表达式
6	$AT_1(T_1=B*C)$	#－/	/D #
7	AT_1D	#－/	D #
8	$AT_2(T_2=T_1/D)$	#－	#
9	$T_3(T_3=A-T_2)$	#	#

9. 如果一维数组的元素个数非常多，但存在大量重复数据，并且所有值相同的元素位于连续的位置，请设计压缩存储方法。

【解答】 设二元组(data, count)存储元素值及该值的元素个数。例如，数组 $r[]=\{1,1,1,5,5,3,3,3,3,3,3,3,3,9\}$，对应的压缩存储为 $B[]=\{\{1,3\},\{5,2\},\{3,8\},\{9,1\}\}$。显然，值相同的元素越多，采用这种压缩存储方法越节省存储空间。

10. 对于二维数组 $a[n][2n-1]$，将 3 个顶点分别为 $a[0][n-1]$、$a[n-1][0]$和 $a[n-1][2n-2]$的三角形内的所有元素按行序存放在一维数组 $B[n\times n]$中，且元素 $a[0][n-1]$存放在 $B[0]$中。例如当 $n=3$ 时，数组 $a[3][5]$中的三角形如图 3-8 所示，存储结果如图 3-9 所示。如果将三角形中的元素 a_{ij} 存放在 $B[k]$中，请给出下标 i、j 与 k 的对应关系。

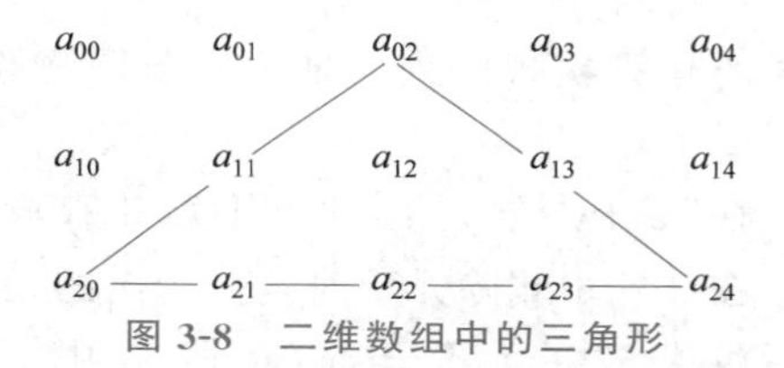

图 3-8 二维数组中的三角形

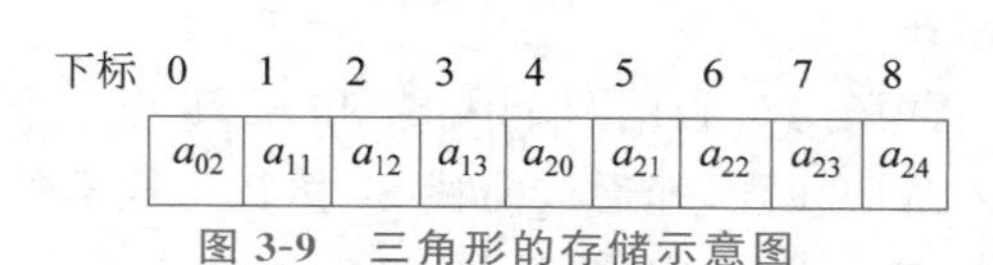

图 3-9 三角形的存储示意图

【解答】 在二维数组的三角形中，元素 a_{ij} 的上面有第 $0\sim i-1$ 行，共 i 行，第 0 行的元素个数为 1，第 2 行的元素个数为 3……第 $i-1$ 行的元素个数为 $2i-1$，共计 $1+3+\cdots+(2i-1)=i^2$ 个元素。

设三角形第 i 行第一个元素的列号为 m，当 $i=0$ 时 $m=n-1$，当 $i=1$ 时 $m=n-2$……则第 i 行第 1 个元素的列号 $m=n-i-1$，元素 a_{ij} 是第 i 行的第 $j-m+1=j-n+i+2$ 个元素。因为数组 B 的下标从 0 开始，所以有 $k=i^2+i+j-n+1$。

11. 设有五对角矩阵 $\boldsymbol{B}=(b_{ij})_{20\times 20}$，按特殊矩阵压缩存储的方式将 5 条对角线上的元素存于数组 $A[m]$中，计算元素 $b_{15,16}$ 在数组 A 中的存储位置。

【解答】 假设矩阵 $\boldsymbol{B}$ 的行列下标均从 1 开始，第 1 行有 3 个非零元素，第 2 行有 4 个非零元素，第 3～14 行有 5 个非零元素，$b_{15,16}$ 是第 15 行的第 4 个非零元素，则 $k=3+4+12\times 5+4=71$，即元素 $b_{15,16}$ 是数组 A 的第 71 个元素。因为数组 A 的下标从 0 开始，所以元素 $b_{15,16}$ 在数组 A 中的存储位置(即下标)是 70。

$$\begin{pmatrix} 0 & 0 & 2 & 0 & 0 \\ 3 & 0 & 0 & 0 & 0 \\ 0 & 0 & 1 & 5 & 0 \\ 0 & 0 & 0 & 0 & 0 \end{pmatrix}$$

图 3-10 稀疏矩阵

12. 对于如图 3-10 所示的稀疏矩阵，请画出该矩阵的三元组顺序表和十字链表存储示意图。

【解答】 三元组顺序表如图3-11所示，十字链表如图3-12所示。

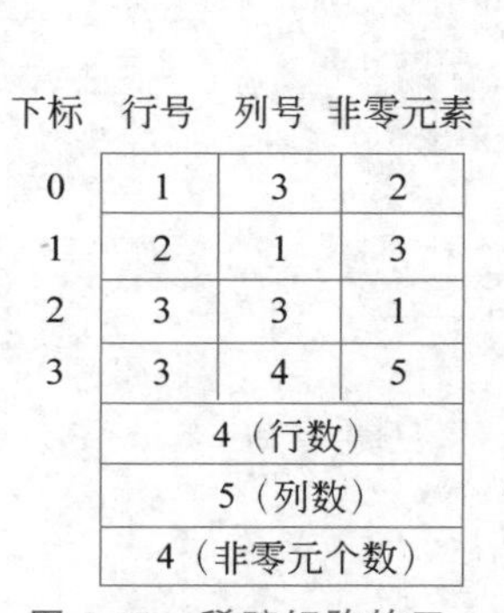

下标	行号	列号	非零元素
0	1	3	2
1	2	1	3
2	3	3	1
3	3	4	5
	4（行数）		
	5（列数）		
	4（非零元个数）		

图3-11　稀疏矩阵的三元组顺序表

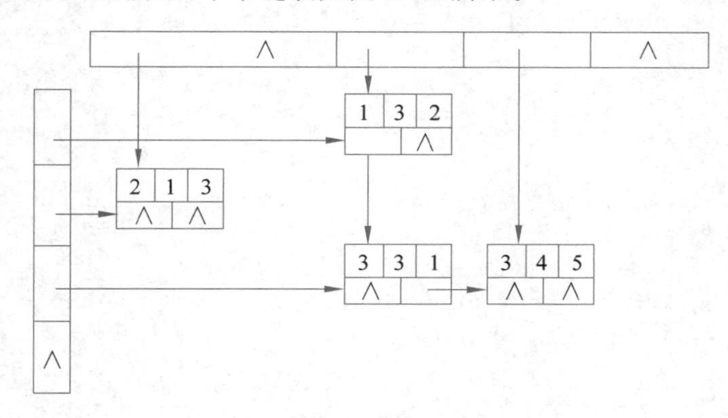

图3-12　稀疏矩阵的十字链表

三、算法设计题

1. 设顺序栈有 $2n$ 个元素，从栈顶到栈底的元素依次为 $a_{2n}, a_{2n-1}, \cdots, a_1$，要求通过一个循环队列重新排列栈中元素，使得从栈顶到栈底的元素依次为 $a_{2n}, a_{2n-2}, \cdots, a_2, a_{2n-1}, a_{2n-3}, \cdots, a_1$，请给出算法的操作步骤，要求空间复杂度和时间复杂度均为 $O(n)$。

【解答】 根据栈和队列的操作特性，算法的操作步骤如下：

（1）将所有元素依次出栈并入队。

（2）将队列元素依次出队，将偶数号元素入队，将奇数号元素入栈。

（3）将奇数号元素依次出栈并入队。

（4）将偶数号元素依次出队并入栈。

（5）将偶数号元素依次出栈并入队。

（6）将所有元素依次出队并入栈。

2. 假设以不带头结点的循环单链表存储队列，并且只设一个指针指向队尾结点，请设计相应的入队和出队算法。

【解答】 入队操作在循环单链表的尾部进行，在终端结点之后插入一个新结点。出队操作在循环单链表的头部进行，删除开始结点。由于循环单链表不带头结点，需要处理空表的特殊情况。单链表的结点结构定义参见主教材。算法如下：

```
Node * Enqueue(Node * rear, int x)
{
  Node * s = NULL;
  s = (Node * )malloc(sizeof(Node));
  s->data = x;
  if (rear == NULL)                                //处理空表的特殊情况
  {
    rear = s; rear->next = s;
  }
  else                                             //处理除空表以外的一般情况
```

```
    {
      s->next = rear->next;
      rear->next = s; rear = s;
    }
    return rear;
}
```

```
int Dequeue(Node * rear)
{
    Node * s = NULL;
    if (rear == NULL) {printf("underflow"); return 0;}    //判断表空
    else
    {
      s = rear->next;
      if (s == rear) rear = NULL;                          //链表中只有一个结点
      else rear->next = s->next;
      free(s);
    }
}
```

3. 将十进制整数转换为二进制至九进制中的任一进制整数。

【解答】 算法基于的原理：$N=(N \text{ div } d)\times d + N \bmod d$ (div 为整除运算，mod 为求余运算)，先得到的余数为低位，后得到的余数为高位，因此，将每一步求得的余数放入栈中，再将栈元素依次输出，即可得到转换结果。假设采用顺序栈存储转换后的结果，算法如下：

```
void Decimaltor(int num, int r)
{
    int S[100], top = -1, k;                              //假设采用顺序栈
    while (num != 0)
    {
      k = num % r;                                        //得到余数
      S[++top] = k;
      num = num / r;                                      //得到商
    }
    while (top != -1)
      printf("%d", S[top--]);
}
```

4. 假设算术表达式包含 3 种括号：圆括号“(”和“)”、方括号“[”和“]”以及花括号“{”和“}”，并且这 3 种括号可以按任意次序嵌套使用。判断给定表达式所含括号是否配对出现。

【解答】 设字符数组 A 存储算术表达式。扫描表达式。对于左括号，执行入栈操作。对于右括号，如果栈顶元素是匹配的左括号，则执行出栈操作；否则匹配失败，结束扫描。算法如下：

```
int Prool(char A[ ])
{
  int S[100], top = -1, i;
  for (i = 0;A[i] != '\0'; i++)
  {
    if(A[i] == '(' || A[i] == '[' || A[i] == '{' )
      S[++top] = A[i];
    else
    {
      switch A[i]
      {
        case ')': if (top == -1 || S[top--] != '(') return 0;
        case ']': if (top == -1 || S[top--] != '[') return 0;
        case '}': if (top == -1 || S[top--] != {') return 0;
      }
    }
  }
  if (top == -1) return 1;
  else return 0;
}
```

5. 在循环队列中设置标志 flag，当 front = rear 且 flag = 0 时为队空，当 front = rear 且 flag = 1 时为队满。请设计相应的入队和出队算法。

【解答】 当有元素入队时，队列非空，将 flag 置 1；当有元素出队时，队列不满，将 flag 置 0。循环队列的存储结构定义请参见主教材。算法如下：

```
int Push(CirQueue * Q, int x)
{
  if (Q->front == Q->rear && flag == 1) {printf("overflow"); return 0; }
  Q->rear = (Q->rear+1) % QueueSize;
  Q->data[Q->rear] = x;
  flag = 1;
  return 1;
}
```

```
int Pop(CirQueue Q, int &x)
{
  if (Q->front == Q->rear && flag == 0) {printf("underflow"); return 0; }
  Q->front = (Q->front+1) % QueueSize;
  x = Q->data[front];
  flag = 0;
  return 1;
}
```

6. 给定具有 n 个字符的序列，依次通过一个栈可以产生多种出栈序列，请判断一个序列是否是可能的出栈序列。

【解答】 设数组 in[n]存储输入的字符序列，数组 out[n]表示要判断的出栈序列，设变量 i 和 j 分别指示正在处理的入栈和出栈字符,扫描数组 in[n]模拟栈的操作:将 in[i]入栈;当栈顶元素等于 out[j]时,执行出栈。如果 out[n]是可能的出栈序列,则数组 in[n]和out[n]恰好匹配,并且处理完成后栈为空。设数组 S[n]表示顺序栈,算法如下:

```
int IsSerial(char in[ ], char out[ ], int n)
{
  int S[n], top = -1, i, j = 0;
  for (i = 0; i < n; i++)
  {
    S[++top] = in[i];
    while (top != -1 && S[top] == out[j])
    {
      top--; j++;
    }
  }
  if (top == -1) return 1;
  else return 0;
}
```

7. 双端队列 Q 限定在线性表的两端进行插入和删除操作,若采用顺序存储结构存储双端队列,请设计算法实现在指定端 L(表示左端)和 R(表示右端)执行入队操作。

【解答】 采用循环队列的存储思想,设 left 指向队列左端第一个元素(可以看成是左端的队头)的前一个位置,right 指向右端第一个元素(可以看成是右端的队头)的位置。队列为空的条件是 left = right,队列为满的条件是(right+1) mod QueueSize = left。双端队列的存储结构定义和入队算法如下:

```
enum OpertionTag {L, R};                          //L 表示队列的左端,R 表示队列的右端
#define QueueSize 100
typedef int DataType;
typedef struct                                    // 定义双端队列存储结构
{
  DataType data[QueueSize];
  int left, right;
} DulQueue;
int QueueInsert (DulQueue * Q, DataType x, OpertionTag side)
{
  if ((Q->right+1) % QueueSize == Q->left) {printf("上溢"); return 0; }
  if (side == L)
  {
    Q->data[Q->left] = x;                         //left 已经指向插入的位置
    Q->left = (Q->left - 1) % QueueSize;          //左端指针在循环意义下减 1
  }
  else
  {
    Q->right = (Q->right + 1) % QueueSize;        //右端指针在循环意义下加 1
    Q->data[Q->right] = x;
```

```
    }
    return 1;
}
```

8. 若在矩阵 **A** 中存在一个元素 $a_{ij}(1\leqslant i\leqslant n, 1\leqslant j\leqslant m)$，该元素是第 i 行的最小值，同时又是第 j 列的最大值，则称此元素为矩阵的一个鞍点。设计算法求矩阵 **A** 的鞍点个数，并分析时间复杂度。

【解答】　在矩阵 **A** 中逐行查找该行的最小值，然后判断该元素是否是所在列的最大值。设变量 count 累计鞍点个数，变量 k 记载某行最小值的列下标，算法如下：

```
int Andian(int A[100][100], int m, int n)
{
  int i, j, k, min, count = 0;
  for (i = 0; i < n; i++)
  {
    min = A[i][0]; k = 0;                          //min 为第 i 行的最小值
    for (j = 1; j < m; j++)
      if (A[i][j] < min) { min = a[i][j]; k = j; }
    for (j = 0; j < n; j++)
      if (a[j][k] > min) break;
    if (j == n) count++;
  }
  return count;
}
```

外层 for 循环共执行 n 次，内层第一个 for 循环执行 m 次，第二个 for 循环最坏情况下执行 n 次，因此时间复杂度为 $O(n^2+mn)$。

9. 假设矩阵 **A** 满足 $A[i][j]\leqslant A[i][j+1](0\leqslant i\leqslant n, 0\leqslant j\leqslant m-1)$ 和 $A[i][j]\leqslant A[i+1][j](0\leqslant i\leqslant n-1, 0\leqslant j\leqslant m)$。给定元素值 x，设计算法判断 x 是否在矩阵 **A** 中，要求时间复杂度为 $O(m+n)$。

【解答】　本题要求时间复杂度为 $O(m+n)$，因此不能采用常规的二层循环进行查找。由于矩阵元素分别按行和按列排序，可以从右上角开始，将元素 $A[i][j]$ 与 x 进行比较，有以下 3 种情况：①$A[i][j]>x$，向左继续查找；②$A[i][j]<x$，向下继续查找；③$A[i][j]=x$，查找成功。如果下标超出矩阵范围，则查找失败。算法如下：

```
int Search(int A[100][100], int n, int m, int x)
{
  int i = 0, j =m-1, flag = 0;                     //flag 是查找成功的标志
  while (i < n && j >= 0)
    if (A[i][j] == x) { flag = 1; break; }
    else if (A[i][j] > x) j--;
    else i++;
  if (1 == flag) {
    printf("元素%d 在矩阵中的位置是:(%2d, %2d)\n", x, i, j);
```

```
        return 1;
    }
    else return 0;
}
```

查找 x 的路线从矩阵 **A** 的右上角开始,向下(当 $x>A[i][j]$时)或向左(当 $x<A[i][j]$时)。向下最多执行 m 次,向左最多执行 n 次。最好情况是元素 x 在右上角 $A[0][m-1]$,比较 1 次;最坏情况是元素 x 在左下角 $A[n-1][0]$,比较 $m+n$ 次。因此,时间复杂度是 $O(m+n)$。

第4章 树和二叉树

4.1 本章导学

4.1.1 知识结构图

本章包括3部分：第一部分是树，以逻辑结构和存储结构为主线，注意辨析树的不同存储方法以及适用情况；第二部分是二叉树，以逻辑结构和存储结构为主线，注意特殊二叉树和二叉树性质的含义和应用，辨析二叉树的不同存储方法以及适用情况，复现二叉链表存储下二叉树的遍历算法，运用树和二叉树之间的相互转换解决有关树的问题；第三部分是树结构的经典应用，包括最优二叉树、优先队列和并查集。标☆的知识点为扩展与提高内容。本章的知识结构如图4-1所示。

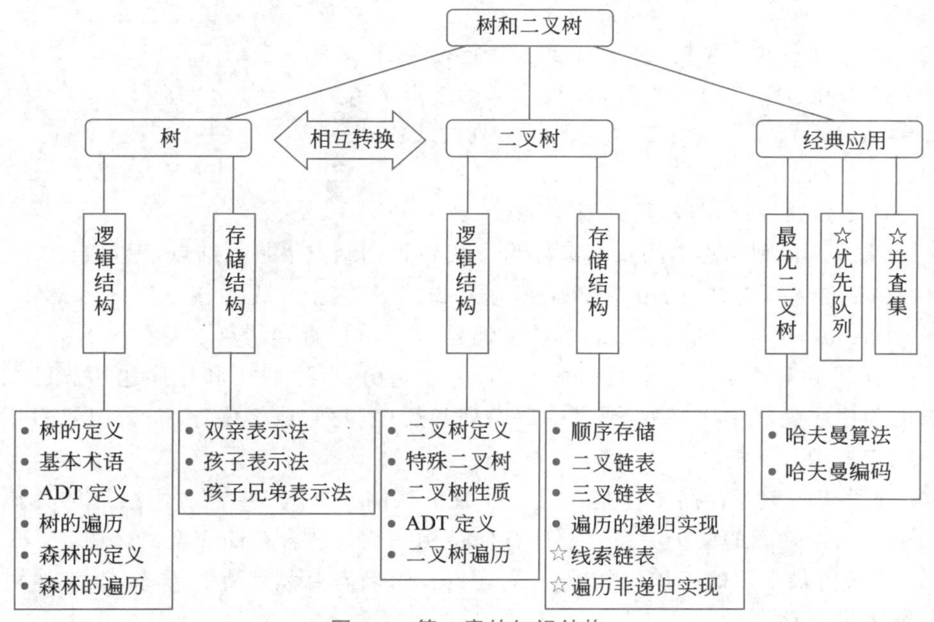

图4-1 第4章的知识结构

4.1.2 重点整理

1. 树是$n(n\geqslant 0)$个结点的有限集合。任意一棵非空树均满足以下性质：

(1) 有且仅有一个根结点。

(2) 当$n>1$时，除根结点之外的其余结点被分成$m(m>0)$个互不相交的有限集合

$T_1, T_2, \cdots, T_m$，其中每个集合又是一棵树，并称为这个根结点的子树。

2. 某结点拥有子树的个数称为该结点的度，树中各结点度的最大值称为该树的度。度为 0 的结点称为叶子结点，度不为 0 的结点称为分支结点。某结点的子树的根结点称为该结点的孩子结点，该结点称为其孩子结点的双亲结点。规定根结点的层数为 1。对其余任何结点，若某结点在第 k 层，则其孩子结点在第 $k+1$ 层。树中所有结点的最大层数称为树的深度。$m(m \geqslant 0)$棵互不相交的树构成森林。

3. 树的遍历是从根结点出发，按照某种次序访问树中所有结点，使得每个结点被访问一次且仅被访问一次。通常有前序遍历、后序遍历和层序遍历 3 种方式。

4. 树的存储结构有双亲表示法、孩子表示法、孩子兄弟表示法，其中，双亲表示法便于求某结点的双亲；孩子表示法便于求某结点的孩子和兄弟；孩子兄弟表示法又称二叉链表表示法，便于求某结点的孩子和兄弟。

5. 二叉树是 $n(n \geqslant 0)$个结点的有限集合，该集合或者为空集(称为空二叉树)，或者由一个根结点和两棵互不相交的左子树和右子树组成。

6. 二叉树和树是两种树结构，二叉树不是度为 2 的树。在实际应用中，经常用到斜树、满二叉树、完全二叉树等特殊的二叉树。

7. 二叉树满足下列性质：

(1) 第 i 层最多有 2^{i-1} 个结点($i \geqslant 1$)。

(2) 深度为 k 的二叉树，最多有 2^k-1 个结点，最少有 k 个结点。

(3) 如果叶子结点的个数为 n_0，度为 2 的结点个数为 n_2，则 $n_0=n_2+1$。

8. 具有 n 个结点的完全二叉树满足下列性质：

(1) 深度为$\lfloor \log_2 n \rfloor+1$。

(2) 从 1 开始按层序编号，则对于结点 i：

- 如果 $i>1$，则结点 i 的双亲编号为$\lfloor i/2 \rfloor$；否则结点 i 是根结点，无双亲。
- 如果 $2i \leqslant n$，则结点 i 的左孩子编号为 $2i$；否则结点 i 无左孩子。
- 如果 $2i+1 \leqslant n$，则结点 i 的右孩子编号为 $2i+1$；否则结点 i 无右孩子。

9. 二叉树的遍历次序通常有前序遍历、中序遍历、后序遍历和层序遍历。已知一棵二叉树的前序序列和中序序列，或者中序序列和后序序列，或者中序序列和层序序列，可以唯一确定这棵二叉树。

10. 二叉树的顺序存储结构是：用一维数组存储二叉树的结点，用结点的存储位置(下标)表示结点之间的父子关系。顺序存储结构一般仅适合存储完全二叉树。

11. 二叉树最常用的存储结构是二叉链表。如果需要频繁查找双亲，二叉树可以采用三叉链表进行存储。

12. 遍历二叉树是二叉树各种操作的基础。根据遍历算法的框架，适当修改访问操作，可以派生出很多关于二叉树的应用算法。

13. 树和二叉树之间具有一一对应的关系，可以相互转换。二叉树左分支上的各结点在对应的树中是父子关系，右分支上的各结点在对应的树中是兄弟关系。

14. 最优二叉树又称为哈夫曼树，是带权路径长度最小的二叉树。给定 n 个权值构造的哈夫曼树中，有 n 个叶子结点和 $n-1$ 个分支结点。哈夫曼算法采用静态链表作为存储结构。

15. 采用哈夫曼树构造的编码是一种能使字符串的编码总长度最短的不等长编码，并且哈夫曼编码是前缀编码。

4.2 重点难点释疑

4.2.1 树和二叉树是两种不同的树结构

树是 $n(n \geqslant 0)$ 个结点的有限集合，该集合或者为空集（称为空树），或者由 $m(m>0)$ 棵互不相交的子树组成；二叉树是 $n(n \geqslant 0)$ 个结点的有限集合，该集合或者为空集（称为空二叉树），或者由一个根结点和两棵互不相交的左子树和右子树组成。例如，具有 3 个结点的树有两种形态，而具有 3 个结点的二叉树有 5 种形态，如图 4-2 所示。

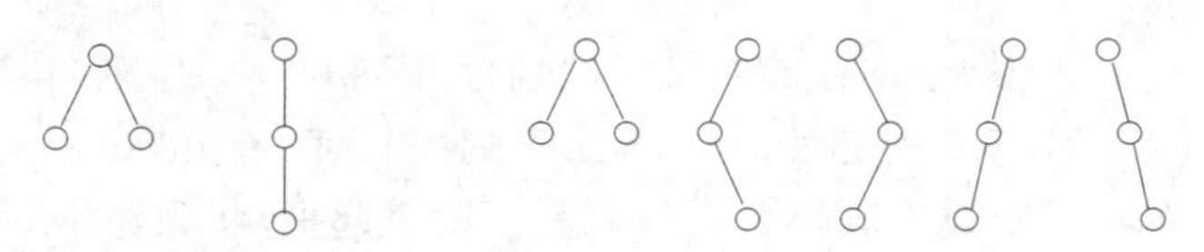

(a) 3 个结点的树　　(b) 3 个结点的二叉树

图 4-2　3 个结点的树和二叉树的不同形态

二叉树不是度为 2 的树。例如，图 4-3(a)是一棵二叉树，但这棵二叉树的度是 1，结点 B 是结点 A 的右孩子；图 4-3(b)是一棵度为 2 的树，结点 B 是结点 A 的第一个孩子，结点 C 是结点 A 的第二个孩子，并且还可以为结点 A 再增加孩子。

(a) 度为1的二叉树　　(b) 度为2的树

图 4-3　二叉树不是度为 2 的树

树和二叉树虽然都是有序树，但它们是两种树结构。树的孩子只有序的关系，即第 1 个孩子、第 2 个孩子……第 i 个孩子；而二叉树的孩子却有左右之分，即使二叉树中某结点只有一个孩子，也要区分它是左孩子还是右孩子。例如，图 4-4(a)是同一棵树，而图 4-4(b)是两棵不同的二叉树。

(a) 同一棵树　　(b) 两棵不同的二叉树

图 4-4　树和二叉树是两种树结构

4.2.2 二叉树的构造方法

建立二叉树可以有多种方法，下面介绍两种常用的方法。

方法一是根据二叉树的一个遍历序列建立该二叉树。将二叉树中每个结点的空指针引出一个虚结点，其值为特定值，如“#”，以标识其为空，这样处理后的二叉树称为原二叉树的扩展二叉树。扩展二叉树的一个遍历序列就能唯一确定这棵二叉树，算法请参见主教材。

方法二是根据二叉树的前序序列和中序序列建立该二叉树。基本思想是：首先根据前序序列的第一个元素建立根结点；然后在中序序列中找到该元素，分别确定根结点的左、右子树的中序序列，在前序序列中分别确定左、右子树的前序序列；最后由左子树的前序序列与中序序列建立左子树，由右子树的前序序列与中序序列建立右子树。显然，这是一个递归的过程。

设数组 pre[n]和 in[n]分别存储二叉树的前序序列和中序序列，设变量 i1 为前序序列的起始下标，i2 为中序序列的起始下标，k 为序列的长度，函数 Pos(x,in,i)实现在数组 in[n]中从第 i 个元素开始查找值等于 x 的元素。简单起见，将数组 pre[n]和 in[n]设为全局变量，并假设二叉树各结点的字符均不相同，算法如下：

```
BiNode * Creat(BiNode * root, int i1, int i2, int k)
{
  int m, leftLen, rightLen;
  if (k <= 0) return NULL;
  root = (Node * )malloc(sizeof(BiNode));
  root->data = pre[i1];                          //确定根结点
  m = Pos(pre[i1], in, i2);                      //查找根结点的位置
  leftLen = m - i2;                              //左子树的长度
  rightLen = k - (leftlen + 1);                  //右子树的长度
  root->lchild = Creat(root->lchild, i1+1, i2, leftLen);
  root->lchild = Creat(root->rchild, i1+leftlen+1, m+1, rightLen);
  return root;
}
```

4.2.3 二叉树遍历的递归执行过程

二叉树遍历是二叉树各种操作的基础，所以，必须深刻理解二叉树遍历的实现过程。对图 4-5 所示的二叉树，以中序遍历为例，遍历算法的递归执行过程如图 4-6 所示。

A
B C
D

图 4-5 一棵二叉树

4.2.4 二叉树的算法设计技巧

二叉树遍历算法中对每个结点的访问可以是任意操作。根据遍历算法的框架，适当修改访问操作，可以派生出很多关于二叉树的应用算法，如求结点的双亲、求结点的孩子、判定结点所在的层次等，也可以在遍历的过程中

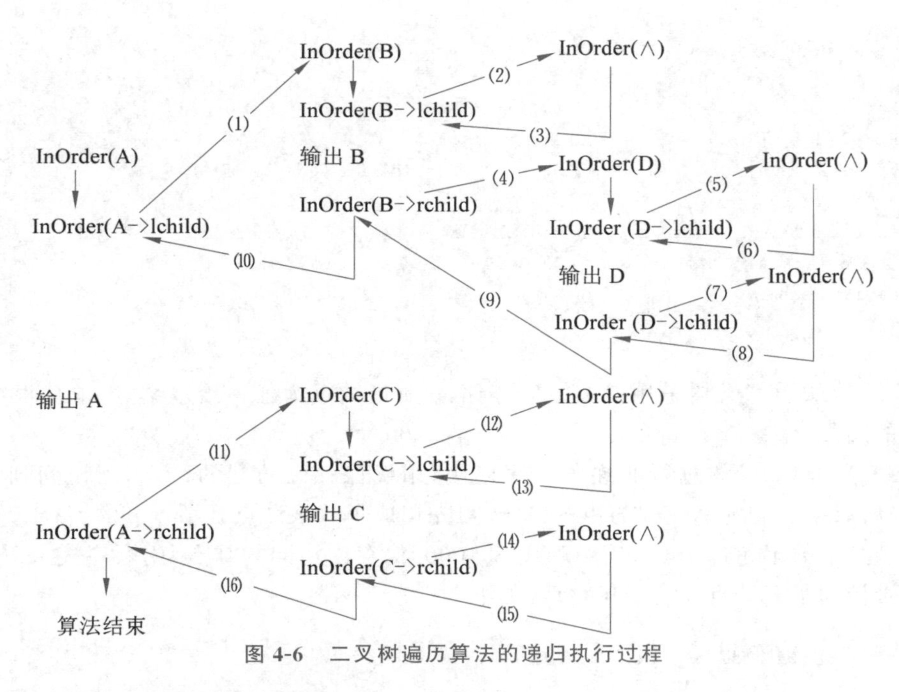

图 4-6 二叉树遍历算法的递归执行过程

生成结点,建立二叉树的存储结构。

例 4-1 复制一棵二叉树。

【解答】 复制是按照给定二叉树的二叉链表建立一个新的二叉链表,可以在遍历过程中将访问操作修改为复制该结点。算法如下:

```
BiNode * CopyTree(BiNode * root)
{
  BiNode * newLptr = NULL, * newRptr = NULL, * newNode = NULL;
  if (root== NULL) return NULL;                     //复制一棵空树
  newLptr = CopyTree(root->lchild);                 //复制左子树
  newRptr = CopyTree(root->rchild);                 //复制右子树
  newNode = (BiNode * )malloc(sizeof(BiNode));
  newNode->data = root->data;
  newNode->lchild = newLptr;
  newNode->rchild = newRptr;
  return newNode;
}
```

例 4-2 判断两棵二叉树是否相似。所谓两棵二叉树相似,是指要么二者都为空或都只有一个根结点,要么二者的左右子树均相似。

【解答】 对二叉树 T1 和 T2 同时进行遍历,对当前访问结点进行如下判断:

(1) 若 T1 和 T2 均为 NULL,则 T1 和 T2 相似;

(2) 若 T1 和 T2 有一个为 NULL,另一个不为 NULL,则 T1 和 T2 不相似;

(3) 判断 T1 的左子树和 T2 的左子树、T1 的右子树和 T2 的右子树是否相似。

```
int Like(BiNode * T1, BiNode * T2)
{
  int same;
  if (T1 == NULL && T2 == NULL) return 1;
  if ((T1 == NULL && T2 != NULL) || (T1 != NULL && T2 == NULL))
    return 0;
  same = Like(T1->lchild, T2->lchild);
  if (1 == same) same = Like(T1->rchild, T2->rchild);
  return same;
}
```

例 4-3 假设二叉树采用二叉链表存储，p 所指结点为任一给定结点，求从根结点到结点 p 的路径。

【解答】 对二叉树进行非递归后序遍历，用栈保存已访问的结点，当访问到结点 p 时，栈中所有结点均为结点 p 的祖先，这些祖先构成了从根结点到结点 p 的路径。假设二叉树的结点个数不超过 1000，用顺序栈 S[1000]保存已访问的结点，用顺序栈 tag[1000]保存是否访问了某结点的右子树，算法如下：

```
void Path(BiNode * root, BiNode * p)
{
  int i, top = -1, tag[1000];                    //采用顺序栈
  BiNode * S[1000], * T = root;                  //工作指针初始化
  while (T != NULL || top != -1)
  {
    while (T != NULL)
    {
      top++;
      S[top] = T; tag[top] = 0;
      T = T->lchild;                             //遍历左子树
    }
    while (top != -1 && tag[top] == 1)           //左右子树都访问过
    {
      T = S[top];
      if (T == p)                                //找到 p 结点，输出路径
      {
        for (i = 0; i <= top; i++)
          printf("%5c", S[i]->data);
        return;
      }
      else top--;
    }
    if (top != -1 )
    {
      T = S[top]->rchild;                        //准备遍历右子树
      tag[top] = 1;                              //表示已访问过右子树
    }
  }
}
```

4.2.5 构造哈夫曼树的两种常见错误

哈夫曼(Huffman)树是带权路径长度最小的二叉树。根据哈夫曼树的定义，一棵二叉树要使其带权路径长度最小，必须使权值越大的叶子结点越靠近根结点，而权值越小的叶子结点越远离根结点。哈夫曼算法要经过 $n-1$ 次合并，每次合并时选取根结点权值最小的两棵二叉树。在构造哈夫曼树的过程中有以下两种常见的错误：

错误1：在未合并的根结点中选取权值最小的一棵二叉树，在已合并的根结点中选取权值最小的一棵二叉树，产生了错误的合并，如图4-7所示。

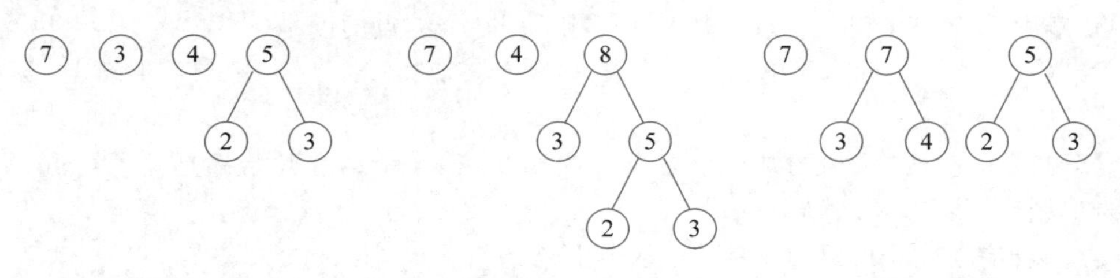

图4-7 第一种常见的错误

错误2：在未合并的二叉树中选取根结点的权值最小的两棵子树，产生了错误的合并，如图4-8所示。

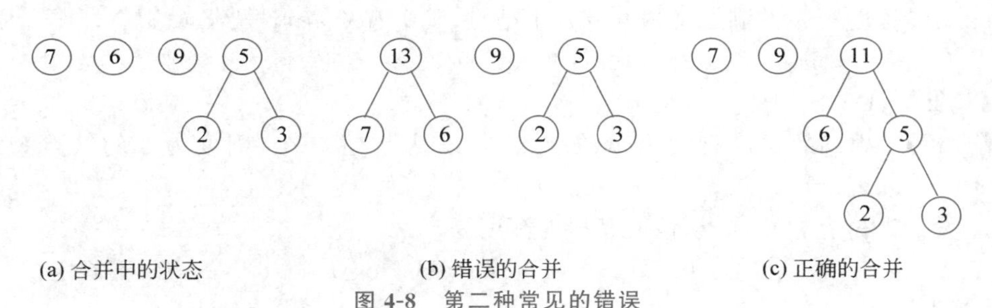

图4-8 第二种常见的错误

4.3 习题解析

一、单项选择题

1. 假设一棵树有 n 个结点，则树中所有结点的度数之和为(　　)。

A. n　　B. $n-2$　　C. $n-1$　　D. $n+1$

【解答】 C

【分析】 树中 n 个结点的度数之和即为分枝数，可以理解为边数。

2. 假设一棵度为4的树中有60个结点，则该树的最小高度是(　　)。

A. 3　　B. 4　　C. 5　　D. 6

【解答】 B

【分析】 设该树的最小高度是 k，则在 $k-1$ 层上是满四叉树，第1层有1个结点，第

2 层有 4 个结点，第 3 层有 16 个结点，第 4 层有 39 个结点。

3. 下列说法中正确的是(　　)。

A. 二叉树就是度为 2 的树　　B. 二叉树不存在度大于 2 的结点

C. 二叉树是有序树　　D. 二叉树每个结点的度均为 2

【解答】 B

【分析】 二叉树中每个结点的度都不超过 2，但不一定是 2。例如，斜树中没有度为 2 的结点。二叉树不仅是有序树，而且某结点即使有一个孩子，也要确定是左孩子还是右孩子。

4. 若某完全二叉树的结点个数为 100，则第 50 个结点的度是(　　)。

A. 0　　B. 1　　C. 2　　D. 不确定

【解答】 B

【分析】 完全二叉树的结点个数为 100，则从第 51 个结点开始都是叶子结点，第 50 个结点只有左孩子，是结点 100。

5. 一棵有 124 个叶结点的完全二叉树最多有(　　)个结点。

A. 247　　B. 248　　C. 249　　D. 250

【解答】 B

【分析】 在有 124 个叶结点的二叉树中，度为 2 的结点数为 123，完全二叉树最多只有一个结点的度为 1，所以，最多有 123+124+1=248 个结点。

6. 假设深度为 h 的满二叉树共有 n 个结点，其中有 m 个叶子结点，则有(　　)成立。

A. $n=h+m$　　B. $h+m=2n$　　C. $m=h-1$　　D. $n=2m-1$

【解答】 D

【分析】 满二叉树没有度为 1 的结点，叶子结点有 m 个，则度为 2 的结点个数为 $m-1$。

7. 设二叉树有 n 个结点，该二叉树的深度是(　　)。

A. $n-1$　　B. n　　C. $\lfloor \log_2 n \rfloor+1$　　D. 不确定

【解答】 D

【分析】 此题并没有指明是完全二叉树，则深度最多是 n，最少是$\lfloor \log_2 n \rfloor+1$。

8. 深度为 k 的完全二叉树至少有(　　)个结点。

A. $2^{k-2}+1$　　B. 2^{k-1}　　C. 2^k-1　　D. $2^{k-1}-1$

【解答】 B

【分析】 最少结点数的情况是第 k 层只有 1 个结点，第 $k-1$ 层最后一个结点的编号是 $2^{k-1}-1$，因此该二叉树最后一个结点的编号是 2^{k-1}。

9. 在正则二叉树中，每个结点的度或者为 0 或者为 2。n 个结点的正则二叉树有(　　)个叶子结点。

A. $\lceil \log_2 n \rceil$　　B. $\dfrac{n-1}{2}$　　C. $\lceil \log_2(n+1) \rceil$　　D. $\dfrac{n+1}{2}$

【解答】 D

【分析】 可以列出两个等式：$n=n_0+n_2$ 和 $n_0=n_2+1$，解得 $n_0=\dfrac{n+1}{2}$。

10. 二叉树的前序序列和后序序列正好相反,则该二叉树一定是(　　)。

A. 空或只有一个结点　　B. 高度等于其结点数

C. 任一结点无左孩子　　D. 任一结点无右孩子

【解答】 B

【分析】 注意两个序列正好相反,左斜树和右斜树均满足条件。

11. 一棵二叉树的前序遍历序列是 *ABCDEFG*,则中序遍历序列可能是(　　)。

A. *CABDEFG*　　B. *BCDAEFG*　　C. *DACEFBG*　　D. *ADBCFEG*

【解答】 B

【分析】 以选项 A 为例,由前序序列可知根结点为 A,在中序序列中,结点 A 之前只有结点 C,再由前序序列可知,根结点 A 的左孩子是 B,矛盾。同理可分析选项 C 和 D。

12. 用顺序存储的方法将完全二叉树的所有结点逐层存放在数组 $A[1]\sim A[n]$中,若结点 $A[i]$有左子树,则左子树的根结点是(　　)。

A. $A[2i-1]$　　B. $A[2i+1]$　　C. $A[i/2]$　　D. $A[2i]$

【解答】 D

【分析】 结点 $A[i]$的左子树的根结点即是结点 $A[i]$的左孩子。

13. 如果在某二叉树的前序序列、中序序列和后序序列中,结点 a 都在结点 b 的前面,则(　　)。

A. a 是 b 的左兄弟　　B. a 是 b 的双亲

C. a 是 b 的左孩子　　D. a 是 b 的右孩子

【解答】 A

【分析】 以选项 B 为例,若 a 是 b 的双亲,则当 b 是 a 的左孩子时,在中序序列和后序序列中 a 都在 b 的后面。同理可分析选项 C 和 D。

14. 已知某完全二叉树采用顺序存储,结点的存放顺序是 *ABCDEFGH*,该完全二叉树的后序遍历序列为(　　)。

A. *HDEBFGCA*　　B. *HEDBFGCA*

C. *HDEBAFGC*　　D. *HDEFGBCA*

【解答】 A

【分析】 根据完全二叉树的顺序存储结构画出该二叉树,再进行后序遍历。

15. 下列说法中,正确的是(　　)。

A. 在完全二叉树中,叶结点双亲的左兄弟结点(如果存在)一定不是叶结点

B. 对于任何二叉树,终端结点数为度为 2 的结点数减 1

C. 完全二叉树不适合用顺序存储结构存储

D. 二叉树按层序编号,第 i 个结点的左孩子(如果存在)编号为 $2i$

【解答】 A

【分析】 在完全二叉树中,设叶结点 A 的双亲结点是 B,如果 B 的左兄弟结点(假设存在)是叶结点,则结点 B 也是叶结点。终端结点数为度为 2 的结点数加 1。完全二叉树的顺序存储无须增加虚结点,因此适合用顺序存储结构存储。选项 D 成立的前提是该二叉树按完全二叉树编号。

16. 设森林有4棵树，树中结点的个数依次为n_1、n_2、n_3、n_4，将森林转换成二叉树后，根结点的左子树有(　　)个结点，根结点的右子树有(　　)个结点。

A. n_1-1　　B. n_1　　C. $n_1+n_2+n_3$　　D. $n_2+n_3+n_4$

【解答】 A,D

【分析】 在森林转换的二叉树中，根结点即为第一棵树的根结点，根结点的左子树由第一棵树中除了根结点以外的其他结点组成，根结点的右子树由森林中除第一棵树以外的其他树组成。

17. 讨论树、森林和二叉树的关系，目的是为了(　　)。

A. 借助二叉树的运算方法实现树的一些运算

B. 将树、森林按二叉树的存储方式进行存储并利用二叉树算法解决树的有关问题

C. 将树、森林转换成二叉树

D. 体现一种技巧，没有什么实际意义

【解答】 B

【分析】 树采用孩子兄弟表示法存储实际上就已经转换为二叉树，可以利用二叉树的算法解决树的有关问题。

18. 将深度为$h(h>0)$的满二叉树转换为森林，则森林中有(　　)棵树。

A. 1　　B. $\log_2 n$　　C. $h/2$　　D. h

【解答】 D

【分析】 深度为h的满二叉树，最右分支上共有h个结点，每个结点均为森林中每棵树的根结点，即森林中有h棵树。

19. 设X是树T中的一个非根结点，B是T对应的二叉树。如果在二叉树B中，X是其双亲的右孩子，那么在树T中，(　　)。

A. X是其双亲的第一个孩子　　B. X一定无右兄弟

C. X一定是叶子结点　　D. X一定有左兄弟

【解答】 D

【分析】 在二叉树B中，X是结点Y的右孩子，则在对应的树T中，X是Y的右兄弟结点，即Y是X的左兄弟。

20. 如图4-9所示的T_2是由森林T_1转换的二叉树，则森林T_1中有(　　)个叶子结点。

A. 4　　B. 5

C. 6　　D. 7

【解答】 C

【分析】 将二叉树T_2还原为森林T_1，则T_1中有4棵树，叶子结点分别是C、D、F、G、I和J。

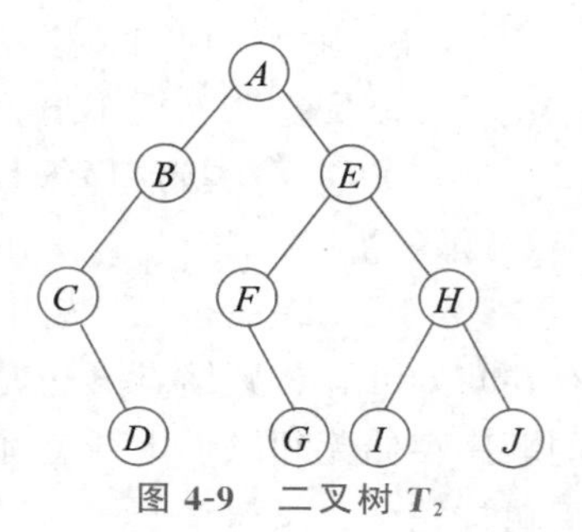

图4-9　二叉树T_2

21. 设F是一个森林，由F转换的二叉树存储在二叉链表B中，若森林F有n个非终端结点，则B中右指针域为空的结点有(　　)个。

A. $n-1$　　B. n　　C. $n+1$　　D. $n+2$

【解答】 C

【分析】 森林中每个非终端结点的最右孩子(设为结点 p)没有右兄弟,则转换为二叉树后结点 p 的右指针域为空;森林转换为二叉树后,最后一棵树的根结点的右指针域为空,因此,有 $n+1$ 个结点的右指针域为空。

22. 一棵哈夫曼树共有 215 个结点,则能表示(　　)个哈夫曼编码。

A. 107　　B. 108　　C. 214　　D. 215

【解答】 B

【分析】 哈夫曼树共有 $2n-1$ 个结点,其中有 n 个叶子结点,每个叶子结点对应一个哈夫曼编码。

23. 为 5 个使用频率不等的字符设计哈夫曼编码,不可能的方案是(　　)。

A. 111, 110, 10, 01, 00　　B. 000, 001, 010, 011, 1

C. 100, 11, 10, 1, 0　　D. 001, 000, 01, 11, 10

【解答】 C

【分析】 方案 C 的编码存在前缀,例如编码 10 是编码 100 的前缀。

24. 为 5 个使用频率不等的字符设计哈夫曼编码,不可能的方案是(　　)。

A. 000, 001, 010, 011, 1

B. 0000, 0001, 001, 01, 1

C. 000, 001, 01, 10, 11

D. 00, 100, 101, 110, 111

【解答】 D

【分析】 所有选项对应的编码都是前缀编码,因此,不能从前缀编码的角度考虑。方案 D 对应的编码树如图 4-10 所示,树中存在度为 1 的结点,因此它不是哈夫曼树。

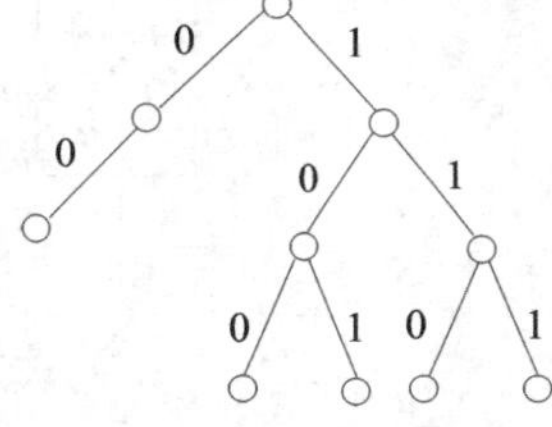

图 4-10　方案 D 对应的编码树

25. 设哈夫曼编码的长度不超过 4。若已经将两个字符编码为 1 和 01,则最多还可以为(　　)个字符编码。

A. 2　　B. 3　　C. 4　　D. 5

【解答】 C

【分析】 由于编码长度不超过 4,则哈夫曼树的高度为 5。已经对两个字符编码为 1 和 01,对应哈夫曼树的两个叶结点,该哈夫曼树最多还可以有 4 个叶结点。

二、解答下列问题

1. 树的逻辑结构可以用括号表示法进行描述,具体方法是:每棵树对应一个形如“根(子树 1,子树 2,…,子树 m)”的字符串,每棵子树的表示法与树类似,各子树之间用逗号分隔。假设一棵树用括号表示法描述为 $A(B,C(E, F(G)),D)$,回答下列问题:

(1) 指出树的根结点。

(2) 指出树的所有叶子结点。

(3) 指出结点 C 的双亲结点和孩子结点。

(4) 树的深度是多少?结点 C 的层数是多少?

(5) 树的度是多少？结点 C 的度是多少？

【解答】

(1) 树的根结点是 A。

(2) 树的叶子结点是 B、E、G、D。

(3) 结点 C 的双亲结点是 A，结点 C 的孩子结点是 E 和 F。

(4) 树的深度是 4，结点 C 位于第 2 层。

(5) 树的度是 3，结点 C 的度是 2。

2. 对于图 4-11 所示的树结构，要求：

(1) 画出双亲表示法存储示意图。

(2) 画出孩子表示法存储示意图。

(3) 画出孩子兄弟表示法存储示意图。

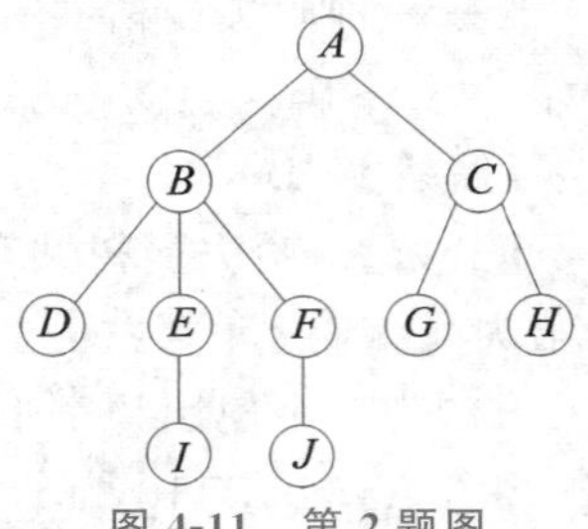

图 4-11 第 2 题图

【解答】 图 4-11 所示树结构的双亲表示法存储示意图如图 4-12 所示，孩子表示法存储示意图如图 4-13 所示，孩子兄弟表示法存储示意图如图 4-14 所示。

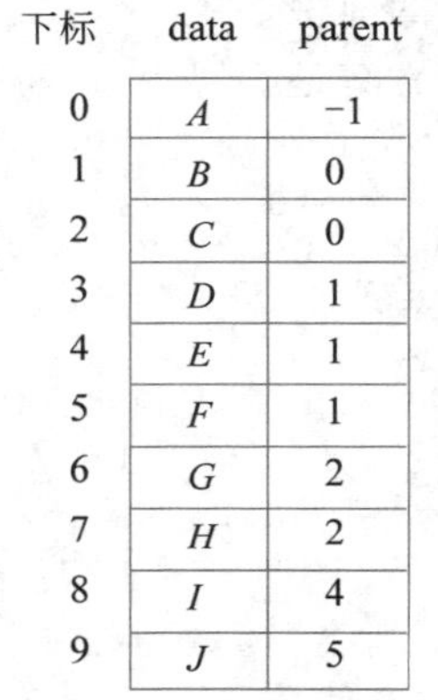

下标	data	parent
0	A	-1
1	B	0
2	C	0
3	D	1
4	E	1
5	F	1
6	G	2
7	H	2
8	I	4
9	J	5

图 4-12 双亲表示法存储示意图

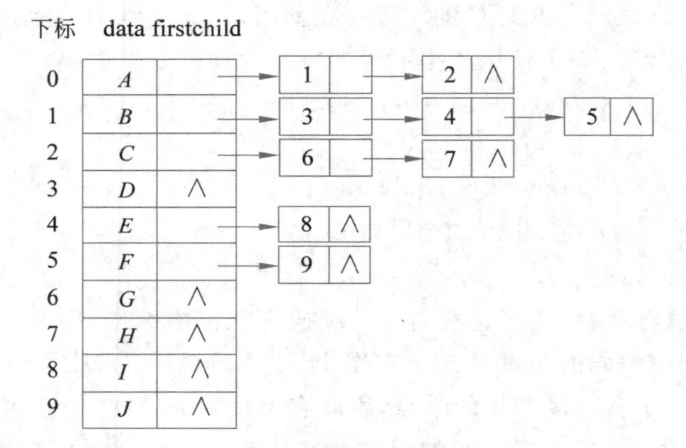

图 4-13 孩子表示法存储示意图

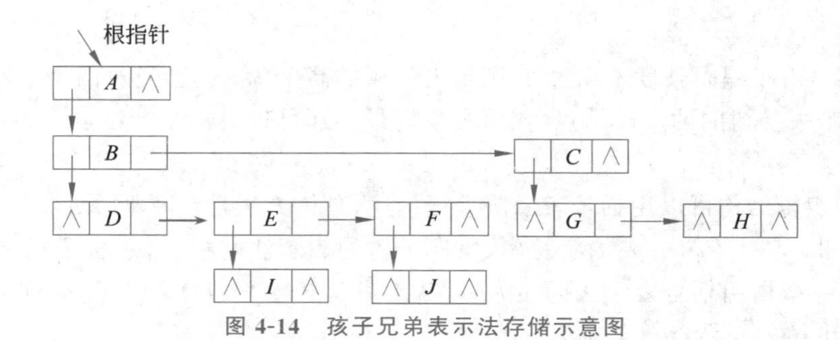

图 4-14 孩子兄弟表示法存储示意图

3. 在孩子表示法中查找双亲比较困难，把双亲表示法和孩子表示法结合起来，就形成了双亲孩子表示法。请说明双亲孩子表示法的存储思想，并画出图 4-11 所示的树采用双亲孩子表示法的存储示意图。

【解答】 双亲孩子表示法是在孩子表示法的表头结点增加一个 parent 域，存放该结点的双亲在数组中的下标，存储示意图如图 4-15 所示。

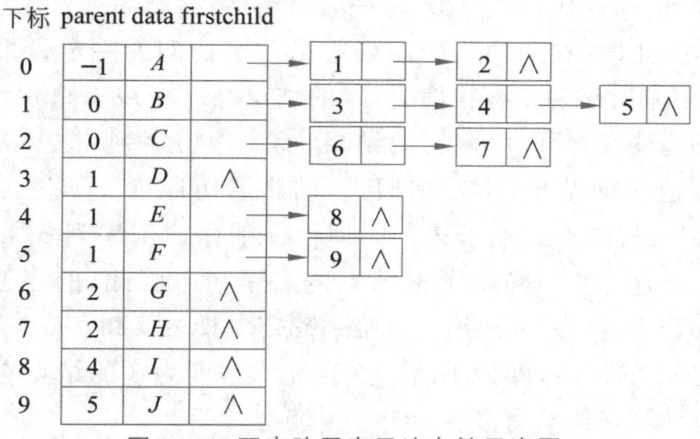

图 4-15 双亲孩子表示法存储示意图

4. 设某二叉树的存储结构如图 4-16 所示，其中 data 存储该结点的元素值，lchild 和 rchild 分别存储该结点的左右孩子在数组中的下标。请说明这种存储结构，并画出对应的二叉树。

【解答】 在图 4-16 中，lchild 和 rchild 是用数组下标模拟指向该结点左右孩子的指针，因此是二叉链表的静态链表形式，对应的二叉树如图 4-17 所示。

下标	1	2	3	4	5	6	7	8
data	a	b	c	d	e	f	g	h
lchild	2	3	0	0	6	0	8	0
rchild	5	0	4	0	7	0	0	0

图 4-16 某二叉树的存储结构

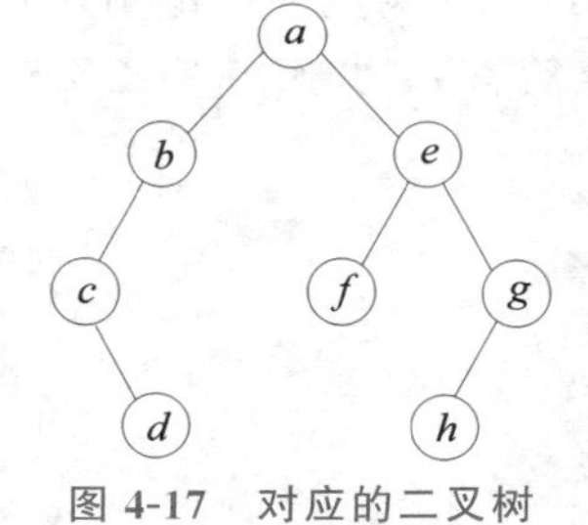

图 4-17 对应的二叉树

5. 证明：对任意满二叉树，终端结点有 n_0 个，则分枝数 $B=2(n_0-1)$。

【解答】 因为在满二叉树中没有度为 1 的结点，所以

$$n=n_0+n_2$$

设 B 为树的分枝数，则

$$n=B+1$$

所以

$$B=n_0+n_2-1$$

再由二叉树性质有 $n_0=n_2+1$，代入上式：

$$B=n_0+n_0-1-1=2(n_0-1)$$

6. 证明：已知一棵二叉树的前序遍历序列和中序遍历序列，可唯一确定该二叉树。

【解答】 采用归纳法证明。设二叉树的前序遍历序列为 $a_1a_2a_3\cdots a_n$，中序遍历序列为 $b_1b_2b_3\cdots b_n$。

当 $n=1$ 时，前序遍历序列为 a_1，中序遍历序列为 b_1，二叉树只有一个根结点，所以，$a_1=b_1$，可以唯一确定该二叉树。

假设当 $n\leqslant k$ 时前序遍历序列 $a_1a_2a_3\cdots a_k$ 和中序遍历序列 $b_1b_2b_3\cdots b_k$ 可唯一确定该二叉树。当 $n=k+1$ 时，在前序遍历序列中第一个访问的一定是根结点，即二叉树的根结点是 a_1，在中序遍历序列中查找值为 a_1 的结点，假设为 b_i，则 $a_1=b_i$ 且 $b_1b_2\cdots b_{i-1}$ 是对根结点 a_1 的左子树进行中序遍历的结果，前序遍历序列 $a_2a_3\cdots a_i$ 是对根结点 a_1 的左子树进行前序遍历的结果，由归纳假设，前序遍历序列 $a_2a_3\cdots a_i$ 和中序遍历序列 $b_1b_2\cdots b_{i-1}$ 唯一确定了根结点的左子树。同理可证前序遍历序列 $a_{i+1}a_{i+2}\cdots a_{k+1}$ 和中序遍历序列 $b_{i+1}b_{i+2}\cdots b_{k+1}$ 唯一确定了根结点的右子树。因此，前序遍历序列 $a_1a_2a_3\cdots a_ka_{k+1}$ 和中序遍历序列 $b_1b_2b_3\cdots b_k b_{k+1}$ 可唯一确定一棵二叉树。

7. 在一棵度为 m 的树中，度为 1 的结点有 n_1 个，度为 2 的结点有 n_2 个……度为 m 的结点有 n_m 个，请计算该树共有多少个叶子结点。

【解答】 设该树的结点数为 n，则

$$n=n_0+n_1+n_2+\cdots+n_m$$

又

$$n=\text{分枝数}+1=0\times n_0+1\times n_1+2\times n_2+\cdots+m\times n_m+1$$

由上述两式可得

$$n_0= n_2+2n_3+\cdots+(m-1)n_m+1$$

8. 二叉树的前序遍历序列为 ABC，有哪几种不同的二叉树可以得到这一结果？

【解答】 共有 5 种二叉树的前序遍历序列为 ABC，如图 4-18 所示。

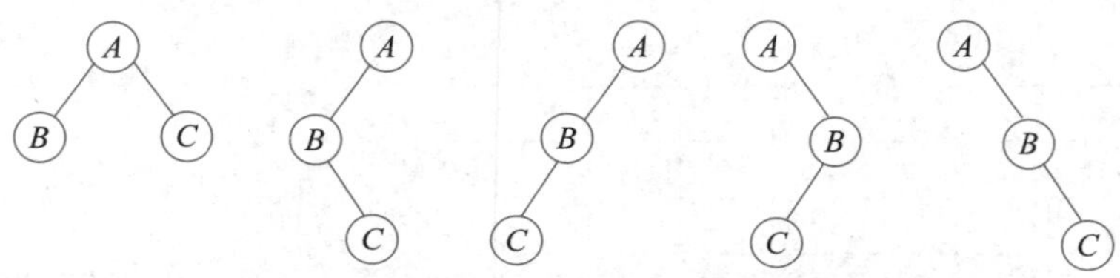

图 4-18 前序遍历序列为 ABC 的二叉树

9. 已知一棵二叉树的前序遍历序列和中序遍历序列分别为 $ABCDEFGH$ 和 $CDBAFEHG$，请构造该二叉树。

【解答】 首先由前序遍历序列确定该二叉树的根结点，再由中序遍历序列确定左右子树的结点，如图 4-19(a)所示。接下来分别确定左右子树的根结点，如图 4-19(b)所示。最后递归确定每一个结点，如图 4-19(c)所示。

10. 已知一棵二叉树的中序遍历序列和后序遍历序列分别为 $CBEDAFIGH$ 和 $CEDBIFHGA$，请构造该二叉树。

【解答】 首先由后序遍历序列确定二叉树的根结点，再由中序遍历序列确定左右子树的结点，如图 4-20(a)所示。接下来分别确定左右子树的根结点，如图 4-20(b)所示。最后递归确定每一个结点，如图 4-20(c)所示。

11. 已知一棵二叉树的层序遍历序列和中序遍历序列分别为 $ABCDEFGHI$ 和 $DBGEHACIF$，请构造该二叉树。

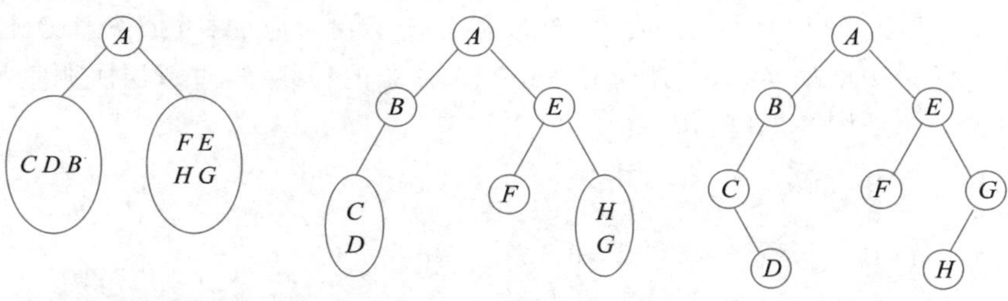

(a) 确定根结点和左右子树的结点　(b) 确定左右子树的根结点　(c) 递归确定每一个结点

图 4-19　第 8 题二叉树的构造过程

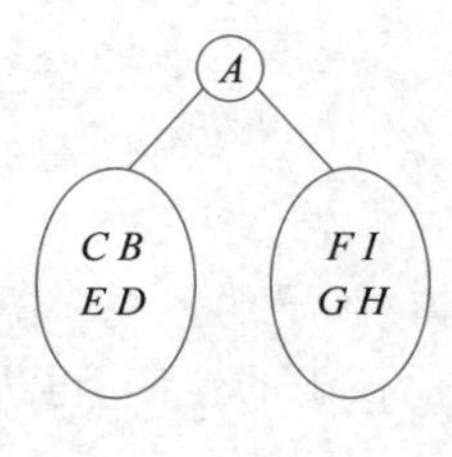

(a) 确定根结点和左右子树的结点

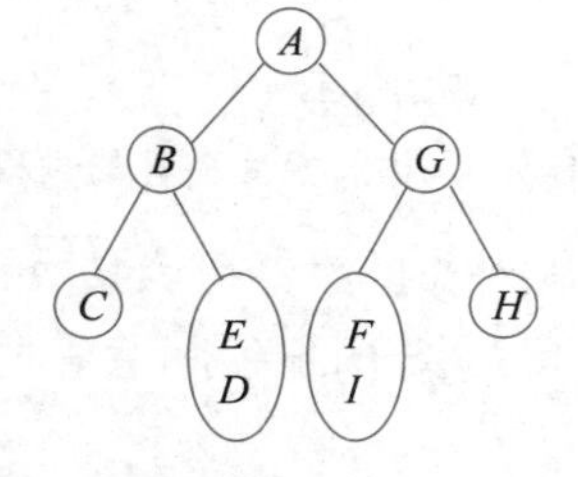

(b) 确定左右子树的根结点

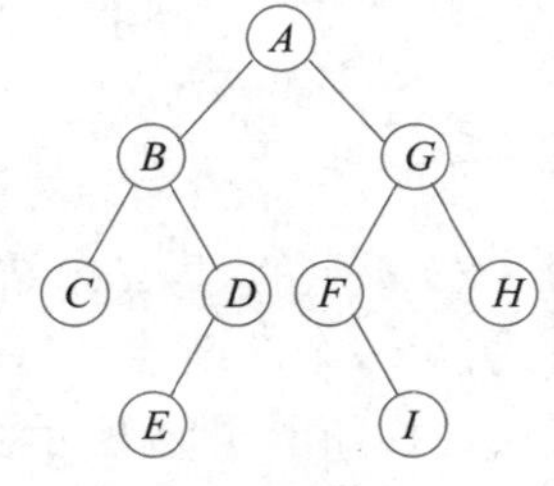

(c) 递归确定每一个结点

图 4-20　第 9 题二叉树的构造过程

【解答】　首先由层序遍历序列确定二叉树的根结点，再由中序遍历序列确定左右子树的结点，如图 4-21(a)所示。由于根结点的左右子树均不空，则层序遍历序列的第 2、3 个结点分别是根结点的左右孩子，如图 4-21(b)所示。最后递归确定每一个结点，如图 4-21(c)所示。

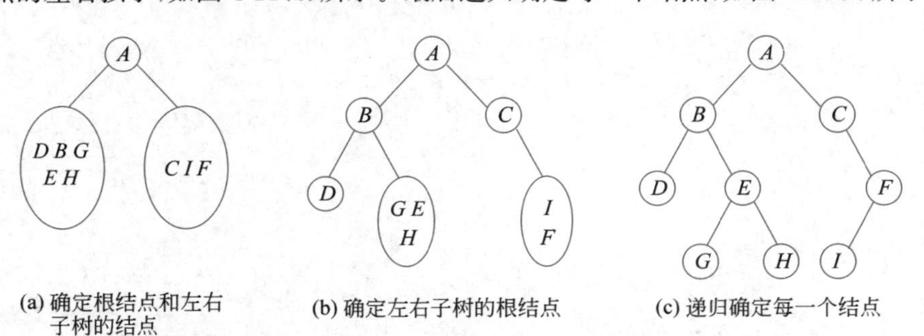

(a) 确定根结点和左右子树的结点　(b) 确定左右子树的根结点　(c) 递归确定每一个结点

图 4-21　第 10 题二叉树的构造过程

12. 将图 4-22 所示的二叉树转换为树或森林，将图 4-23 所示的树转换为二叉树。

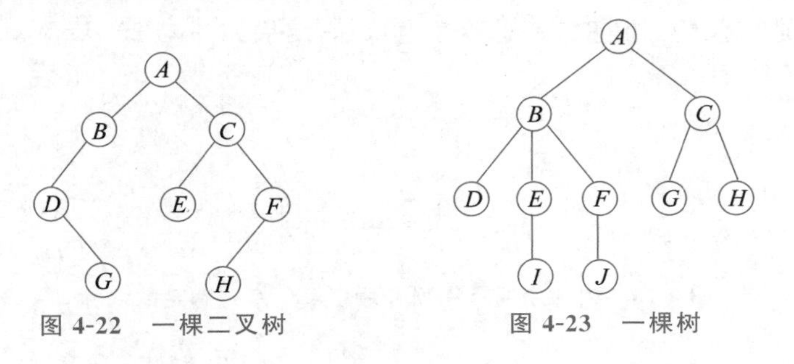

图 4-22　一棵二叉树　　图 4-23　一棵树

【解答】 对图 4-22 所示的二叉树，双亲和右孩子在对应的树（或森林）中是兄弟关系，据此在二叉树中增加连线，去掉所有双亲和右孩子的连线，再进行层次调整，转换为 3 棵树组成的森林，如图 4-24 所示。

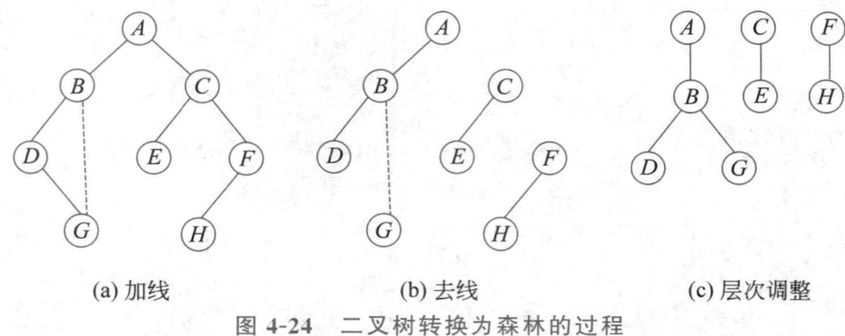

图 4-24 二叉树转换为森林的过程

对图 4-23 所示的树，兄弟结点在对应的二叉树中是双亲和右孩子的关系。据此在树中增加连线；对每个双亲结点，只保留与长子的关系，去掉与其他孩子的连线；再进行层次调整。转换过程如图 4-25 所示。

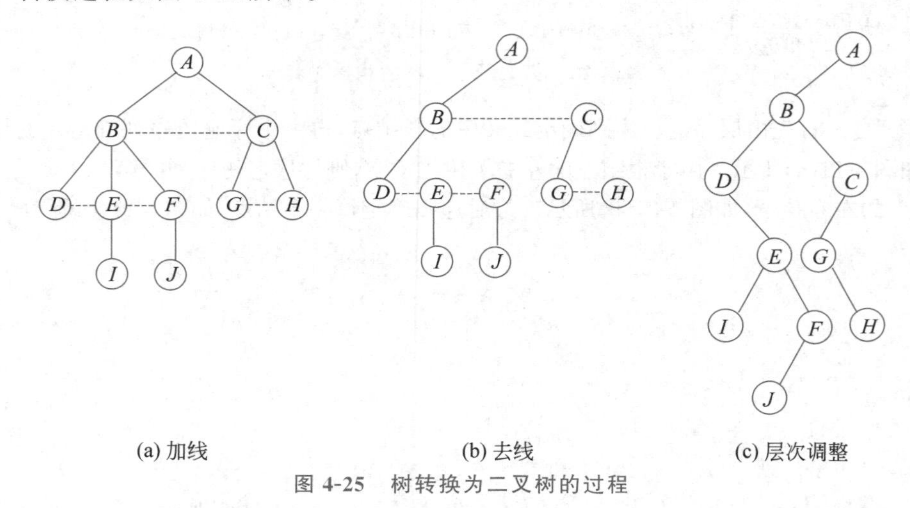

图 4-25 树转换为二叉树的过程

13. 已知一个森林的前序遍历序列和后序遍历序列分别为 *ABCDEFGHIJKLMNO* 和 *CDEBFHIJGAMLONK*，请构造该森林。

【解答】 森林的前序遍历序列和后序遍历序列对应二叉树的前序遍历序列和中序遍历序列，据此构造二叉树，再将二叉树转换为森林，结果如图 4-26 所示。

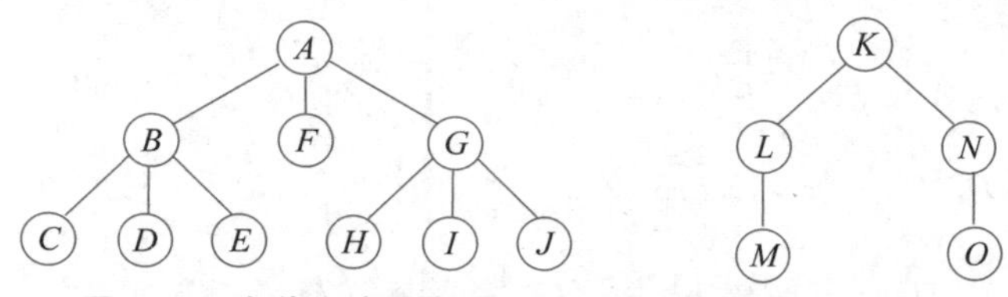

图 4-26 由前序遍历序列和后序遍历序列确定的森林

14. 假设用于通信的电文取自字符集{a, b, c, d, e, f, g}，每个字符在电文中出现的频率分别为{0.31, 0.16, 0.10, 0.08, 0.11, 0.20, 0.04}。请为这 7 个字符设计哈夫曼编码，并计算使用哈夫曼编码比使用等长编码使电文总长压缩了多少。

【解答】　设权值集合 $W=\{31,16,10,8,11,20,4\}$，构造的哈夫曼树如图 4-27 所示，得到哈夫曼编码为{a：01, b：001, c：100, d：0001, e：101, f：11, g：0000}。

7 个字符的等长编码至少需要 3 位二进制数。假设电文的总长度为 100，采用等长编码需要 300 位二进制数，采用哈夫曼编码需要 $(31\times2+16\times3+10\times3+8\times4+11\times3+20\times2+4\times4)=261$ 位二进制数，压缩比是 $(300-261)/300=13\%$。

15. 设有 7 个从小到大排好序的有序表，分别含有 10、30、40、50、50、60 和 90 个整数，通过 6 次两两合并将它们合并成一个有序表，应该按怎样的次序进行这 6 次合并，使得总的比较次数最少？请设计最佳合并方案。

【解答】　合并长度为 m 和 n 的两个有序表最多需要比较 $O(m+n)$ 次。将表 A 和表 B 合并成表 C，如果表 C 还需要与另一个表合并，则表 A 和 B 的元素需要再做一次比较，因此，应该先合并表长较小的两个有序表。采用哈夫曼算法，将表的长度作为权值构造哈夫曼树。以数集{10,30,40,50,50,60,90}构造的哈夫曼树如图 4-28 所示，这棵哈夫曼树的构造过程决定了合并的顺序。

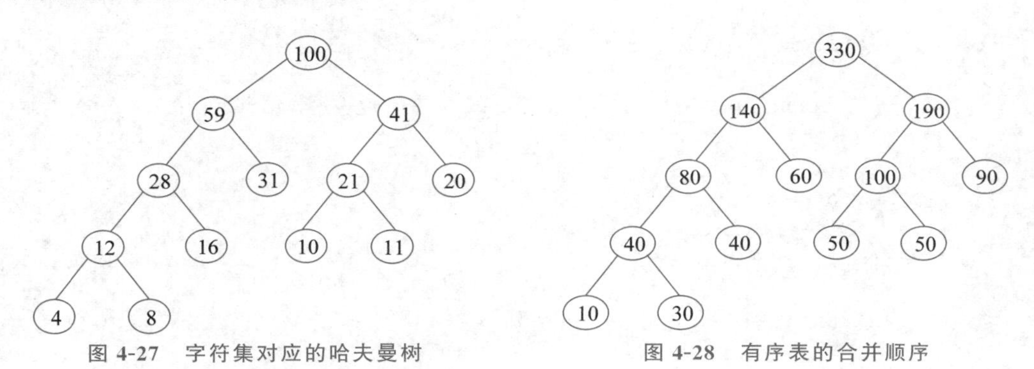

图 4-27　字符集对应的哈夫曼树　　　图 4-28　有序表的合并顺序

16. 已知某电文中出现了 10 种不同的字符，每个字符出现的频率分别为{A：8, B：5, C：3, D：2, E：7, F：23, G：9, H：11, I：2, J：35}，现在对这段电文用三进制进行编码（即编码由 0、1、2 组成），请计算电文编码的总长度至少有多少位。

【解答】　将哈夫曼算法进行扩展，每次选取根结点权值最小的 3 棵树进行合并，最后得到的是具有 n 个叶子结点的带权路径长度最短的三叉树（称为扩展哈夫曼树）。扩展哈夫曼树中只有度为 0 和度为 3 的结点。如果叶子结点的个数不足以构成三叉树，需添加权值为 0 的叶结点。

设扩展哈夫曼树的度为 k，则每合并一次，扩展哈夫曼树集合减少 $k-1$ 棵树，因此需要合并 $\left\lceil\frac{n-1}{k-1}\right\rceil$ 次，需要添加 $(k-1)-(n-1)\bmod(k-1)$ 个叶子结点。本题需要添加 $(3-1)-(10-1)\bmod(3-1)=1$ 个叶子结点，构造的扩展哈夫曼树如图 4-29 所示。电文编码总长度为 $11\times2+23\times2+2\times4+2\times4+3\times3+5\times3+7\times2+8\times2+9\times2+35\times1=191$。

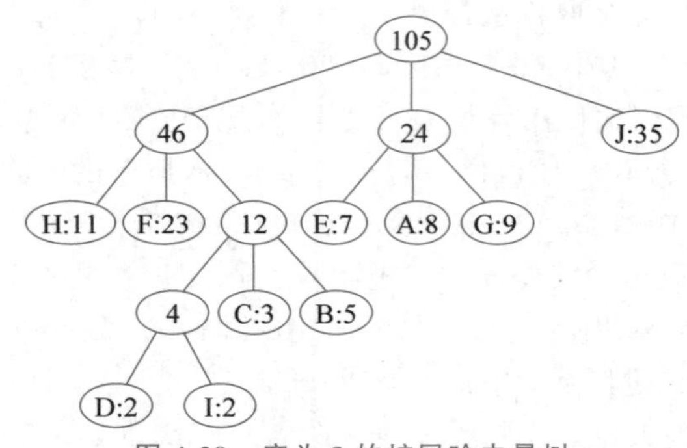

图 4-29 度为 3 的扩展哈夫曼树

三、算法设计题

1. 假设二叉树的结点为字符型，将二叉树的二叉链表存储结构转换为顺序存储结构。

【解答】 以数组 $T[n]$ 作为二叉树的顺序存储结构，对二叉链表进行前序遍历，在访问结点时执行下述操作：将结点的数据信息存储到 $T[i]$；递归转换左子树；递归转换左子树。简单起见，将数组 $T[n]$ 设为全局变量。算法如下：

```
void CTree(BiNode * root, int i)
{
  if (root== NULL) T[i] = '#';                          //'#'表示该结点不存在
  else
  {
    T[i] = root->data;
    CTree(root->lchild, 2 * i);
    CTree(root->rchild, 2 * i+1);
  }
}
```

2. 以二叉链表作为存储结构，求二叉树的结点个数。

【解答】 可以将遍历算法的访问改为计数，为此设累加器 sum 为全局变量，在访问结点时将 sum 增 1，每个结点累加一次即完成结点个数的计数。算法如下：

```
void Count(BiNode * root)                               //sum为全局变量并已初始化为 0
{
  if (root== NULL) return;
  Count(root->lchild);
  sum++;
  Count(root->rchild);
}
```

3. 按前序遍历次序输出二叉树中的叶子结点。

【解答】 在前序遍历过程中不是输出每个结点的值，而是输出其中的叶子结点，将前序遍历算法的访问操作改为条件输出。算法如下：

```
void PreOrder(BiNode * root)
{
  if (root == NULL) return;
  if (root->lchild == NULL && root->rchild == NULL)
    printf("%2c", root->data);
  PreOrder(root->lchild);
  PreOrder(root->rchild);
}
```

4. 求二叉树的深度。

【解答】 当二叉树为空时,深度为0;若二叉树不为空,深度是根结点左右子树深度的最大值加1,而左右子树深度的求解可以通过递归调用完成,应该采用后序遍历。算法如下:

```
int Depth(BiNode * root)
{
  int hl, hr;
  if (root == NULL) return 0;
  hl = Depth(root->lchild);
  hr = Depth(root ->rchild);
  if (hl >= hr) return hl + 1;
  else return hr + 1;
}
```

5. 二叉树采用顺序存储结构,设计算法对二叉树进行前序遍历。

【解答】 设栈S保存已经访问的结点,模拟递归遍历的执行过程,步骤如下:

(1) 访问结点,并将该结点入栈,重复该过程直到左子树为空。

(2) 当左子树为空时,从栈弹出一个结点。如果该结点有右子树,执行步骤(1);否则重复执行步骤(2)。

假设二叉树的元素类型为char,存储在数组$T[n]$中,算法如下:

```
void PreOrder(char T[ ], int n)
{
  int S[n], top = -1, i, j;                    //栈初始化,采用顺序栈
  i = 1; printf("%2c", T[i]); S[++top] = i;
  j = 2 * i;
  while (top != -1)
  {
    while (j <= n)
    {
      printf("%2c", T[j]);
      S[++top] = j; i = j; j = 2 * i;
    }
    i = S[top--]; j = 2 * i + 1;
  }
}
```

6. 设 $n(n\leqslant 100)$ 个结点的二叉树按顺序存储方式存储在数组 bt[1]～bt[n]中，求二叉树中编号为 i 和 j 的两个结点的最近公共祖先结点。

【解答】 二叉树的顺序存储以完全二叉树的形式存储，利用完全二叉树双亲结点与孩子结点编号间的关系，分别求下标为 i 和 j 的结点的双亲、双亲的双亲……直至找到最近的公共祖先。假设二叉树的结点为字符，算法如下：

```
char Ancestor(char bt[ ], int n, int i, int j)
{
  while (i != j)
    if (i > j) i = i/2;                              //求结点 i 的双亲
    else j = j/2;                                    //求结点 j 的双亲
  return bt[i];
}
```

7. 以二叉链表为存储结构，求二叉树中结点 x 的双亲。

【解答】 可以对二叉链表进行遍历，在遍历的过程中查找结点 x 并记下其双亲，为此，需要设全局变量 par 表示正在访问结点的双亲。算法如下：

```
void Parent(BiNode * root, char x)                   //par 是全局变量,初值为空
{
  if (root== NULL) return;
  if (root->data == x) return par;
  par = root;                                        //记下刚刚访问的结点
  Parent(root->lchild, x);
  Parent(root->rchild, x);
}
```

8. 以二叉链表为存储结构，在二叉树中删除以值 x 为根结点的子树。

【解答】 可以对二叉链表进行遍历，在遍历的过程中查找结点 x 并记下其双亲 par，然后将结点 par 中指向结点 x 的指针置空。算法如下：

```
void Delete(BiNode * root, char x)                   //par 是全局变量,初值为空
{
  if (root == NULL) return;
  if (root->data == x)
  {
    if (par == NULL) root = NULL;
    else if (par->lchild == root) par->lchild = NULL;
    else par->rchild = NULL;
  }
  else
  {
    par = root;
    Delete(root->lchild, x);
    Delete(root->rchild, x);
  }
}
```

9. 以孩子兄弟表示法为存储结构，求树中结点 x 的第 i 个孩子。

【解答】 在对二叉树进行遍历的过程中查找值等于 x 的结点，由此结点的最左孩子域 firstchild 找到结点 x 的第一个孩子，再沿右兄弟域 rightsib 找到结点 x 的第 i 个孩子并返回指向这个孩子的指针。孩子兄弟表示法的存储结构定义请参见主教材。算法如下：

```
TNode * Search(TNode * root, char x, int i)
{
  int j;
  TNode * p = NULL;
  if (root->data == x)
  {
    j = 1;
    p = root->firstchild;
    while (p != NULL && j < i)
    {
      j++; p = p->rightsib;
    }
    if (p != NULL) return p;
    else return NULL;
  }
  Search(root->firstchild, x, i);
  Search(root->rightsib, x, i);
}
```

10. 以二叉链表为存储结构，求二叉树第 $k(k>1)$ 层上叶子结点的个数。

【解答】 对二叉树进行层序遍历的过程中，为了对指定层的结点进行处理，设变量 last 记载当前访问结点所在层次。根据层序遍历的特点，将 last 指向该层最右结点，last 结点处理完则进入下一层。设变量 leaf 存储叶子结点个数，level 存储层数。算法如下：

```
int LeafkLevel(BiNode * T, int k)
{
  int leaf = 0, last = 1, level = 1;
  BiNode * Q[100], * p = NULL;                  //采用顺序队列
  int front = -1, rear = -1;                    //初始化队列Q
  if (T == NULL) return 0;
  Q[++rear] = T;                                //将根指针入队
  while (front != rear)
  {
    p = Q[++front];                             //队列元素出队,正在访问的结点
    if (level == k && !p->lchild && !p->rchild) leaf++;   //统计叶子结点个数
    if (p->lchild != NULL) Q[++rear] = p->lchild;
    if (p->rchild != NULL) Q[++rear] = p->rchild;
    if (front == last)                          //正在处理的结点是该层最右结点
    {
      level++; last = rear;                     //last指向下层最右结点
```

```
    }
    if (level > k) return leaf;                          //层数大于 k,无须继续处理
  }
}
```

11. 判断一棵二叉树是否为完全二叉树。

【解答】 对完全二叉树按照层序遍历应该满足以下条件：

(1) 如果某结点没有左孩子,则一定没有右孩子。

(2) 如果某结点没有右孩子,则其所有后继结点一定没有孩子。

如果有一个结点不满足上述任意一条,则该二叉树就一定不是完全二叉树。因此,采用层序遍历依次对每个结点进行判断。设标志变量 flag 表示已扫描过的结点是否有左孩子或右孩子。算法如下：

```
int ComBiTree(BiNode * root)
{
  BiNode * Q[100], * p = NULL;                    //采用顺序队列
  int front = -1, rear = -1, flag = 1;
  if (root == NULL) return 1;
  Q[++rear] = root;
  while (front != rear)
  {
    p = Q[++front];
    if (p->lchild == NULL)
    {
      flag = 0;                                   //该结点没有左孩子
      if (p->rchild != NULL) return 0;
    }
    else
    {
      if (0 == flag) return 0;
      Q[++rear] = p->lchild;
      if (p->rchild == NULL) flag = 0;           //该结点没有右孩子
      else Q[++front] = p->rchild;
    }
  }
  return 1;
}
```

第 5 章

图

5.1 本章导学

5.1.1 知识结构图

本章有两条主线：一条主线是图的逻辑结构和存储结构，重点是图的两种遍历（深度优先和广度优先）的执行过程以及以遍历为核心的其他操作，例如求生成树、连通分量等，标☆的知识点为扩展与提高内容；另一条主线是图的经典应用，这些经典应用是本章的重点和难点，首先把握算法的基本思想，其次描述算法的执行过程和顶层伪代码，再次分析算法采用的存储结构，最后才能复现具体的算法。本章的知识结构如图 5-1 所示。

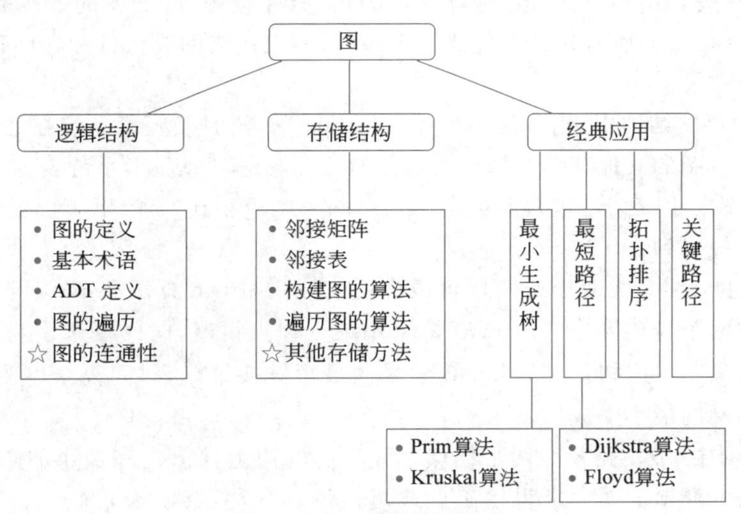

图 5-1 第 5 章的知识结构

5.1.2 重点整理

1. 图由顶点集合和顶点之间边的集合组成。如果任意两个顶点之间的边都是无向边，则称该图为无向图；否则称该图为有向图。边上带权的图称为网图。

2. 在无向图中，对于任意顶点 v_i 和 v_j，若存在边 (v_i, v_j)，则称顶点 v_i 和 v_j 互为邻接点。在有向图中，对于任意顶点 v_i 和 v_j，若存在弧 $<v_i, v_j>$，则称顶点 v_j 是 v_i 的邻接点，称顶点 v_i 是 v_j 的逆邻接点。

3. 含有 n 个顶点的无向完全图共有 $n(n-1)/2$ 条边。含有 n 个顶点的有向完全图共有 $n(n-1)$ 条边。

4. 在无向图中，顶点 v 的度是依附于该顶点的边的个数。在有向图中，顶点 v 的入度是以该顶点为弧头的弧的个数，顶点 v 的出度是以该顶点为弧尾的弧的个数。

5. 在无向图 $G=(V,E)$ 中，顶点 v_p 到 v_q 之间的路径是一个顶点序列 $v_p=v_{i0},v_{i1},\cdots,v_{im}=v_q$，其中，$(v_{ij-1},v_{ij})\in E(1\leqslant j\leqslant m)$。如果 G 是有向图，则 $<v_{ij-1},v_{ij}>\in E(1\leqslant j\leqslant m)$。路径上边的数目称为路径长度，第一个顶点和最后一个顶点相同的路径称为回路或环。

6. 在无向图中，若任意顶点 v_i 和 v_j 之间均有路径，则称该图是连通图。非连通图的极大连通子图称为连通分量。在有向图中，对任意顶点 v_i 和 v_j，若从顶点 v_i 到 v_j 和从顶点 v_j 到 v_i 均有路径，则称该有向图是强连通图。非强连通图的极大强连通子图称为强连通分量。

7. 图的遍历次序通常有深度优先和广度优先两种方式。深度优先遍历以递归方式进行，采用栈保存已访问的顶点；广度优先遍历以层次方式进行，采用队列保存已访问的顶点。

8. 图的基本存储结构有邻接矩阵、邻接表等。图的邻接矩阵用一个一维数组存储顶点的信息（顶点表），用一个二维数组存储边的信息（邻接矩阵）。图的邻接表由边表和顶点表组成，每个顶点的所有邻接点构成一个边表，所有边表的头指针和存储顶点信息的一维数组构成顶点表。

9. 在图的存储结构中，用一维数组存储顶点信息，同时确定了顶点在数组中的下标，即顶点的编号。图的其他存储结构还有边集数组、邻接多重表、十字链表等。

10. 连通图的生成树是包含图中全部顶点的一个极小连通子图。连通图的生成树可以在遍历过程中得到。

11. 最小生成树是无向连通网代价最小的生成树，Prim 算法和 Kruskal 算法是构造最小生成树的两个经典算法。Prim 算法采用最近顶点策略，时间复杂度为 $O(n^2)$，适用于求稠密网的最小生成树。Kruskal 算法采用最短链接策略，时间复杂度为 $O(e\log_2 e)$，适用于求稀疏网的最小生成树。

12. 在网图中，最短路径是两个顶点之间经历的边上权值之和最小的路径。Dijkstra 算法按路径长度递增的次序求得单源点最短路径，时间复杂度为 $O(n^2)$。Floyd 算法采用迭代的方式求得每一对顶点之间的最短路径，时间复杂度为 $O(n^3)$。

13. AOV 网是用顶点表示活动，用弧表示活动之间优先关系的有向图。AOE 网是用顶点表示事件，用有向边表示活动，用边上的权值表示活动持续时间的有向图。AOV 网和 AOE 网是工程建模的两种常用图结构。

14. 顶点序列 $v_0,v_1,\cdots,v_{n-1}$ 称为一个拓扑序列。当且仅当从顶点 v_i 到 $v_j(i\neq j)$ 有一条路径时，在顶点序列中顶点 v_i 必在 v_j 之前。判断 AOV 网是否存在回路的方法是对 AOV 网进行拓扑排序。

15. 工程的最短工期是从源点到终点的最大路径长度，具有最大路径长度的路径称为关键路径。计算工程的最短工期，找出关键活动的方法是对 AOE 网求关键路径，根据每个活动的最早开始时间和最晚开始时间判定该活动是否为关键活动。

5.2　重点难点释疑

5.2.1　深度优先遍历算法的非递归实现

深度优先遍历算法的非递归实现需要按照深度优先遍历的执行过程设置一个工作栈模拟递归实现的系统栈。首先访问起始顶点并将其入栈，然后访问栈顶顶点的未被访问的邻接点并将其入栈，如果栈顶顶点没有未被访问的邻接点，则执行出栈操作。假设图采用邻接矩阵作为存储结构，图的顶点个数不超过1000，算法如下：

```
void DFTraverse(MGraph * G, int v)
{
  int S[1000], top = -1, j;                          //顺序栈初始化
  int visited[1000] = {0};
  printf("%5c", G->vertex[v]); visited[v] = 1; S[++top] = v;
  while (top != -1)
  {
    v = S[top];
    for (j = 0; j < G->vertexNum; j++)
      if (G->edge[v][j] == 1 && visited[j] == 0)
      {
        printf("%5c", G->vertex[v]);
        visited[j] = 1; S[++top] = j;
        break;
      }
    if (j == G->vertexNum) top--;
  }
}
```

5.2.2　基于图遍历的算法设计技巧

图的遍历是图最基本的操作。遍历算法中对顶点的访问可以是任意操作，根据遍历算法的框架，适当修改访问操作，可以派生出很多关于图应用的算法。

例 5-1　设计算法求无向图的深度优先生成树。

【解答】　从连通图 $G=(V,E)$ 中任一顶点出发进行深度优先遍历，将边集 E 分成两个集合 T 和 B，其中 T 是遍历过程中经历边的集合，B 是剩余边的集合。显然，T 和 V 构成连通图 G 的一棵深度优先生成树。可以修改深度优先遍历算法，在访问某顶点的未访问的邻接点时，输出（或保存）这两个顶点之间的边。假设无向图采用邻接矩阵存储，标志数组 visited[n]设为全局变量并已初始化为0，算法如下：

```
void DFTraverse(MGraph * G, int v)
{
  visited[v] = 1;
  for (int j = 0; j < G->vertexNum; j++)
```

```
        if (G->edge[v][j] == 1 && visited[j] == 0)
        {
          printf("(%3c, %3c)", G->vertex[v], G->vertex[j]);
          DFTraverse(&G, j);
        }
    }
```

例 5-2　在无向图 $G=(V,E)$中，对于给定的顶点 $v\in V$，求距离顶点 v 最远的一个顶点。

【解答】　利用广度优先遍历算法的层次性，从顶点 v 出发进行广度优先遍历，最后一层的顶点距离顶点 v 最远。由于题目只要求输出一个顶点，可以将最后一个出队的顶点作为结果。假设图采用邻接矩阵存储，图的顶点个数不超过 1000，算法如下：

```
int MaxDist(MGraph * G, int v)
{
  int Q[1000], front = -1, rear = -1;              //顺序队列 Q 初始化
  int visited[1000] = {0}, j;
  Q[++rear] = v; visited[v] = 1;
  while (front != rear)
  {
    v = Q[++front];
    for (j = 0; j < G->vertexNum; j++)
      if (G->edge[v][j] == 1 && visited[j] == 0)
      {
        Q[++rear] = j; visited[j] = 1;
      }
  }
  return v;                                         //v 是最后一个访问的顶点
}
```

5.2.3　有向图的强连通分量

强连通分量是非强连通图的极大强连通子图。深度优先遍历是求强连通分量的一个有效方法，求解步骤如下：

(1) 从某个顶点出发进行深度优先遍历，按其所有邻接点均已访问(即出栈)的顺序将顶点排列起来。

(2) 从最后访问的顶点出发，沿着以该顶点为头的弧作逆向的深度优先遍历。若此次遍历不能访问到有向图中所有顶点，则从余下的顶点中最后访问的顶点出发，继续作逆向深度优先遍历，直至有向图中所有顶点都被访问到。

(3) 每一次逆向深度优先遍历访问的顶点集便是该有向图的一个强连通分量的顶点集。若仅作一次逆向深度优先遍历就能访问图中的所有顶点，则该有向图是强连通图。

例 5-3　对于图 5-2(a)所示的有向图，求它的强连通分量。

【解答】　从顶点 v_1 出发作深度优先遍历。在访问顶点 v_2 后，顶点 v_2 不存在未访问

的邻接点，将 v_2 出栈，如图 5-2(b)所示。再从顶点 v_1 出发，在访问顶点 v_3 和 v_4 后，顶点 v_4 不存在未访问的邻接点，将 v_4 出栈；顶点 v_3 不存在未访问的邻接点，将 v_3 出栈；顶点 v_1 不存在未访问的邻接点，将 v_1 出栈。以上过程如图 5-2(c)所示，得到出栈的顶点序列 v_2,v_4,v_3,v_1。接下来从最后一个出栈的顶点 v_1 出发作逆向深度优先遍历，得到顶点集$\{v_1,v_4,v_3\}$；再从顶点 v_2 出发作逆向深度优先遍历，得到顶点集$\{v_2\}$，如图 5-2(d)所示。最终得到该有向图的两个强连通分量如图 5-2(e)所示。

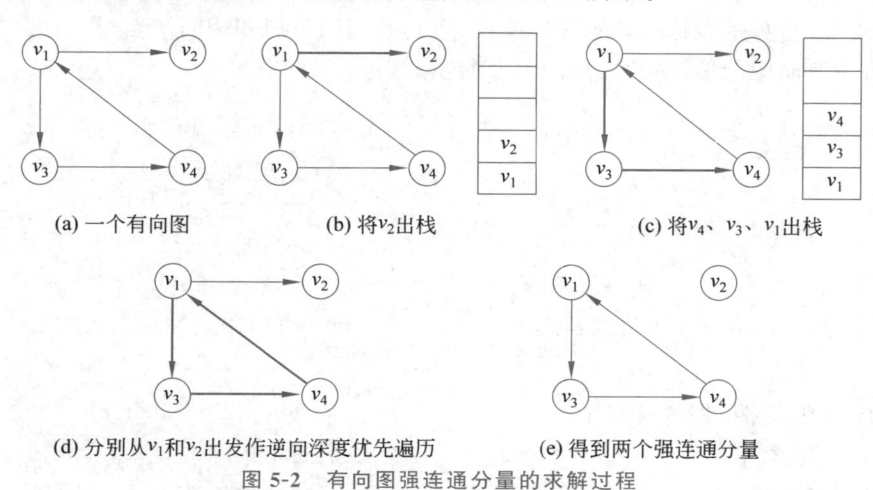

图 5-2　有向图强连通分量的求解过程

5.3　习题解析

一、单项选择题

1. 具有 n 个顶点的有向完全图共有(　　)条边。

A. $n(n-1)/2$　　B. $n(n-1)$　　C. $n(n+1)/2$　　D. n^2

【解答】 B

【分析】 在有向完全图中，任意两个顶点之间存在方向相反的两条弧。

2. 具有 n 个顶点的强连通图至少有(　　)条边。

A. n　　B. $n+1$　　C. $n-1$　　D. $n(n-1)$

【解答】 A

【分析】 边数最少的强连通图是一个环状有向图。

3. 在 n 个顶点的连通图中，任意一条简单路径的长度都不可能超过(　　)。

A. 1　　B. $n/2$　　C. $n-1$　　D. n

【解答】 C

【分析】 若路径长度超过 $n-1$，则路径中必存在重复的顶点。

4. 无向图 G 有 16 条边，度为 4 的顶点有 3 个，度为 3 的顶点有 4 个，其余顶点的度均小于 3，则图 G 至少有(　　)个顶点。

A. 10　　B. 11　　C. 12　　D. 13

【解答】 B

【分析】 根据顶点的度数之和与边数之间的关系，可以列出不等式：$3\times4+4\times3+(x-3-4)\times2\geqslant16\times2$，解得 x 至少为 11。

5. 用有向无环图描述表达式 $(x+y)((x+y)/x)$，需要的顶点个数至少是（　　）。

A. 5　　B. 6　　C. 8　　D. 9

【解答】 A

【分析】 将算术表达式表示为二叉树，再合并相同子树和相同结点，将二叉树的父子关系修改为有向图的邻接关系，如图 5-3 所示。

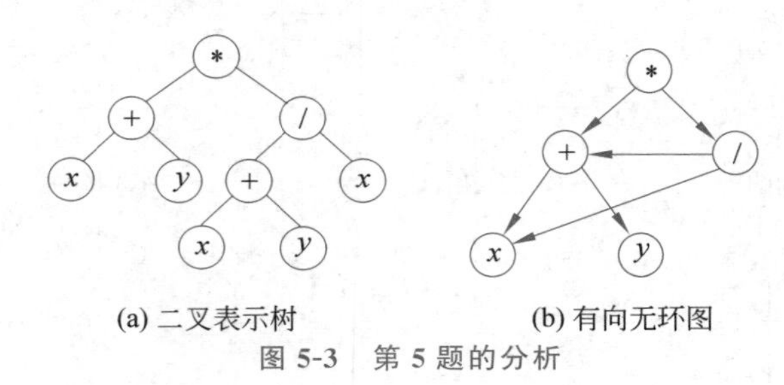

图 5-3　第 5 题的分析

6. 有向图的邻接矩阵是一个（　　）。

A. 上三角矩阵　　B. 下三角矩阵

C. 对称矩阵　　D. 无规律的矩阵

【解答】 D

【分析】 有向图的邻接矩阵不一定对称。由于图中任意两个顶点之间都可能存在关系，因此，邻接矩阵的元素分布没有规律。

7. 具有 n 个顶点、e 条边的无向图采用邻接矩阵存储，邻接矩阵中零元素的个数为（　　）。

A. e　　B. $2e$　　C. n^2-e　　D. n^2-2e

【解答】 D

【分析】 无向图的邻接矩阵共有 n^2 个元素，每条边在邻接矩阵中以对称位置的两个非零元素表示，即非零元素的个数为 $2e$，则零元素的个数为 n^2-2e。

8. 具有 n 个顶点的无向图采用邻接表存储，邻接表中最多有（　　）个边表结点。

A. n^2　　B. $n(n-1)$　　C. $n(n+1)$　　D. $n(n-1)/2$

【解答】 B

【分析】 无向图最多有 $n(n-1)/2$ 条边，在邻接表中每条边对应两个边表结点。

9. 在有向图的邻接表存储结构中，顶点 v 在边表中出现的次数是（　　）。

A. 顶点 v 的度　　B. 顶点 v 的出度

C. 顶点 v 的入度　　D. 依附于顶点 v 的边数

【解答】 C

【分析】 在有向图的邻接表存储结构中，顶点 v 的出度是该顶点出边表的结点个数，顶点 v 的入度是该顶点在所有边表中出现的次数。

10. 设图的邻接矩阵存储如图 5-4 所示，各顶点的度依次是(　　)。

A. 1、2、1、2　　B. 2、2、1、1　　C. 3、4、2、3　　D. 4、4、2、2

【解答】　C

【分析】　邻接矩阵是非对称矩阵，说明此图是有向图，各顶点的度等于该顶点的出度与入度之和。各顶点的出度等于邻接矩阵中各行的非 0 元素个数，入度等于各列的非 0 元素个数，因此各顶点的出度依次是 2、2、1、1，入度依次是 1、2、1、2，则各顶点的度依次是 3、4、2、3。

$$\begin{pmatrix} 0 & 1 & 0 & 1 \\ 0 & 0 & 1 & 1 \\ 0 & 1 & 0 & 0 \\ 1 & 0 & 0 & 0 \end{pmatrix}$$

图 5-4　第 10 题图

11. 假设非连通无向图 G 有 28 条边，则该图至少有(　　)个顶点。

A. 6　　B. 7　　C. 8　　D. 9

【解答】　D

【分析】　含有 n 个顶点的无向图，边数 $e \leqslant n(n-1)/2$，将 $e=28$ 代入得 $n \geqslant 8$，已知无向图 G 非连通，则 $n=9$。

12. 设无向图 $G=(V, E)$ 和 $G'=(V', E')$，如果 G' 是 G 的生成树，下列说法中错误的是(　　)。

A. G'为 G 的极小连通子图　　B. G'为 G 的连通分量

C. $|V'|=|V|$ 且 $|E'| \leqslant |E|$　　D. G'为 G 的无环子图

【解答】　B

【分析】　连通分量是无向图的极大连通子图，其中极大的含义是包括依附于连通分量中顶点的所有边，所以连通分量可能存在回路。

13. 设有向图 $G=(V,E)$，顶点集 $V=\{v_0,v_1,v_2,v_3\}$，边集 $E=\{<v_0,v_1>,<v_0,v_2>,<v_0,v_3>,<v_1,v_3>\}$。从顶点 v_0 开始对图进行深度优先遍历，得到的遍历序列个数是(　　)。

A. 2　　B. 3　　C. 4　　D. 5

【解答】　D

【分析】　根据顶点集 V 和边集 E 画出的有向图如图 5-5 所示，深度优先遍历序列是 $v_0v_1v_3v_2$、$v_0v_2v_3v_1$、$v_0v_2v_1v_3$、$v_0v_3v_1v_2$、$v_0v_3v_2v_1$。

14. 对如图 5-6 所示的有向图从顶点 a 出发进行深度优先遍历，不可能得到的遍历序列是(　　)。

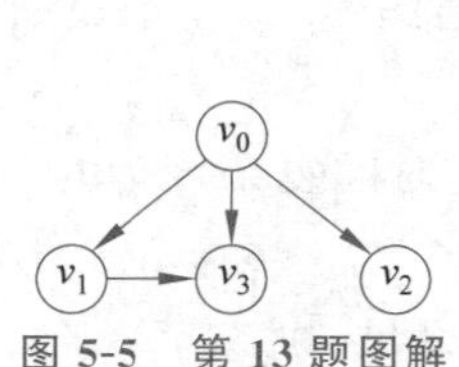

图 5-5　第 13 题图解

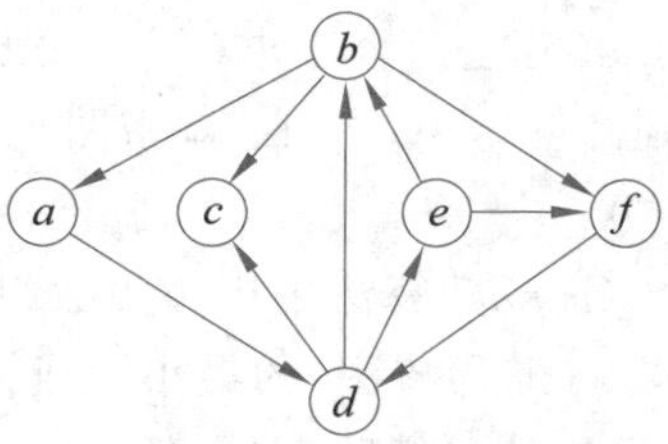

图 5-6　一个有向图

A. *adbefc*　　B. *adcefb*　　C. *adcbfe*　　D. *adefbc*

【解答】　A

【分析】 对于选项 A，访问顶点 adb 后可以访问顶点 c 和 f，但不能访问顶点 e。

15. 设无向连通图 G 含有 n 个顶点，下列说法中正确的是（　　）。

A. 只要图 G 中没有权值相同的边，其最小生成树一定唯一

B. 只要图 G 中有权值相同的边，其最小生成树一定不唯一

C. 从图 G 中选取 $n-1$ 条权值最小的边，即可构成最小生成树

D. 含有 n 个顶点 $n-1$ 条边的子图一定是图 G 的生成树

【解答】 A

【分析】 如果无向连通网中权值相同的边都不在最小生成树中（例如相同的权值都很大），其最小生成树是唯一的。从图 G 中选取 $n-1$ 条权值最小的边构成子图，如果该子图中没有包含图 G 的全部顶点，或者选取的 $n-1$ 条边不能使子图连通，则不能构成生成树。

16. 在如图 5-7 所示的无向连通网图中，从顶点 d 开始用 Prim 算法构造最小生成树，在构造过程中加入最小生成树的前 4 条边依次是（　　）。

A. $(d, f)4$，$(f, e)2$，$(f, b)3$，$(b, a)5$

B. $(f, e)2$，$(f, b)3$，$(a, c)3$，$(f, d)4$

C. $(d, f)4$，$(f, e)2$，$(a, c)3$，$(b, a)5$

D. $(d, f)4$，$(d, b)5$，$(f, e)2$，$(b, a)5$

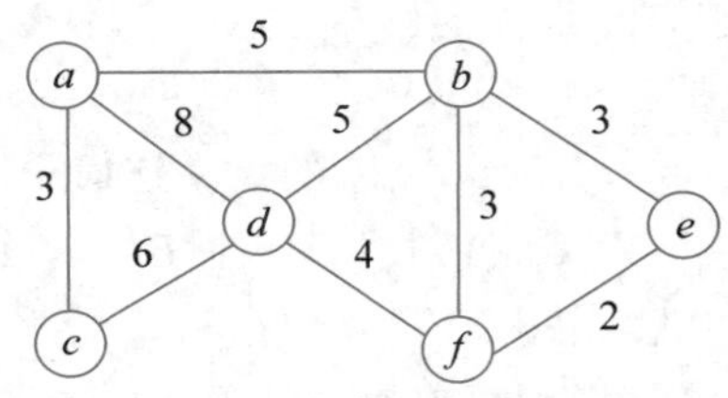

图 5-7　一个无向连通网

【解答】 A

【分析】 需要执行 Prim 算法，简便方法如下：先将顶点 d 涂黑，然后选取一个顶点涂黑而另一个顶点未涂黑的边中权值最小的边，为 $(d,f)4$；将顶点 f 涂黑，选取一个顶点涂黑而另一个顶点未涂黑的边中权值最小的边，为 $(f,e)2$；将顶点 e 涂黑，选取一个顶点涂黑而另一个顶点未涂黑的边中权值最小的边，为 $(f,b)3$ 或 $(e,b)3$；将顶点 b 涂黑，选取一个顶点涂黑而另一个顶点未涂黑的边中权值最小的边，为 $(b,a)5$。

17. 设图采用邻接表存储，Prim 算法的时间复杂度为（　　）。

A. $O(n)$　　B. $O(n+e)$　　C. $O(n^2)$　　D. $O(n^3)$

【解答】 C

【分析】 Prim 算法采用邻接矩阵和邻接表作为存储结构的时间复杂度均为 $O(n^2)$，但是采用邻接矩阵存储能够快速读取任意两个顶点之间边的权值。

18. Kruskal 算法适合于求（　　）的最小生成树。

A. 稀疏图　　B. 稠密图　　C. 连通图　　D. 有向图

【解答】 A

【分析】 Kruskal 算法采用边集数组作为存储结构，时间复杂度为 $O(e\ \log_2 e)$，因此适合求边数较少（即稀疏图）的最小生成树。

19. 设图采用邻接矩阵存储，Dijkstra 算法的时间复杂度为（　　）。

A. $O(n^3)$　　B. $O(n+e)$　　C. $O(n^2)$　　D. $O(ne)$

【解答】 C

【分析】 Dijkstra 算法需要进行 $n-1$ 次迭代，每次迭代需要在辅助数组中求最小

值，时间复杂度为$O(n^2)$。

20. 下列说法中正确的是(　　)。

A. 最短路径一定是简单路径

B. Dijkstra 算法不适用于有回路的网图

C. Dijkstra 算法不适用于求任意两个顶点间的最短路径

D. 在 Floyd 算法的求解过程中，$\text{Path}_{k-1}[i][j]$一定是$\text{Path}_k[i][j]$的子集

【解答】 A

【分析】 最短路径如果不是简单路径，则把路径上的回路去掉可得到路径长度更短的路径。有向网图中存在回路对 Dijkstra 算法没有影响。可以将图的n个顶点分别作为源点调用 Dijkstra 算法，因此，Dijkstra 算法也适用于求任意两个顶点间的最短路径。用 Floyd 算法求任意两个顶点间的最短路径，$\text{Path}_k[i][j]$在$\text{Path}_{k-1}[i][j]$的基础上进行迭代，通常$\text{Path}_{k-1}[i][j]$不是$\text{Path}_k[i][j]$的子集。

21. 若有向图的全部顶点不能形成一个拓扑序列，则可断定该有向图(　　)。

A. 是有根有向图　　B. 是强连通图

C. 含有多个入度为 0 的顶点　　D. 含有顶点数大于 1 的强连通分量

【解答】 D

【分析】 强连通分量一定存在回路，但存在回路的不一定是强连通图。

22. 对于如图 5-8 所示的 AOE 网，事件v_4的最早开始时间是(　　)，最迟开始时间是(　　)，该 AOE 网的关键路径有(　　)条。

A. 11　　B. 12　　C. 13　　D. 14

E. 1　　F. 2　　G. 3　　H. 4

【解答】 C，C，F

【分析】 事件v_4的最早开始时间是从顶点v_1到v_4的最长路径长度 13，事件v_4的最迟开始时间＝min{事件v_6的最迟开始时间－11，事件v_5的最迟开始时间－9}＝{24－11，22－9}＝13。该 AOE 网的两条关键路径如图 5-9 所示。

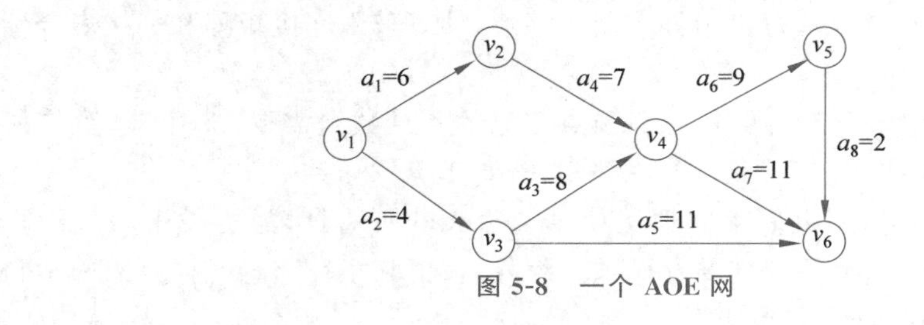

图 5-8　一个 AOE 网

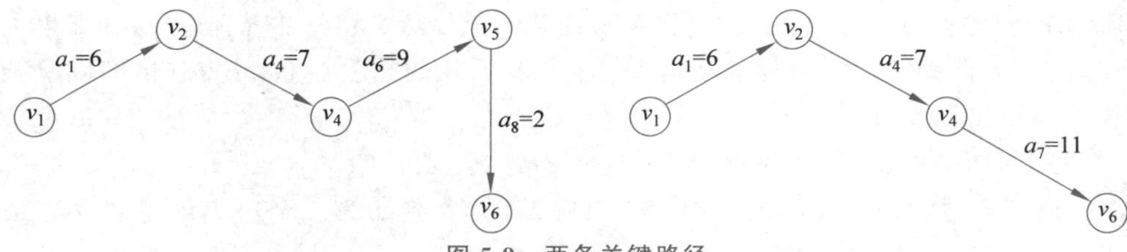

图 5-9　两条关键路径

23. 在有向图 G 的拓扑序列中，若顶点 v_i 出现在顶点 v_j 之前，则下列情形中不可能出现的是(　　)。

A. 图 G 中有弧 $\langle v_i, v_j \rangle$　　B. 图 G 中有一条从 v_i 到 v_j 的路径

C. 图 G 中没有弧 $\langle v_i, v_j \rangle$　　D. 图 G 中有一条从 v_j 到 v_i 的路径

【解答】 D

【分析】 在有向图 G 的拓扑序列中，若顶点 v_i 出现在顶点 v_j 之前，则从顶点 v_i 到顶点 v_j 一定存在路径。路径长度可以是 1，此时图 G 中有弧 $\langle v_i, v_j \rangle$；也可以大于 1，此时图 G 中可以没有弧 $\langle v_i, v_j \rangle$。

24. 在 AOE 网中，关键路径是(　　)。

A. 从源点到终点的最长路径　　B. 从源点到终点的最短路径

C. 从源点到终点边数最多的路径　　D. 从源点到终点边数最少的路径

【解答】 A

【分析】 在 AOE 网中，所有活动都完成才能到达终点，因此完成整个工程所必须花费的时间(即最短工期)应该为源点到终点的最大路径长度。具有最大路径长度的路径称为关键路径。

25. 关于工程计划的 AOE 网，下列说法中不正确的是(　　)。

A. 关键活动不按期完成就会影响整个工程的完成时间

B. 任何一个关键活动提前完成，整个工程将会提前完成

C. 所有的关键活动都提前完成，整个工程将会提前完成

D. 某些关键活动若提前完成，整个工程将会提前完成

【解答】 B

【分析】 AOE 网的关键路径可能不止一条，如果某一个关键活动提前完成，只能减少该关键活动所在路径的长度，其他关键路径的长度不变。

二、解答下列问题

1. 无向网图含有 n 个顶点和 e 条边，每个顶点的信息(假设只存储编号)占用 2 字节，每条边的权值信息占用 4 字节，每个指针占用 4 字节，计算采用邻接矩阵和邻接表分别占用多少存储空间。

【解答】 在邻接矩阵存储结构中，存储顶点信息的一维数组需要 $2n$ 字节，存储权值信息的二维数组需要 $4n^2$ 字节，因此，邻接矩阵共需要 $4n^2+2n$ 字节。

在邻接表存储结构中，顶点表存储顶点信息和边表的头指针，需要 $(2+4)n=6n$ 字节；边表中共 $2e$ 个顶点，每个顶点需要存储顶点编号、权值和指针信息，需要 $(2+4+4)\times 2e=20e$ 字节，因此，邻接表共需要 $6n+20e$ 字节。

2. 无向图含有 n 个顶点和 e 条边，判断任意两个顶点 i 和 j 是否有边相连，如果采用邻接矩阵存储，该操作的时间复杂度是多少？如果采用邻接表存储，该操作的时间复杂度是多少？请给出简要分析过程。

【解答】 如果采用邻接矩阵存储，只需判断元素 edge[i][j](或 edge[j][i])是否等于 1，时间复杂度是 $O(1)$。如果采用邻接表存储，需要判断第 i 个边表中是否含有顶点 j，这需要遍历第 i 个边表，时间复杂度是 $O(e/n)$。

3. 有向图含有 n 个顶点和 e 条边，删除与顶点 i 相关联的所有边，如果采用邻接矩阵存储，该操作的时间复杂度是多少？如果采用邻接表存储，该操作的时间复杂度是多少？请给出简要分析过程。

【解答】 如果采用邻接矩阵存储，需要将第 i 行和第 i 列的所有元素置 0，时间复杂度是 $O(n)$。如果采用邻接表存储，首先需要删除该顶点出边表中的所有顶点，然后遍历所有边表，删除边表中邻接点域为该顶点的所有顶点，时间复杂度是 $O(n+e)$。

4. 证明：生成树中最长路径的起点和终点的度均为 1。

【解答】 用反证法证明。设 $v_1, v_2, \cdots, v_k$ 是生成树的一条最长路径，其中，v_1 为起点，v_k 为终点。若 v_k 的度为 2，取 v_k 的另一个邻接点 v，由于生成树中无回路，所以 v 在最长路径上，显然 $v_1, v_2, \cdots, v_k, v$ 的路径最长，与假设矛盾。同理可证起点 v_1 的度不能大于 1，只能为 1。所以生成树中最长路径的起点和终点的度均为 1。

5. 证明：适当地排列顶点的次序，可以使有向无环图的邻接矩阵中主对角线以下的元素全部为 0。

【解答】 任意 n 个顶点的有向无环图都可以得到一个拓扑序列。设拓扑序列为 $v_0v_1v_2\cdots v_{n-1}$，下面证明此时的邻接矩阵为上三角矩阵。证明采用反证法。

假设此时的邻接矩阵不是上三角矩阵，那么存在下标 i 和 $j(i>j)$，使 edge[i][j]不等于 0，即图中存在从 v_i 到 v_j 的有向边。由拓扑序列的定义可知，在任意拓扑序列中，顶点 v_i 的位置一定在 v_j 之前，而在拓扑序列 $v_0v_1v_2\cdots v_{n-1}$ 中，由于 $i>j$，即顶点 v_i 的位置在 v_j 之后，导致矛盾。因此命题正确。

6. 已知有 6 个顶点（顶点编号为 0～5）的有向带权图 G，其邻接矩阵 $\mathbf{A}$ 为上三角矩阵，按行为主序（行优先）保存在如下的一维数组中。请写出图 G 的邻接矩阵 $\mathbf{A}$，并画出有向带权图 G。

4	6	∞	∞	∞	5	∞	∞	∞	4	3	∞	∞	3	3

【解答】 图 G 的邻接矩阵 $\mathbf{A}$ 如图 5-10 所示，有向带权图 G 如图 5-11 所示。

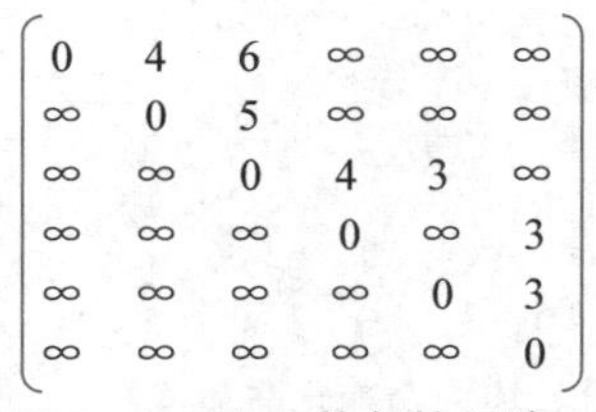

图 5-10　图 G 的邻接矩阵 $\mathbf{A}$

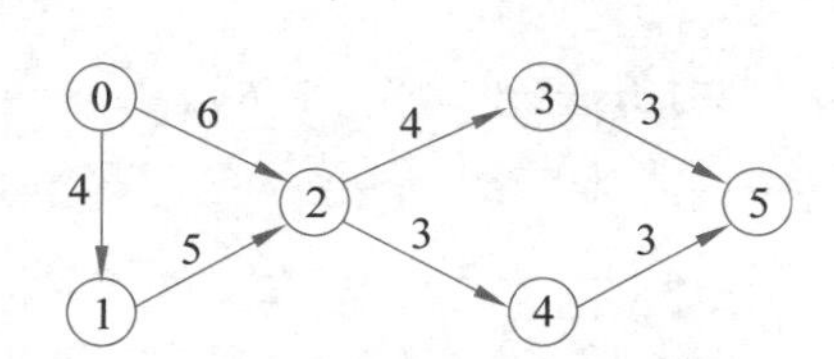

图 5-11　对应的有向带权图 G

7. 对于如图 5-12 所示的连通图，请给出图的邻接矩阵和邻接表存储示意图。从顶点 v_1 出发对该图进行遍历，分别给出一个深度优先遍历序列和广度优先遍历序列。

【解答】 邻接矩阵存储如图 5-13 所示，邻接表存储如图 5-14 所示，深度优先遍历序列为 $v_1v_2v_3v_5v_4v_6$，广度优先遍历序列为 $v_1v_2v_4v_6v_3v_5$。

8. 已知无向图的邻接表如图 5-15 所示，分别写出从顶点 1 出发的深度优先遍历序列和广度优先遍历序列，并画出相应的生成树。

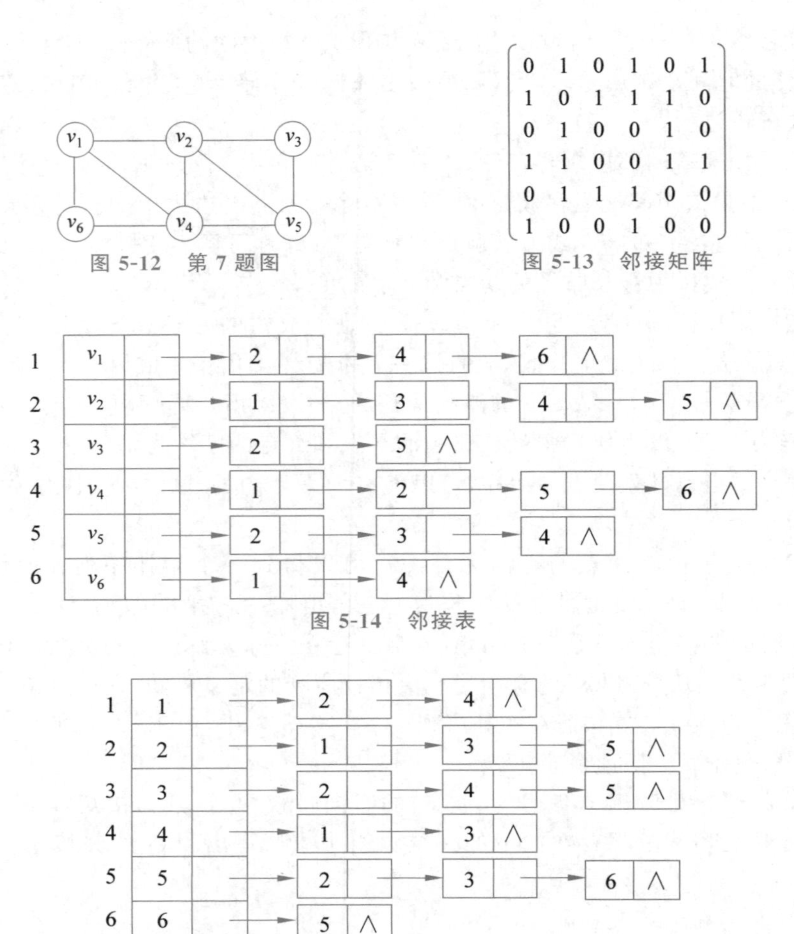

图 5-12 第 7 题图

图 5-13 邻接矩阵

图 5-14 邻接表

图 5-15 无向图的邻接表

【解答】 深度优先遍历序列为 1 2 3 4 5 6,对应的生成树如图 5-16 所示。广度优先遍历序列为 1 2 4 3 5 6,对应的生成树如图 5-17 所示。

图 5-16 深度优先生成树　　图 5-17 广度优先生成树

9. 对于图 5-18 所示的无向带权图,请分别给出采用 Prim 算法(从顶点 a 开始)和 Kruskal 算法求最小生成树的构造过程,并给出依次加入最小生成树的边。

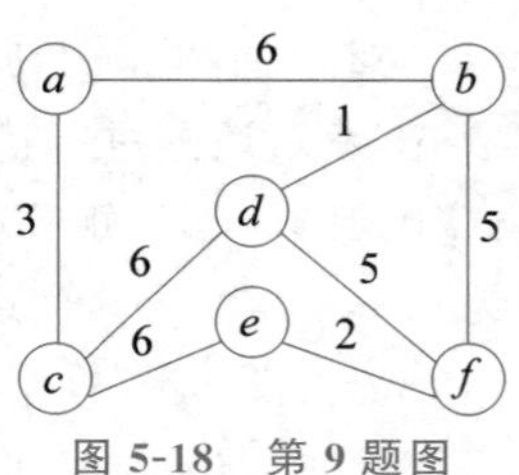

图 5-18 第 9 题图

【解答】 采用 Prim 算法求最小生成树的过程如图 5-19 所示,依次加入最小生成树的边是$(a,c)3$、$(a,b)6$、$(b,d)1$、$(b,f)5$、$(f,e)2$。

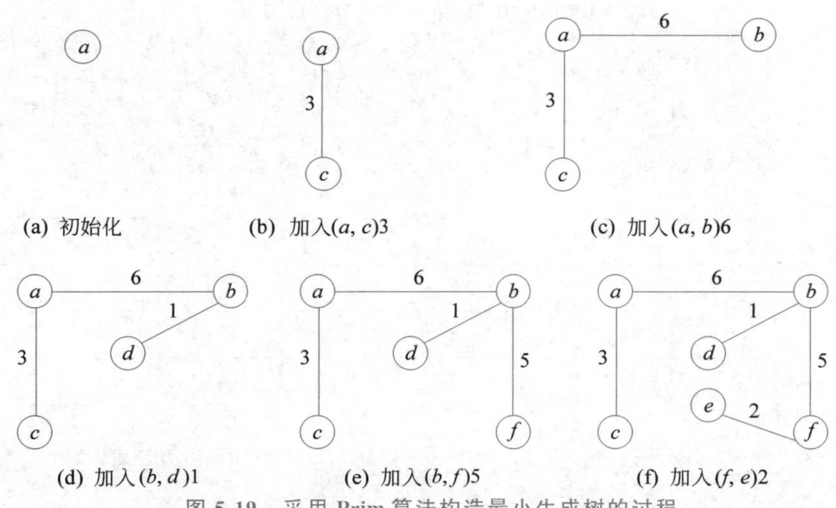

图 5-19 采用 Prim 算法构造最小生成树的过程

采用 Kruskal 算法求最小生成树的过程如图 5-20 所示，依次加入最小生成树的边是 $(b,d)1$、$(e,f)2$、$(a,c)3$、$(b,f)5$、$(a,b)6$。由于不是基于图的存储结构执行算法，因此答案不唯一。

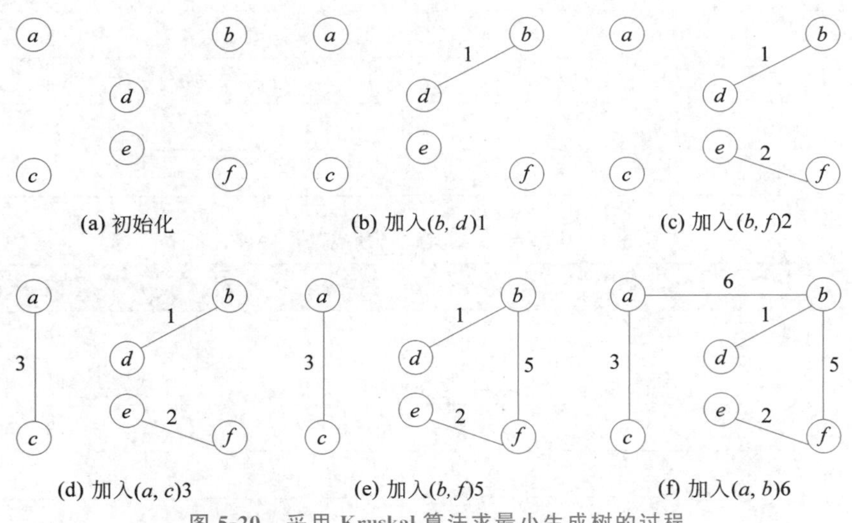

图 5-20 采用 Kruskal 算法求最小生成树的过程

10. 对于如图 5-21 所示的有向网图，采用 Dijkstra 算法求从顶点 v_1 到其他各顶点的最短路径，并给出 Dijkstra 算法执行过程中数组 dist、path 和集合 S 的变化过程。

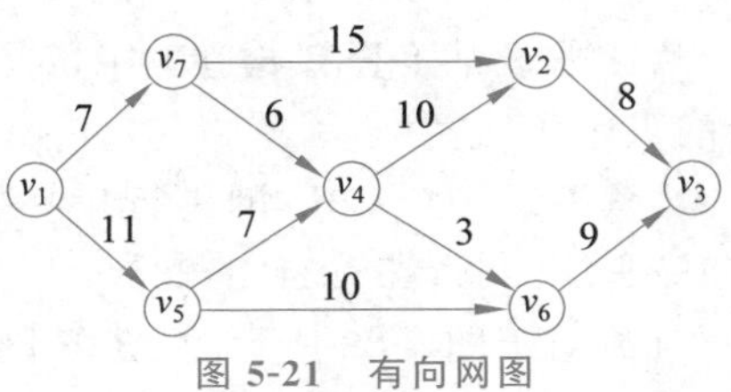

图 5-21 有向网图

【解答】 采用 Dijkstra 算法求解最短路径的过程如表 5-1 所示。从源点 v_1 到其他各顶点的最短路径如表 5-2 所示，注意按照路径长度递增的顺序给出结果。

表 5-1 Dijkstra 算法求解最短路径的过程

集合 S	数组元素					
	v_2		v_3		v_4	
	dist[2]	path[2]	dist[3]	path[3]	dist[4]	path[4]
$\{v_1\}$	∞	""	∞	""	∞	""
$\{v_1,v_7\}$	22	$v_1v_7v_2$	∞	""	13	$v_1v_7v_4$
$\{v_1,v_7,v_5\}$	22	$v_1v_7v_2$	∞	""	**13**	$v_1v_7v_4$
$\{v_1,v_7,v_5,v_4\}$	22	$v_1v_7v_2$	∞	""		
$\{v_1,v_7,v_5,v_4,v_6\}$	**22**	$v_1v_7v_2$	25	$v_1v_7v_4v_6v_3$		
$\{v_1,v_7,v_5,v_4,v_6,v_2\}$			**25**	$v_1v_7v_4v_6v_3$		

集合 S	数组元素					
	v_5		v_6		v_7	
	dist[5]	path[5]	dist[6]	path[6]	dist[7]	path[7]
$\{v_1\}$	11	v_1v_5	∞	""	**7**	v_1v_7
$\{v_1,v_7\}$	**11**	v_1v_5	∞	""		
$\{v_1,v_7,v_5\}$			21	$v_1v_5v_6$		
$\{v_1,v_7,v_5,v_4\}$			**16**	$v_1v_7v_4v_6$		
$\{v_1,v_7,v_5,v_4,v_6\}$						
$\{v_1,v_7,v_5,v_4,v_6,v_2\}$						

表 5-2 从源点 v_1 到其他各顶点的最短路径

源　　点	终　　点	最 短 路 径	最短路径长度
v_1	v_7	v_1v_7	7
v_1	v_5	v_1v_5	11
v_1	v_4	$v_1v_7v_4$	13
v_1	v_6	$v_1v_7v_4v_6$	16
v_1	v_2	$v_1v_7v_2$	22
v_1	v_3	$v_1v_7v_4v_6v_3$	25

11. 假设某工程有 6 道工序，对该工程建立的 AOV 网如图 5-22 所示，请给出所有可行的工序序列。

【解答】 对 AOV 网进行拓扑排序，得到的拓扑序列即是可行的工序序列，分别是 152364、512364、152634、512634。

12. 对于图 5-23 所示的 AOE 网，请计算各活动的最早开始时间和最迟开始时间，并给出该 AOE 网的所有关键路径。

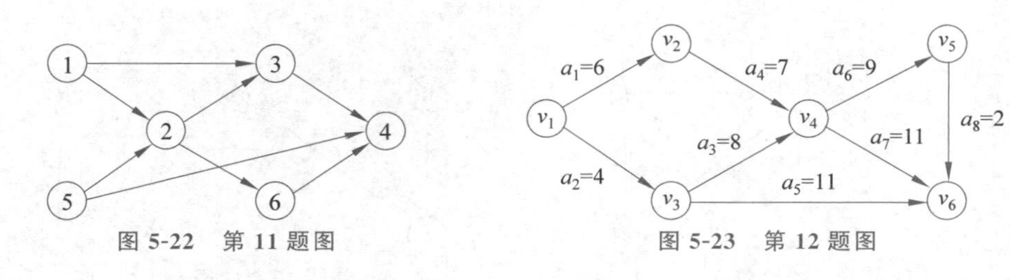

图 5-22　第 11 题图　　图 5-23　第 12 题图

【解答】　各事件(顶点)的最早开始时间和最迟开始时间如表 5-3 所示,各活动(边)的最早开始时间和最迟开始时间如表 5-4 所示。

表 5-3　各事件的最早开始时间和最迟开始时间

开始时间	事件					
	v_1	v_2	v_3	v_4	v_5	v_6
最早开始时间	0	6	4	13	22	24
最迟开始时间	0	6	5	13	22	24

表 5-4　各活动的最早开始时间和最迟开始时间

开始时间	活动							
	a_1	a_2	a_3	a_4	a_5	a_6	a_7	a_8
最早开始时间	0	0	4	6	4	13	13	22
最迟开始时间	0	1	5	6	13	13	13	22

关键活动是 a_1、a_4、a_6、a_7 和 a_8,构成两条关键路径,如图 5-24 所示。

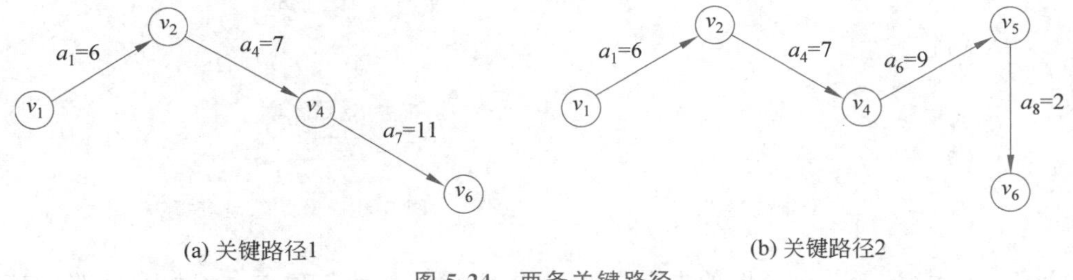

(a) 关键路径1　　(b) 关键路径2

图 5-24　两条关键路径

13. 一家输油公司要在储油罐之间建造若干输油管,每条输油管在向客户供油时都会产生利润,公司希望所产生的利润最大,当然公司希望建造尽可能少的输油管。输油管网如图 5-25 所示,其中顶点表示储油罐,边表示可以建造的输油管,边上的权值表示该输油管产生的利润。假设每条输油管的建造费用都相同,请为该公司设计建造输油管的最佳方案。

【解答】　可以把这个问题看作求最大生成树,用 Prim 算法或 Kruskal 算法求最大生成树时每次选取权值最大的边,求得的最大生成树如图 5-26 所示,利润(即生成树的代价)是 17。

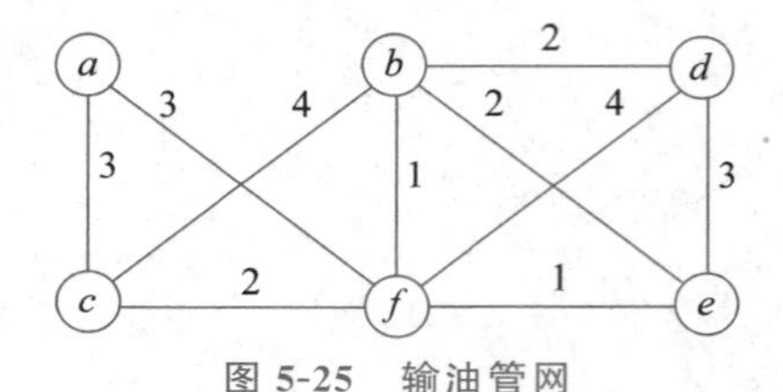

图 5-25 输油管网

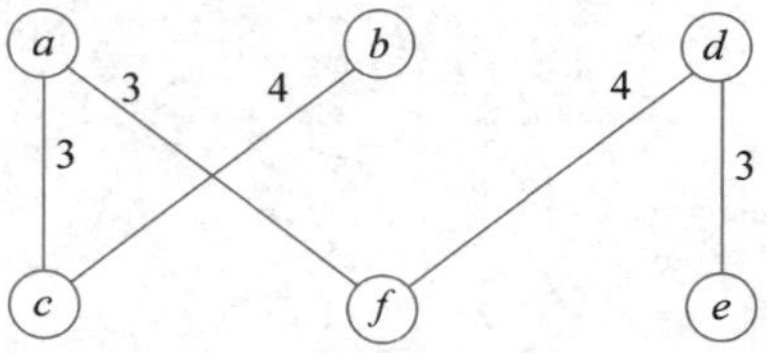

图 5-26 求得的最大生成树

14. 带权图(权值非负,表示边连接的两个顶点间的距离)的最短路径问题是找出从初始顶点到目标顶点之间的一条最短路径。假设从初始顶点到目标顶点之间存在路径,现有一种解决该问题的方法:

① 设最短路径初始时仅包含初始顶点,令当前顶点 u 为初始顶点。

② 选择离 u 最近且尚未在最短路径中的一个顶点 v,加入最短路径中,修改当前顶点:$u=v$。

③ 重复步骤①和②,直到 u 是目标顶点时为止。

请问上述方法能否求得最短路径?若该方法可行,请证明之;否则,请举例说明。

【解答】 该方法求得的路径不一定是最短路径。例如,对于图 5-27 所示的带权图,如果按照上述方法,从顶点 A 到顶点 E 的最短路径为 $A\to B\to D\to E$,路径长度为 13;实际上从顶点 A 到顶点 E 的最短路径为 $A\to C\to E$,路径长度为 10。

15. 某大队有 5 个村庄,村庄之间的道路情况如图 5-28 所示,现要在其中一个村庄建立医院,要求该医院距其他各村庄的最长往返路程最短。请给出算法的设计思想,并求出医院的位置。

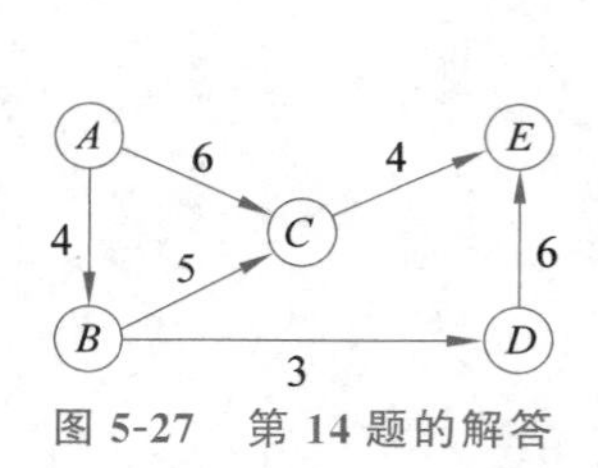

图 5-27 第 14 题的解答

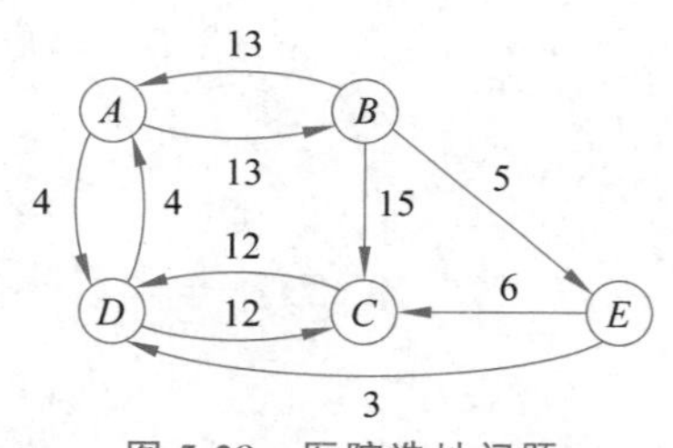

图 5-28 医院选址问题

【解答】 该问题是确定图的中心点,使该中心点与其他各顶点之间的往返路径长度之和为最小。求解步骤如下:

(1) 为有向图建立邻接矩阵,结果如图 5-29 所示。

(2) 采用 Floyd 算法求出任意两个顶点之间的最短路径长度,结果如图 5-30 所示。

(3) 依次计算每个顶点与其他各顶点的往返路径长度之和,如表 5-5 所示。

则往返代价之和最小的顶点即是图的中心点。可以看出,医院建在结点 D 时总的往返代价最小。

$$\begin{pmatrix} 0 & 13 & \infty & 4 & \infty \\ 13 & 0 & 15 & \infty & 5 \\ \infty & \infty & 0 & 12 & \infty \\ 4 & \infty & 12 & 0 & \infty \\ \infty & \infty & 6 & 3 & 0 \end{pmatrix}$$

图 5-29 邻接矩阵

$$\begin{pmatrix} 0 & 13 & 16 & 4 & 18 \\ 12 & 0 & 11 & 8 & 5 \\ 16 & 29 & 0 & 12 & 34 \\ 4 & 17 & 12 & 0 & 22 \\ 7 & 20 & 6 & 3 & 0 \end{pmatrix}$$

图 5-30 任意两点的最短路径长度

表 5-5 每个顶点与其他各顶点的往返路径长度之和

顶　点	与其他各顶点的往返路径长度
A	12＋16＋4＋7＋13＋16＋4＋18＝90
B	13＋29＋17＋20＋12＋11＋8＋5＝115
C	16＋11＋12＋6＋16＋29＋12＋34＝136
D	4＋8＋12＋3＋4＋17＋12＋22＝82
E	18＋5＋34＋22＋7＋20＋6＋3＝115

三、算法设计题

1. 将无向图的邻接矩阵存储转换为邻接表。

【解答】 首先初始化一个空的邻接表，然后在邻接矩阵上查找值不为0的元素，在邻接表的边表中插入相应的顶点。邻接矩阵和邻接表的存储结构定义请参见主教材。算法如下：

```
void MatToList(MGraph *A, ALGraph *B)
{
  int i, j;
  Node *p = NULL;
  B->vertexNum = A->vertexNum; B->edgeNum = A->edgeNum;
  for (i = 0; i < A->vertexNum; i++)
    B->adjlist[i].first = NULL;
  for (i = 0; i < A->vertexNum; i++ )
    for (j = 0; j < i; j++)
      if (A->edge[i][j] != 0)
      {
        p = (edgeNode *)malloc(sizeof(Node));
        p->adjvex = j;
        p->next = B->adjlist[i].first;
        B->adjlist[i].first = p;
      }
}
```

2. 将一个有向图的邻接表存储转换成邻接矩阵。

【解答】 在邻接表上依次取每个边表中的顶点，将邻接矩阵中对应位置的元素值置为1。邻接矩阵和邻接表的存储结构定义请参见主教材。算法如下：

```
void ListToMat(MGraph * A, ALGraph * B)
{
  int i, j;
  Node * p = NULL;
  A->vertexNum = B->vertexNum; A->edgeNum = B->edgeNum;
  for (i = 0; i < A->vertexNum; i++)
    for (j = 0; j < A->vertexNum; j++)
      A->edge[i][j] = 0;
  for (i = 0; i < A->vertexNum; i++)
  {
    A->vertex[i] = B->adjlist[i].vertex;      //存储顶点数据
    p = B->adjlist[i].first;
    while (p != NULL)
    {
      j = p->adjvex;
      A->edge[i][j] = 1;                      //存储边的信息
      p = p->next;
    }
  }
}
```

3. 设有向图采用邻接表存储，求图中每个顶点的入度。

【解答】 由于有向图的邻接表存储了出边的信息，因此求某顶点 i 的入度需要扫描所有出边表，统计出边表中顶点 i 出现的次数。设累加器数组 indegree[n]，数组下标为顶点的编号。算法如下：

```
void CountIn(ALGraph * G, int indegree[ ])
{
  int i;
  Node * p = NULL;
  for (i = 0; i < G->vertexNum; i++)
    indegree[i] = 0;
  for (i = 0; i < G->vertexNum; i++)          //依次遍历每个边表
  {
    p = G->adjlist[i].first;
    while (p!=NULL)
    {
      indegree[p->adjvex]++;                  //编号为 p->adjvex 的顶点入度加 1
      p = p->next;
    }
  }
}
```

4. 设有向图采用邻接矩阵存储，计算图中出度为 0 的顶点个数。

【解答】 在有向图的邻接矩阵中，各行的非零元素个数等于对应顶点的出度，当某行非零元素的个数为0时，对应顶点的出度为0。设变量count累加出度为0的顶点个数。算法如下：

```
int SumZero(MGraph * A)
{
  int count = 0, flag, i, j;
  for (i = 0; i < A->vertexNum; i++)
  {
    flag = 0;
    for (j = 0; j < A->vertexNum; j++)
      if (A->edge[i][j] != 0) {flag = 1; break; }
    if (flag == 0) count++;
  }
  return count;
}
```

5. 以邻接矩阵作为存储结构，判断有向图是否存在回路。

【解答】　利用拓扑排序可以判断有向图是否有回路。设数组indegree[n]存放各顶点的入度，并用值为0的数组元素作为栈。算法如下：

```
int SimpleCircle(MGraph * G, int indegree[ ])
{
  int count = 0, i, j, top = -1;
  for (i = 0; i < G->vertexNum; i++)              //建立入度域为0的栈
    if (indegree[i] == 0) { indegree[i] = top; top = i; }
  while (top != -1)                                //进行拓扑排序
  {
    count++; i = top;                              //存储位于栈顶的顶点
    top = indegree[top];                           //出栈
    for (j = 0; j < G->vertexNum; j++)             //处理顶点i的邻接点
      if (G->edge[i][j] == 1)
      {
        indegree[j]--;
        if (indegree[j] == 0) { indegree[j] = top; top = j; }
      }
  }
  if (count < G->vertexNum) return 1;              //存在回路
  else return 0;
}
```

6. 以邻接表作为存储结构，判断有向图是否存在从顶点 v_i 到 v_j 的路径($i \neq j$)。

【解答】　可以从顶点 i 出发进行深度优先遍历，如果可以访问到顶点 j，说明由顶点 v_i 到顶点 v_j 存在路径。假设数组visited[n]已初始化为0。算法如下：

```
int DFS(ALGraph * G, int i, int j)
{
  int S[100],top = -1, i, t;
```

```
  Node * p = NULL;
  visited[i] = 1; S[++top] = i;
  while (top != -1)
  {
    i = S[top];
    p = G->adjlist[i].first;
    while (p != NULL)
    {
      t = p->adjvex;
      if (t == j) return 1;
      if (visited[t] == 0) { visited[t] = 1; S[++top] = t; break; }
      else p = p->next;
    }
    if (p == NULL) top--;
  }
  return 0;
}
```

第6章 查找技术

6.1 本章导学

6.1.1 知识结构图

本章有两条主线：一条主线是各种查找技术，包括线性表的查找技术、树表的查找技术、散列表的查找技术；另一条主线是静态查找和动态查找，线性表和散列表的查找技术适用于静态查找，树表和散列表的查找技术适用于动态查找。注意这两条主线的交叉以及各种查找技术的性能分析。本章还讨论了字符串的查找技术。标☆的知识点为扩展与提高内容。本章的知识结构如图6-1所示。

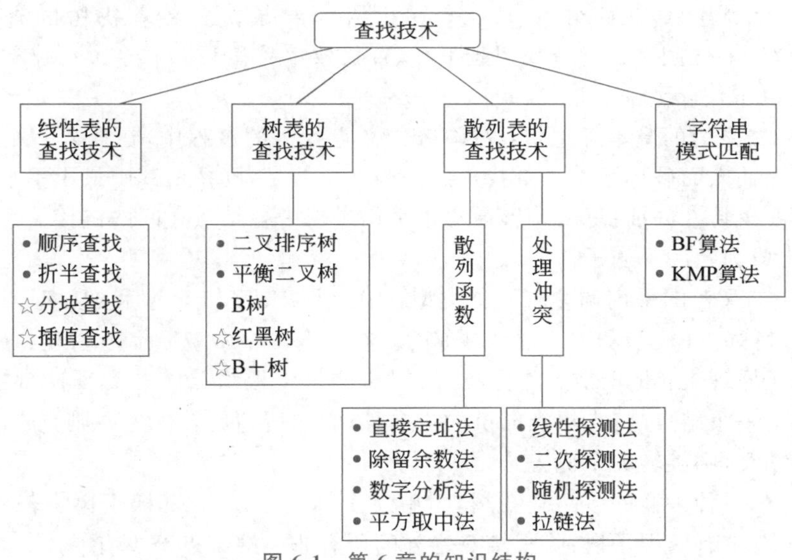

图6-1 第6章的知识结构

6.1.2 重点整理

1. 查找以集合为数据结构，以查找为核心操作。不涉及插入和删除操作的查找称为静态查找，涉及插入和删除操作的查找称为动态查找。

2. 查找算法的时间性能通常用平均查找长度来度量。在实际应用中，查找成功的可能性比查找不成功的可能性大得多，特别是在查找集合记录个数较多时，查找不成功的情况可以忽略不计。

3. 顺序查找的基本思想是：从线性表的一端向另一端逐个将记录与给定值进行比

较,平均查找长度为 $O(n)$。适用条件是:①不要求记录按关键码有序;②顺序存储和链接存储均可。

4. 折半查找(二分查找)的基本思想是:将给定值与序列的中间记录进行比较,根据比较结果调整查找区间,平均查找长度为 $O(\log_2 n)$。适用条件是:①记录按关键码有序;②采用顺序存储。

5. 折半查找判定树是描述折半查找过程的二叉树,查找任一记录的过程即是折半查找判定树中从根结点到该记录结点的路径,和给定值的比较次数等于该记录结点在判定树的层数。折半查找判定树的深度是$\lfloor \log_2 n \rfloor+1$。

6. 二叉查找树又称二叉搜索树或二叉排序树,是结点之间满足一定次序关系的二叉树。中序遍历二叉查找树可以得到一个有序序列。

7. 在二叉查找树上执行插入操作,首先查找该结点的位置,然后再执行插入操作。新结点作为叶子插入二叉查找树中,不会破坏结点之间的链接关系。

8. 在二叉查找树上执行删除操作有 3 种情况:①被删除结点是叶子结点;②被删除结点只有一棵子树;③被删除结点既有左子树又有右子树。

9. 在二叉查找树上查找任一记录的过程即是从根结点到该记录结点的路径,和给定值的比较次数等于该记录结点在二叉查找树的层数。二叉查找树的查找性能在 $O(\log_2 n)$和 $O(n)$之间。二叉查找树越平衡,查找效率越接近 $O(\log_2 n)$;越不平衡,查找效率越接近 $O(n)$。

10. 平衡二叉树的基本思想是:在构造二叉查找树的过程中,在插入一个结点时,首先检查是否因插入而破坏了二叉查找树的平衡性。若是,则找出其中最小不平衡子树,在保持二叉查找树特性的前提下,调整最小不平衡子树中各结点之间的链接关系,进行相应的旋转,使之成为新的平衡子树。

11. 平衡二叉树的平衡调整有 4 种类型:LL 型、RR 型、LR 型和 RL 型,其中,LL 型和 RR 型是对称的,LR 型和 RL 型是对称的。在平衡调整中遵循扁担原理和旋转优先原则。所谓扁担原理是:将根结点作为支撑点(肩膀),将根结点向二叉查找树中新插入结点的方向移动一个结点(将支撑点向沉的方向移动)。所谓旋转优先原则是:如果在旋转过程中出现冲突,则旋转关系优先。

12. B 树是一种平衡的多路查找树,树中每个结点至多有 m 棵子树。若根结点不是终端结点,则至少有两棵子树;除根结点之外的所有非终端结点至少有$\lceil m/2 \rceil$棵子树。含有 n 个关键码的 m 阶 B 树的最大深度是$\log_{\lceil m/2 \rceil}\frac{n+1}{2}+1$。

13. 在 B 树上执行查找操作,需要交叉执行顺指针查找结点和在结点中查找关键码。在 B 树中执行插入操作,首先需要确定关键码应该插入的终端结点,如果该结点的关键码个数发生上溢,需要执行“分裂—提升”过程。在 B 树中执行删除操作可以归结为在终端结点中删除关键码,如果该结点的关键码个数发生下溢,需要执行向兄弟结点借关键码或者合并结点的操作,也可能这两个操作都要执行。

14. 散列技术通过散列函数建立从关键码集合到散列表地址集合的一个映射,散列技术的两个主要问题是:①散列函数的设计;②处理冲突的方法。

15. 设计散列函数应遵循的原则：①计算简单；②函数值(散列地址)分布均匀。常见的散列函数有直接定址法、除留余数法、数字分析法、平方取中法等。

16. 处理冲突的常用方法有开放定址法和拉链法。用开放定址法处理冲突得到的散列表称为闭散列表。开放定址法常用线性探测法寻找空的散列地址，此时会产生堆积现象。用拉链法处理冲突构造的散列表称为开散列表。拉链法将所有同义词记录存储在一个同义词子表中，因此不会产生堆积。

17. 散列表的装填因子标志着散列表装满的程度。散列表的平均查找长度是装填因子的函数，可以选择一个合适的装填因子使平均查找长度限定在一个范围内。散列查找的时间性能为 $O(1)$。

18. 给定两个字符串 S 和 T，在主串 S 中寻找子串 T 的过程称为模式匹配。BF 算法的基本思想是蛮力匹配，KMP 算法的基本思想是主串不回溯，模式回溯的位置存储在失效数组 next[m]中。

6.2　重点难点释疑

6.2.1　折半查找判定树及其应用

折半查找判定树描述了有序表中每一个记录的查找过程，具有以下基本性质：

(1) 折半查找判定树是一棵二叉查找树。

(2) 具有 n 个结点的折半查找判定树，深度 $k=\lfloor \log_2 n \rfloor+1$，并且在 $k-1$ 层上是满二叉树。

(3) 外结点对应查找不成功的情况。设有序表的长度为 n，则外结点有 $n+1$ 个。

(4) 某结点所在的层数即查找该结点的比较次数，整个判定树的平均查找长度即查找每个结点的比较次数之和除以有序表的长度。

(5) 查找不成功的比较次数是查找外结点时与内结点的比较次数，整个判定树在查找失败时的平均查找长度是查找每个外结点的比较次数之和除以外结点的个数。

例 6-1　对于长度为 10 的折半查找判定树，请给出判定树的构造过程，并分析查找性能。

【解答】

(1) 首先确定根结点。在长度为 10 的有序表中进行折半查找，不论查找哪个记录，必须首先与中间记录进行比较，中间记录的序号为(1+10)/2=5(注意向下取整)，即判定树的根结点是 5。

(2) 将查找区间调整到左半区[1,4]，根结点的左孩子是(1+4)/2=2。

(3) 将查找区间调整到右半区[6,10]，根结点的右孩子是(6+10)/2=8。

(4) 重复步骤(2)和(3)，依次确定每个结点的左右孩子，如图 6-2(a)所示。

(5) 将判定树的所有空指针指向外结点，如图 6-2(b)所示。

查找成功的平均查找长度为 ASL=(1×1+2×2+3×4+4×3)/10=29/10。

查找不成功的平均查找长度为 ASL=(3×5+4×6)/11=39/11。

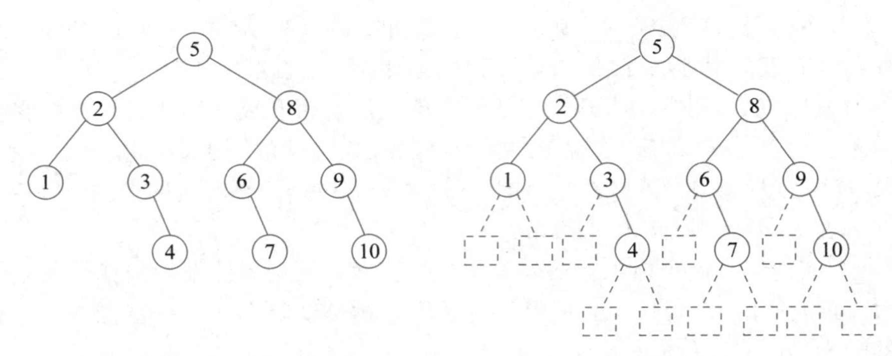

图 6-2　长度为 10 的折半查找判定树

6.2.2　平衡二叉树的调整方法

平衡二叉树的基本思想是：在构造二叉查找树的过程中，当插入一个新结点时，首先检查是否因插入新结点而破坏了二叉查找树的平衡性。若是，则找出其中的最小不平衡子树，在保持二叉查找树特性的前提下，调整最小不平衡子树中各结点之间的链接关系，进行相应的旋转，使之成为新的平衡子树。在调整平衡二叉树的过程中，需要注意以下几个问题：

(1) 从插入结点开始向上计算各祖先结点的平衡因子，其他结点的平衡因子在调整前后没有变化。

(2) 在插入结点的祖先结点中，找出距离插入结点最近的失去平衡的结点，它是最小不平衡子树的根结点。平衡调整只涉及最小不平衡子树。

(3) 根据插入结点与最小不平衡子树根结点之间的关系确定调整类型。

(4) LL 型和 RR 型只需旋转一次；LR 型和 RL 型需要旋转两次，第一次旋转将 LR 型修改为 LL 型，将 RL 型修改为 RR 型。

(5) 应用扁担原理确定子树的根结点，应用旋转优先原则解决冲突。

例 6-2　在图 6-3 所示的平衡二叉树中插入元素 15，请给出平衡二叉树的调整过程。

【解答】　在图 6-3 所示的平衡二叉树中插入元素 15 后，计算平衡因子，如图 6-4(a)所示，结点旁边标出的数字是该结点的平衡因子。找到最小不平衡子树的根结点 30，属于 LL 型，进行一次旋转，如图 6-4(b)所示。

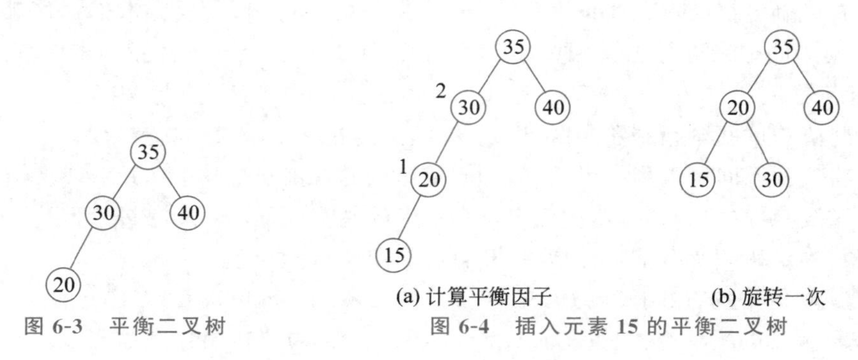

图 6-3　平衡二叉树　　图 6-4　插入元素 15 的平衡二叉树

例 6-3 在图 6-3 所示的平衡二叉树中插入元素 25,请给出平衡二叉树的调整过程。

【解答】 在图 6-3 所示的平衡二叉树中插入元素 25 后,计算平衡因子,如图 6-5(a)所示。找到最小不平衡子树的根结点 30,属于 LR 型,先进行第一次旋转,将 LR 型修改为 LL 型,如图 6-5(b)所示;再进行第二次旋转,如图 6-5(c)所示。

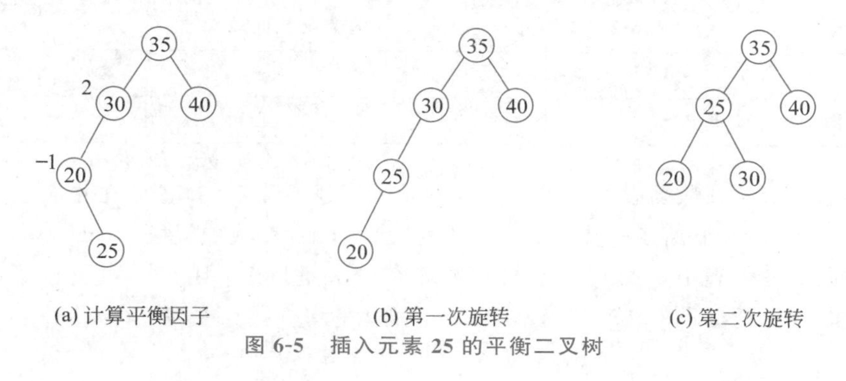

图 6-5 插入元素 25 的平衡二叉树

6.2.3 散列查找的性能分析

在散列技术中,处理冲突的方法不同,得到的散列表不同,散列表的查找性能也不同。如果在散列函数计算得到的散列地址上产生了冲突,需要按照处理冲突的方法进行查找,产生冲突后的查找仍然是给定值与关键码进行比较的过程。所以,对散列表查找效率的度量也采用平均查找长度。

需要强调的是,在查找不成功的情况下,平均查找长度是计算关键码的平均比较次数。因此,在折半查找判定树中,计算查找不成功的平均比较次数时,不包括对外结点的比较。同样,在散列技术中,计算查找不成功的平均比较次数时,闭散列表不包括探测单元是否为空,开散列表不包括探测指针是否为空。

散列技术在查找记录时,通过计算散列函数值得到该记录的散列地址,并按此地址进行访问。因此,对于散列函数值对应的每一个散列地址,都可能查找不成功,所有查找不成功的情况就是散列函数值对应的地址范围。

例 6-4 给定关键码集合为{47, 7, 29, 11, 16, 92, 22, 8, 3},散列表的表长为 12,散列函数为 $H(\mathrm{key})=\mathrm{key} \bmod 11$,用线性探测法和拉链法处理冲突,分别给出两种方法处理冲突在查找不成功情况下的平均查找长度。

【解答】 用线性探测法构造的闭散列表如表 6-1 所示。在查找不成功的情况下,当被比较单元为空时,才能断定查找的关键码不存在。例如,查找关键码 33,因为 $H(33)=0$,但地址为 0 的单元存储的关键码是 11,此时不能断定关键码 33 不存在,向后探测一个单元,地址为 1 的单元存储的关键码是 22,再向后探测一个单元,地址为 2 的单元为空,才能断定关键码 33 不存在,与关键码的比较次数是两次。查找不成功时各种情况的比较次数如表 6-2 所示,平均查找长度为

$$\mathrm{ASL}=(2+1+0+7+6+5+4+3+2+1+0)/11=31/11$$

表 6-1 构造的闭散列表

散列地址	0	1	2	3	4	5	6	7	8	9	10	11
关键码	11	22		47	92	16	3	7	29	8		

表 6-2 闭散列表查找不成功的情况及比较次数

散列地址	0	1	2	3	4	5	6	7	8	9	10
比较次数	2	1	0	7	6	5	4	3	2	1	0

拉链法构造的开散列表如图 6-6 所示。对于查找不成功的情况，在相应的同义词子表中查找失败时，才能断定查找的关键码不存在。例如，查找关键码 33，$H(33)=0$，在地址为 0 的同义词子表中查找失败时，才能断定待查关键码 33 不存在，共比较了两次。查找不成功时各种情况下的比较次数如表 6-3 所示，平均查找长度为

$$\text{ASL}=(1\times3+2\times3)/11=9/11$$

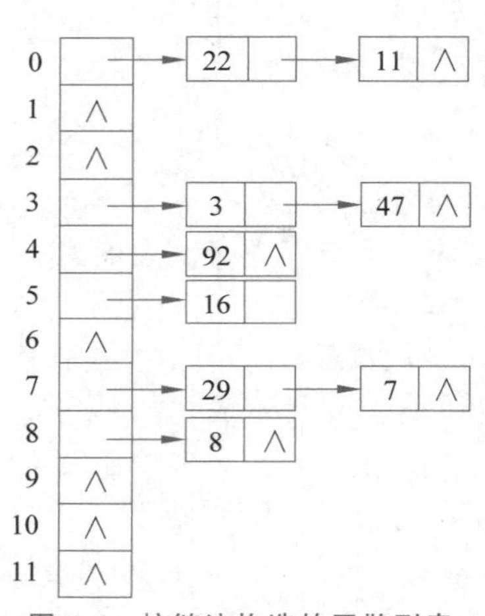

图 6-6 拉链法构造的开散列表

表 6-3 开散列表查找不成功的情况及比较次数

散列地址	0	1	2	3	4	5	6	7	8	9	10
比较次数	2	0	0	2	1	1	0	2	1	0	0

6.2.4 模式匹配 KMP 算法的失效数组

在 KMP 算法中，设模式 $T=t_0t_1\cdots t_{m-1}$，用 next[j]表示 t_j 对应的 k 值($0\leqslant j\leqslant m-1$)，则 next 数组(称为失效数组)的定义如下：

$$\text{next}[j]=\begin{cases}-1, & j=0\\ \max\{k\mid 1\leqslant k<j \text{ 且 } t_0\cdots t_{k-1}=t_{j-k}\cdots t_{j-1}\}, & \text{集合非空}\\ 0, & \text{其他情况}\end{cases}$$

由于 $t_0\cdots t_{j-1}$ 的真前缀和真后缀相等的子串可能不唯一，为了保证算法的正确性，要

在所有相等子串中取最长子串，如图6-7所示。

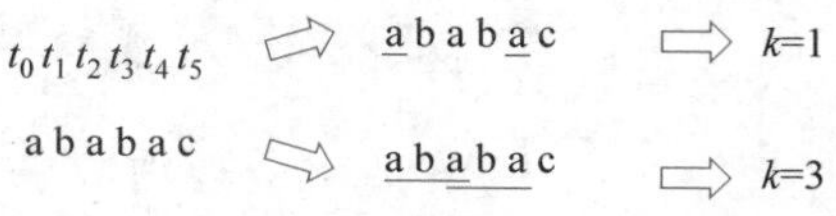

由next数组的定义易知，next[0]＝－1，因为此时t_0既没有真前缀也没有真后缀。假设已经计算出next[0]，next[1]，…，next[j]，如何计算next[$j+1$]呢？设$k=$next[j]，即$t_0 \cdots t_{k-1}=t_{j-k} \cdots t_{j-1}$，比较$t_k$和$t_j$可能出现两种情况：

$t_0t_1t_2t_3t_4t_5$ ⇨ ababac ⇨ k=1

ababac ⇨ ababac ⇨ k=3

图6-7　元素next[5]的求解示意图

(1) $t_k=t_j$。说明$t_0 \cdots t_{k-1}t_k=t_{j-k} \cdots t_{j-1}t_j$，由next[$j$]的定义，next[$j+1$]＝$k+1$。

(2) $t_k \neq t_j$。此时要找出$t_0 \cdots t_{j-1}$的后缀中第2大真前缀，显然，这个第2大真前缀就是next[next[j]]＝next[k]，即$t_0 \cdots t_{\text{next}[k]-1}=t_{j-\text{next}[k]} \cdots t_{j-1}$（思考为什么），再比较$t_{\text{next}[k]}$和$t_j$，如图6-8所示。此时仍会出现两种情况：当$t_{\text{next}[k]}=t_j$时，与情况(1)类似，next[$j+1$]＝next[$k$]＋1；当$t_{\text{next}[k]} \neq t_j$时，与情况(2)类似，再找$t_0 \cdots t_{j-1}$的后缀中第3大真前缀，重复(2)的过程，直至找到$t_0 \cdots t_{j-1}$的后缀中的最大真前缀，或确定$t_0 \cdots t_{j-1}$的后缀中不存在真前缀，此时，next[$j+1$]＝0。

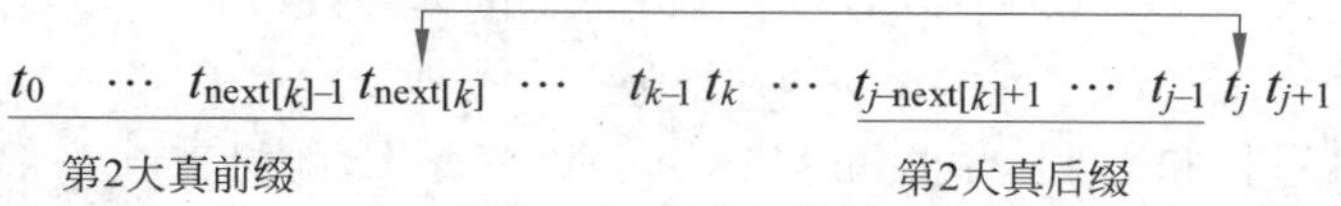

$t_0 \quad \cdots \quad t_{\text{next}[k]-1} \; t_{\text{next}[k]} \quad \cdots \quad t_{k-1} \; t_k \quad \cdots \quad t_{j-\text{next}[k]+1} \quad \cdots \quad t_{j-1} \; t_j \; t_{j+1}$

第2大真前缀　　第2大真后缀

图6-8　$t_k \neq t_j$的情况

例6-5　对于模式T＝"abaababc"，给出next数组的计算过程。

【解答】

j＝0时，next[0]＝－1。

j＝1时，next[1]＝0。

j＝2时，$t_0 \neq t_1$，next[2]＝0。

j＝3时，$t_0=t_2$，next[3]＝next[2]＋1＝1。

j＝4时，$t_1 \neq t_3$，令k＝next[3]＝1，由于$t_0=t_3$，next[4]＝ next[1]＋1＝1。

j＝5时，$t_1=t_4$，next[5]＝next[4]＋1＝2。

j＝6时，$t_2=t_5$，next[6]＝next[5]＋1＝3。

j＝7时，$t_3 \neq t_6$，k＝next[6]＝3，由于$t_1=t_6$，next[7]＝ next[3]＋1＝2。

这个求next数组的算法只需将模式扫描一遍，设模式串的长度为m，算法的时间复杂度为$O(m)$。算法如下：

```
void GetNext(char T[ ], int next[ ])
{
  int j = 0, k = -1;
  next[0] = -1;
  while (T[j] != '\0')
    if ((k == -1) || (T[j] == T[k]))
    {
      j++; k++; next[j] = k;
    }
```

```
    else k = next[k];
}
```

6.3 习题解析

一、单项选择题

1. 静态查找与动态查找的根本区别在于(　　)。

A. 逻辑结构不同　　B. 基本操作不同

C. 数据元素类型不同　　D. 存储实现不同

【解答】 B

【分析】 静态查找不涉及插入和删除操作,而动态查找涉及插入和删除操作。

2. 适合动态查找的查找技术是(　　)。

A. 顺序查找　　B. 折半查找　　C. 散列查找　　D. 随机查找

【解答】 C

【分析】 顺序查找和折半查找一般只适用于静态查找,随机查找一般指按位置进行查找,动态查找一般指按值进行查找。

3. 在以下数据结构中,(　　)查找效率最低。

A. 有序表　　B. 二叉查找树　　C. 堆　　D. 散列表

【解答】 C

【分析】 对有序表可以进行折半查找,时间性能为$O(\log_2 n)$。二叉查找树的平均查找性能为$O(\log_2 n)$。散列查找的时间性能是装填因子的函数,在选择合适的装填因子后,时间性能为$O(1)$。堆适用于求极值,查找其他元素只能通过遍历,时间复杂度为$O(n)$。

4. 假定查找成功与不成功的可能性相同,在查找成功的情况下每个记录的查找概率相同,则顺序查找的平均查找长度为(　　)。

A. $0.5(n+1)$　　B. $0.25(n+1)$　　C. $0.5(n-1)$　　D. $0.75n+0.25$

【解答】 D

【分析】 对于顺序查找,查找成功的平均查找长度为$(n+1)/2$,查找不成功的查找长度为n,则总的平均查找长度为$\frac{1}{2}\times\frac{n+1}{2}+\frac{1}{2}n=\frac{3}{4}n+\frac{1}{4}=0.75n+0.25$。

5. 对含有100个元素的有序表进行折半查找,在查找成功的情况下,比较次数最多是(　　)次。

A. 25　　B. 50　　C. 10　　D. 7

【解答】 D

【分析】 比较次数最多不超过判定数的高度,即$\lfloor\log_2 100\rfloor+1=7$。

6. 对有序表$A[1]\sim A[17]$进行折半查找,查找长度为5的元素下标是(　　)。

A. 8,17　　B. 5,10,12　　C. 9,16　　D. 9,17

【解答】 A

【分析】　构造长度为 17 的折半查找判定树，位于判定树第 5 层的元素下标是 8 和 17，查找长度为 5。注意，数组下标从 1 开始。

7. 对长度为 12 的有序表采用折半查找技术，在等概率情况下，查找成功的平均查找长度是(　　)，查找失败的平均查找长度是(　　)。

A. 37/12　　B. 62/13　　C. 39/12　　D. 49/13

【解答】　A,D

【分析】　画出长度为 12 的折半查找判定树，第 1 层有 1 个结点，第 2 层有 2 个结点，第 3 层有 4 个结点，第 4 层有 5 个结点。判定树有 13 个外结点，第 4 层有 3 个外结点，第 5 层有 10 个外结点。

8. 在二叉查找树中，最小值结点的(　　)。

A. 左指针一定为空　　B. 右指针一定为空

C. 左、右指针均为空　　D. 左、右指针均不为空

【解答】　A

【分析】　在二叉查找树中，值最小的结点是中序遍历序列第一个被访问的结点，即二叉树的最左下结点。

9. 在二叉查找树上查找关键码为 28 的结点(假设存在)，依次比较的关键码可能是(　　)。

A. 30，36，28

B. 38，48，28

C. 48，18，38，28

D. 60，30，50，40，38，36

【解答】　C

【分析】　只有选项 C 的比较过程可能构成二叉查找树。以选项 A 为例，按照比较序列构成的二叉查找树如图 6-9 所示，显然，这违反二叉查找树的特性。

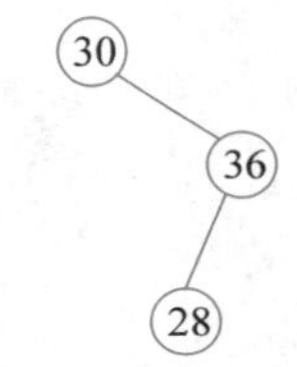

图 6-9　选项 A 的二叉查找树

10. 关于二叉查找树，下列说法中正确的是(　　)。

A. 二叉查找树是动态树表，插入新结点会引起树的重新分裂或组合

B. 对二叉查找树进行层序遍历可得到有序序列

C. 在构造二叉查找树时，若插入的关键码有序，则二叉查找树的深度最大

D. 在二叉查找树中进行查找，关键码的比较次数不超过结点数的一半

【解答】　C

【分析】　在二叉查找树中，新插入的结点一定是叶子结点，因此不会引起树的重新分裂或组合。对二叉查找树进行中序遍历得到一个有序序列。二叉查找树的平均比较次数是 $O(\log_2 n)$ 而不是 $n/2$。在构造二叉查找树时，若插入的关键码有序，则得到一棵斜树，深度达到最大值。

11. 在平衡二叉树中插入一个结点后造成了不平衡，设最低的不平衡结点为 A，并已知 A 的左孩子的平衡因子为 0，右孩子的平衡因子为 1，则应作(　　)型调整以使其平衡。

A. LL　　　　B. LR　　　　C. RL　　　　D. RR

【解答】 C

【分析】 由于结点 A 的左孩子的平衡因子为 0，右孩子的平衡因子为 1，则新插入的结点一定插在结点 A 的右孩子的左子树上，属于 RL 型调整，如图 6-10 所示。

12. 按{12，24，36，90，52，30}的顺序构建平衡二叉树，根结点是(　　)。

A. 24　　　　B. 36　　　　C. 52　　　　D. 30

【解答】 B

【分析】 根据元素序列构造平衡二叉树，在插入元素 36 时出现了不平衡，进行 RR 型调整；在插入元素 52 时出现了不平衡，进行 RL 型调整；在插入 30 时出现了不平衡，进行 RL 型调整。构造的平衡二叉树如图 6-11 所示。

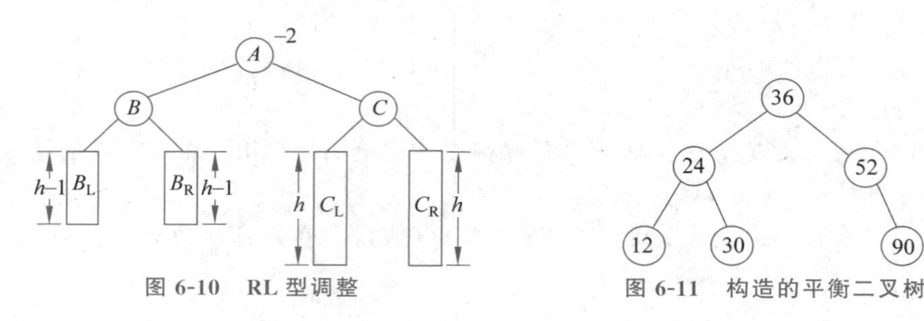

图 6-10　RL 型调整　　　　图 6-11　构造的平衡二叉树

13. 关于 m 阶 B 树，下列说法中正确的是(　　)。

① 每个结点至少有两棵非空子树。

② 每个结点至多有 $m-1$ 个关键码。

③ 所有叶子在同一层上。

④ 当插入一个关键码引起结点分裂后，B 树长高一层。

A. ①②③　　　　B. ②③　　　　C. ②③④　　　　D. ③

【解答】 B

【分析】 B 树的根结点至少有两棵子树，其他结点至少有$\lceil m/2 \rceil$棵子树。当插入一个关键码引起结点分裂并延续到根结点使之也分裂后，B 树才能长高一层。

14. 在含有 n 个结点的 m 阶 B 树中，至少包含(　　)个关键码。

A. $n(m+1)$　　　　B. n

C. $n(\lceil m/2 \rceil-1)$　　　　D. $(n-1)(\lceil m/2 \rceil-1)+1$

【解答】 D

【分析】 在 m 阶 B 树中，根结点至少有 1 个关键码，其他结点至少有$\lceil m/2 \rceil-1$ 个关键码。

15. 在含有 n 个关键码的 m 阶 B 树中，对应查找失败的外结点有(　　)个。

A. $n+1$　　　　B. $n-1$　　　　C. mn　　　　D. $nm/2$

【解答】 A

【分析】 B 树含有 n 个关键码，查找不成功的情况为 $n+1$，对应查找失败的外结点有 $n+1$ 个。

16. 已知一棵5阶B树有53个关键码，则该树的最大深度是(　　)。

A. 3　　B. 4　　C. 5　　D. 6

【解答】 B

【分析】 当每个结点的关键码都最少时B树的深度最大，根结点最少有1个关键码，除根结点外的其他结点至少有$\left\lceil \frac{5}{2} \right\rceil-1=2$个关键码，则第2层至少有2个结点，第3层至少有$2\times3$个结点，第4层至少有$6\times3$个结点，$1+2\times2+6\times2+18\times2=53$，因此B树的最大深度为4。

17. 在m阶B树中执行插入操作，若一个结点的关键码个数等于(　　)，则必须分裂为两个结点。

A. m　　B. $m-1$　　C. $m+1$　　D. $m/2$

【解答】 A

【分析】 在m阶B树中，每个结点至多有$m-1$个关键码。

18. 在m阶B树中删除一个关键码时引起结点合并，则该结点原有(　　)个关键码。

A. 1　　B. $\left\lceil \frac{m}{2} \right\rceil$　　C. $\left\lceil \frac{m}{2} \right\rceil-1$　　D. $\left\lceil \frac{m}{2} \right\rceil+1$

【解答】 C

【分析】 在m阶B树中，每个结点至少有$\left\lceil \frac{m}{2} \right\rceil$棵子树，因此，当结点有$\left\lceil \frac{m}{2} \right\rceil-1$个关键码时，再删除一个关键码将引起该结点下溢。

19. 关于散列查找，下列说法中正确的是(　　)。

A. 再散列法处理冲突不会产生聚集

B. 散列表的装填因子越大，说明空间利用率越高，因此应使装填因子尽可能大

C. 散列函数选择得好，可以减少冲突现象

D. 对任何关键码集合都无法找到不产生冲突的散列函数

【解答】 C

【分析】 再散列法可以减少聚集，但通常不能完全避免。散列查找是一个典型的以空间换取时间的例子，通常可以增大散列表的空间，以提高查找效率。对于事先知道的关键码集合，可以精心设计一个不产生冲突的散列函数，没有冲突的散列称为完美散列。

20. 为一组关键码{87，73，25，55，90，28，17，22，3，62}构造散列表，设散列函数为$H(\text{key})=\text{key mod } 11$，用拉链法处理冲突，位于同一链表中的是(　　)。

A. 87，90　　B. 22，62　　C. 73，17　　D. 73，62

【解答】 D

【分析】 将各关键码代入散列函数，散列地址相同的关键码存储在同一链表中。

21. 在散列技术中，冲突指的是(　　)。

A. 两个元素具有相同的序号

B. 两个元素的键值不同，其他属性相同

C. 数据元素过多

D. 不同键值的元素对应相同的存储地址

【解答】 D

【分析】 对于两个不同的键值 $k_1 \neq k_2$，有 $H(k_1)=H(k_2)$，称 k_1 和 k_2 发生冲突。

22. 设散列表表长 $m=12$，散列函数 $H(k)=k \bmod 11$。表中已有 15、38、61、84 这 4 个元素，如果用线性探测法处理冲突，则元素 49 的存储地址是（　　）。

A. 8　　B. 3　　C. 5　　D. 9

【解答】 A

【分析】 元素 15、38、61、84 分别存储在 4、5、6、7 单元，元素 49 的散列地址为 5，发生冲突，向后探测 3 个单元，存储地址为 8。

23. 在采用线性探测法处理冲突构成的闭散列表上进行查找，可能要探测多个位置，在查找成功的情况下，这些位置的键值（　　）。

A. 一定都是同义词　　B. 一定都不是同义词

C. 不一定都是同义词　　D. 都相同

【解答】 C

【分析】 采用线性探测法处理冲突可能产生堆积，即非同义词争夺同一个后继地址，因此，发生冲突的关键码可能是同义词，也可能不是同义词。

24. 设模式 T = "abcabc"，该模式的 next 值为（　　）。

A. {−1, 0, 0, 1, 2, 3}　　B. {−1, 0, 0, 0, 1, 2}

C. {−1, 0, 0, 1, 1, 2}　　D. {−1, 0, 0, 0, 2, 3}

【解答】 B

【分析】 next 数组计算过程如下：

$j=0$ 时，next[0]=−1。

$j=1$ 时，next[1]=0。

$j=2$ 时，$t[0] \neq t[1]$，next[2]=0。

$j=3$ 时，$t[0] \neq t[2]$，$t[0]t[1] \neq t[1]t[2]$，next[3]=0。

$j=4$ 时，$t[0]=t[3]$，next[4]=1。

$j=5$ 时，$t[0]t[1]=t[3]t[4]$，next[5]=2。

25. 设主串 S="abccdcdccbaa"，模式串 T="cdcc"，采用 KMP 算法进行模式匹配，则在第（　　）趟匹配成功。

A. 3　　B. 4　　C. 5　　D. 6

【解答】 C

【分析】 模式串的 next 值为{−1, 0, 0, 1}，第 1 趟和第 2 趟第一对字符失配，第 3 趟"cc"与"cd"失配，第 4 趟"cdcd"与"cdcc"失配，第 5 趟匹配成功。

二、解答下列问题

1. 设有序序列(10,15,20,25,30)的查找概率为($p_1=0.2, p_2=0.15, p_3=0.1, p_4=0.03, p_5=0.02$)，查找元素之间匹配不成功的概率为($q_0=0.2, q_1=0.15, q_2=0.1, q_3=0.03, q_4=0.01, q_5=0.01$)。对有序序列从前向后进行顺序查找，对于待查值 x，当被比较元素大于 x 时即可判定查找失败，要求：

(1) 画出对有序序列进行顺序查找的判定树。

(2) 计算顺序查找在成功和不成功情况下的平均查找长度。

【解答】

(1) 顺序查找判定树是一棵斜树,如图6-12所示。

(2) 顺序查找在成功情况下的平均查找长度为

$$\sum_{i=1}^{n} c_i p_i = p_1 + 2p_2 + 3p_3 + 4p_4 + 5p_5 = 1.12$$

在不成功情况下的平均查找长度为

$$\sum_{i=0}^{n} c_i q_i = q_0 + 2q_1 + 3q_2 + 4q_3 + 5q_4 + 5q_5 = 1.12$$

2. 设有序序列(10,15,20,25,30)的查找概率为($p_1 = 0.2, p_2 = 0.15, p_3 = 0.1, p_4 = 0.03, p_5 = 0.02$),查找元素之间匹配不成功的概率为($q_0 = 0.2, q_1 = 0.15, q_2 = 0.1, q_3 = 0.03, q_4 = 0.01, q_5 = 0.01$)。对有序序列进行折半查找,要求:

(1) 画出有序序列对应的折半查找判定树。

(2) 计算折半查找在成功和不成功情况下的平均查找长度。

【解答】

(1) 折半查找判定树是一棵二叉查找树,如图6-13所示。

(2) 折半查找在成功情况下的平均查找长度为

$$\sum_{i=1}^{n} c_i p_i = 2p_1 + 3p_2 + p_3 + 2p_4 + 3p_5 = 1.07$$

在不成功情况下的平均查找长度为

$$\sum_{i=0}^{n} c_i q_i = 2q_0 + 3q_1 + 3q_2 + 2q_3 + 3q_4 + 3q_5 = 1.27$$

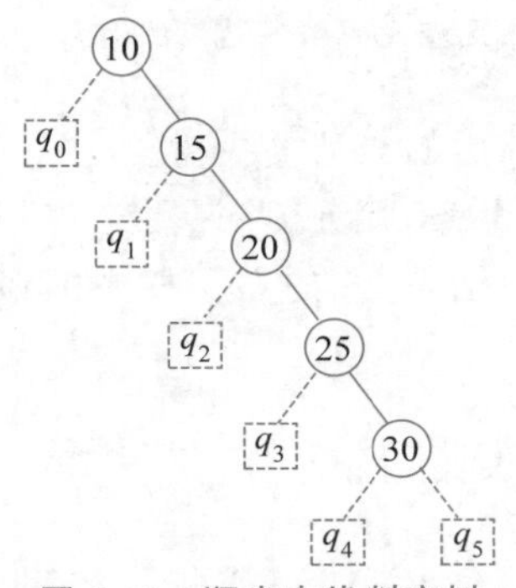

图6-12　顺序查找判定树

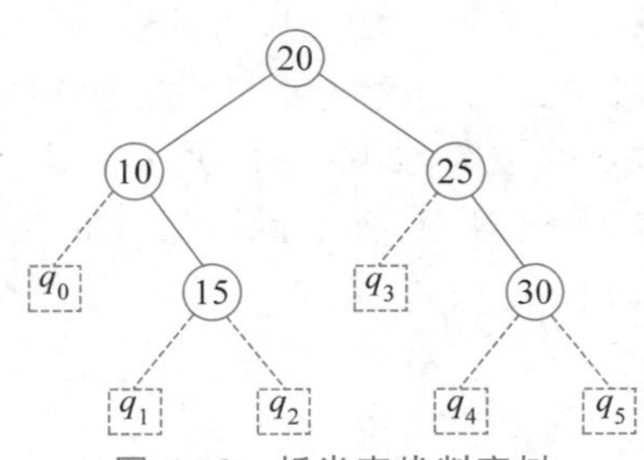

图6-13　折半查找判定树

3. 对长度为 $2^k - 1$ 的有序表进行折半查找,查找成功的情况下最多需要比较多少次?查找失败的情况下需要比较多少次?请给出分析过程。

【解答】　对于长度为 $2^k - 1$ 的有序表,对应的判定树是深度为 k 的满二叉树,在查找成功的情况下,最多需要比较 k 次。该有序表对应的判定树在 $k+1$ 层有 2^k 个外结点对应查找失败的情况,查找失败的比较次数是 k 次。

4. 对于查找集合{20,15,38,27,76,90,30,25}，请画出构建的二叉查找树，并求等概率情况下查找成功的平均查找长度。

【解答】 按照集合的元素顺序构造二叉查找树，如图 6-14 所示，查找成功的平均查找长度为 1×1+2×2+3×2+4×3=23/8。

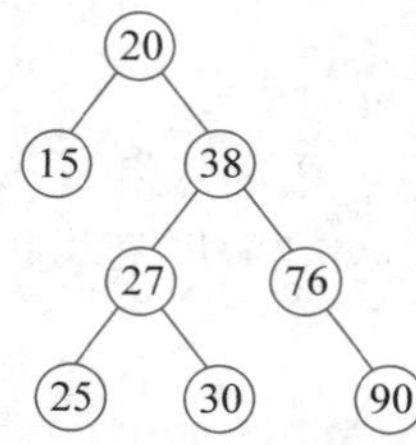

图 6-14 二叉查找树

5. 对于查找集合{10, 15, 20}，请画出所有可能的二叉查找树和平衡二叉树。

【解答】 图 6-15 所示的二叉树均满足二叉查找树的特性，其中只有图 6-15(e)所示的二叉查找树是平衡二叉树。

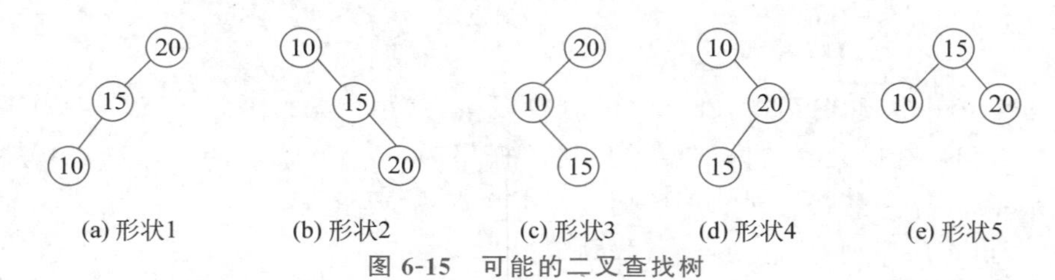

图 6-15 可能的二叉查找树

6. 一棵二叉查找树的形状如图 6-16 所示，结点的值为 1～8，请标出各结点的值。

【解答】 二叉查找树中各结点的值如图 6-17 所示。

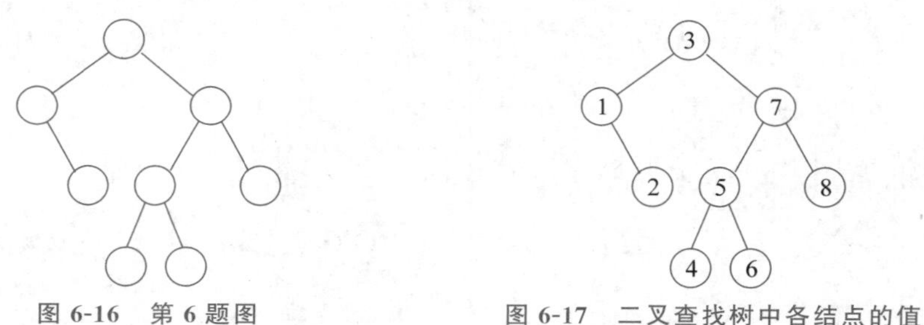

7. 对图 6-18 所示的二叉查找树，画出删除元素 25 后的二叉查找树。

【解答】 首先查找结点 25 的左子树中的最大值，为 18，用元素 18 覆盖 25，然后删除元素 18 原来的结点，如图 6-19 所示。本题也可以查找结点 25 的右子树中的最小值，为 30，用元素 30 覆盖 25，然后删除元素 30 原来的结点。

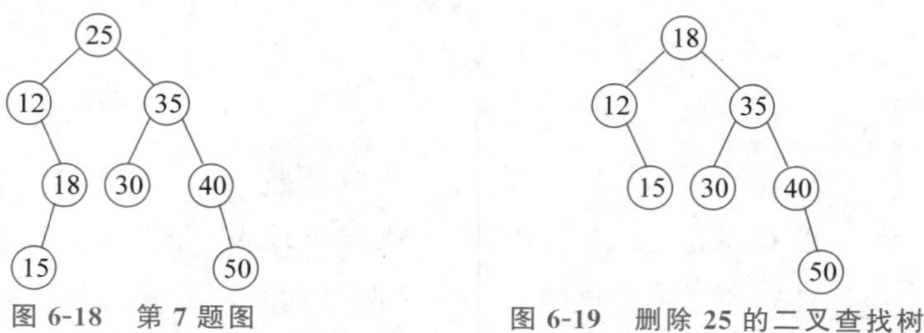

8. 在任意一棵非空平衡二叉树 T_1 中，删除某结点 v 之后形成平衡二叉树 T_2，再将 v 插入 T_2 形成平衡二叉树 T_3。下列关于 T_1 与 T_3 的叙述中哪一个是正确的？请给出分

析过程。

(1) 若 v 是 T_1 的叶子结点,则 T_1 与 T_3 可能不相同。

(2) 若 v 不是 T_1 的叶子结点,则 T_1 与 T_3 一定不相同。

(3) 若 v 不是 T_1 的叶子结点,则 T_1 与 T_3 一定相同。

【解答】 T_1 与 T_3 是否相同取决于在删除 v 后平衡二叉树是否失衡。在图 6-20(a)所示的平衡二叉树中删除叶子结点 4,再插入 4,得到图 6-20(b)所示的平衡二叉树,则 T_3 与 T_1 不相同;在图 6-20(a)所示的平衡二叉树中删除叶子结点 1 时无须调整,再次插入 1 后没有变化,因此(1)正确。

在图 6-20(a)所示的平衡二叉树中删除分枝结点 2,再插入 2,得到图 6-20(c)所示的平衡二叉树,则 T_3 与 T_1 不相同;在图 6-20(d)所示的平衡二叉树中删除分枝结点 2,再插入 2,则 T_3 与 T_1 相同,因此(2)和(3)错。

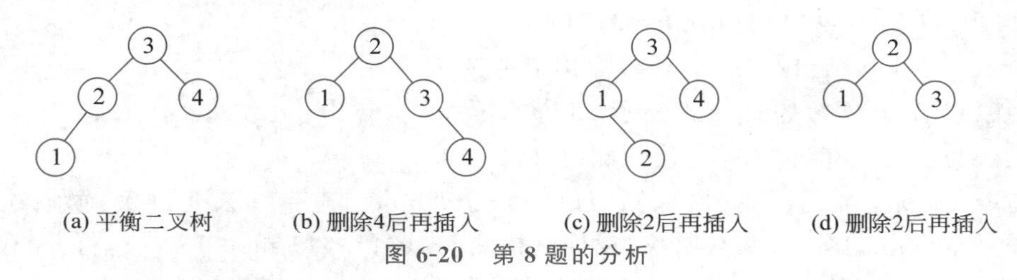

图 6-20 第 8 题的分析

9. 请推导含有 12 个结点的平衡二叉树的最大深度,并画出一棵这样的树。

【解答】 设含有 F_k 个结点的平衡二叉树的最大深度为 k,则 $F_k=F_{k-2}+F_{k-1}+1$。显然,$F_1=1$,$F_2=2$。含有 12 个结点的平衡二叉树的最大深度为 5,图 6-21 给出了一棵这样的平衡二叉树。

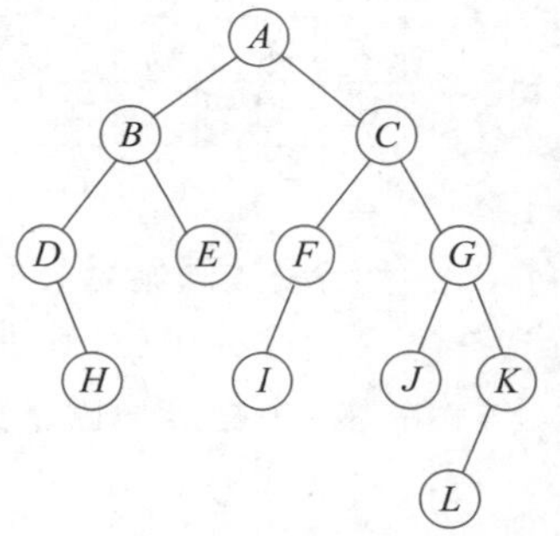

图 6-21 含有 12 个结点的平衡二叉树

10. 对具有 n 个关键码的散列表进行查找,请分析决定平均查找长度的因素。

【解答】 在散列技术中,产生冲突后的查找仍然是给定值与关键码进行比较的过程,关键码的比较次数取决于产生冲突的概率,主要有以下 3 个因素:

(1) 散列函数是否均匀。一般情况下,散列函数应该是尽量均匀的,因此,可以不考虑散列函数对平均查找长度的影响。

(2) 处理冲突的方法。由于线性探测法处理冲突可能会产生堆积,从而增加了平均查找长度;在拉链法中,由于不同散列地址的记录存储在不同的同义词子表中,因而不会产生堆积。

(3) 散列表的装填因子。散列表的平均查找长度是装填因子 α 的函数,不管 n 有多大,总可以选择一个合适的装填因子将平均查找长度限定在一个范围内,因此,散列查找的时间复杂度为 $O(1)$。

11. 已知散列函数 $H(k)=k \bmod 12$,关键码集合为{25,37,52,43,84,99,12,15,26,

11,70,82},采用拉链法处理冲突,请构造散列表,并计算查找成功的平均查找长度。

【解答】 $H(25)=1$,$H(37)=1$,$H(52)=4$,$H(43)=7$,$H(84)=0$,$H(99)=3$,$H(12)=0$,$H(15)=3$,$H(26)=2$,$H(11)=11$,$H(70)=10$,$H(82)=10$。构造的开散列表如图 6-22 所示,平均查找长度为 $ASL=(8\times1+4\times2)/12=16/12=4/3$。

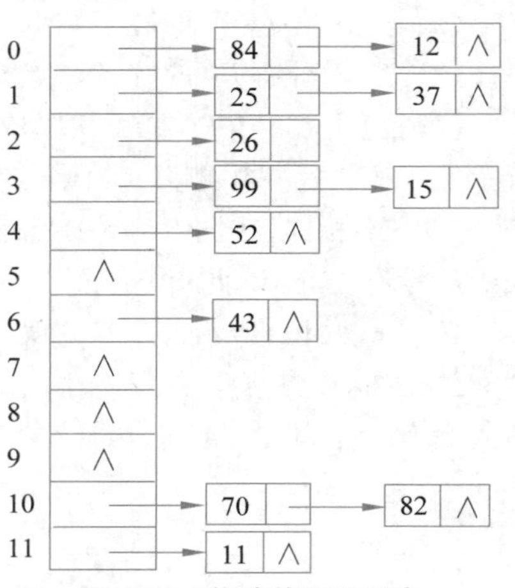

图 6-22 构造的开散列表

12. 对于查找集合{53,17,12,61,89,70,87,25,64,46},设散列表长为 15,散列函数 $H(key)=key \bmod 13$,采用二次探测法处理冲突,画出构造的闭散列表,求查找成功的平均查找长度。

【解答】 $H(53)=1$,$H(17)=4$,$H(12)=12$,$H(61)=9$,$H(89)=11$,$H(70)=5$,$H(87)=9$,$H(25)=12$,$H(64)=12$,$H(46)=7$。构造的闭散列表和关键码比较次数如图 6-23 所示。以关键码 64 为例,$H(64)=12$ 发生冲突,第一次探测 $(H(64)+1) \bmod 15=13$ 发生冲突,第二次探测 $(H(64)-1) \bmod 15=11$ 发生冲突,第三次探测 $(H(64)+4) \bmod 15=1$ 发生冲突,第四次探测 $(H(64)-4) \bmod 15=8$,将 64 存入散列表下标为 8 的位置。查找成功的平均比较次数为 $(1\times7+2\times2+5\times1)/10=1.6$。

散列地址	0	1	2	3	4	5	6	7	8	9	10	11	12	13	14
关键码		53			17	70		46	64	61	87	89	12	25	
比较次数		1			1	1		1	5	1	2	1	1	2	

图 6-23 构造的闭散列表和关键码比较次数

13. 给定关键码集合{26,25,20,34,28,24,45,64,42},设定装填因子为 0.6,请给出除留余数法的散列函数,画出采用线性探测法处理冲突构造的散列表。

【解答】 根据装填因子的定义,可求出表长为 $9/0.6=15$。

设散列函数为 $H(key)=key \bmod 13$,构造的散列表如图 6-24 所示。

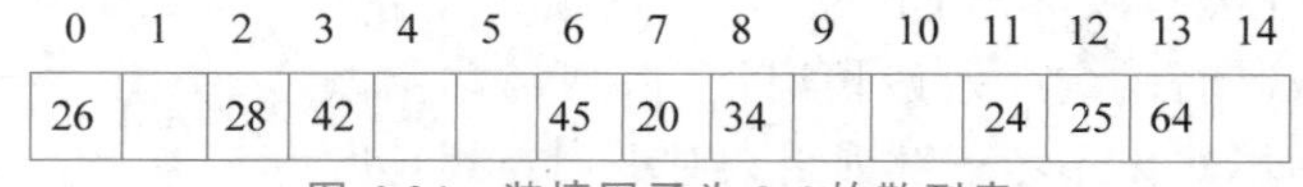

0	1	2	3	4	5	6	7	8	9	10	11	12	13	14
26		28	42			45	20	34			24	25	64	

图 6-24 装填因子为 0.6 的散列表

14. 对于图 6-25 所示的 3 阶 B 树,分别给出依次插入关键码 12、16、17 和 18 之后的 B 树。

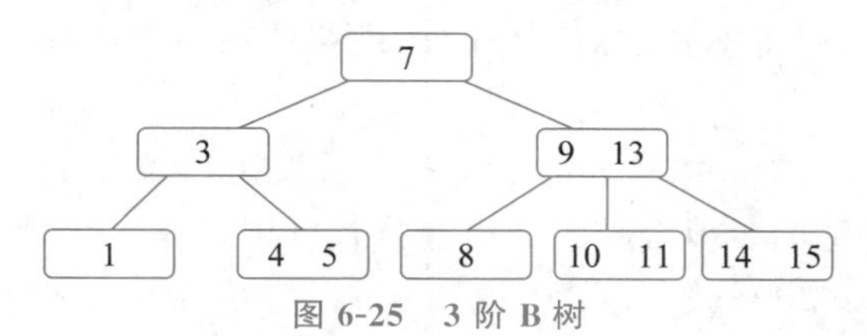

图 6-25 3 阶 B 树

【解答】　插入关键码12，结点(10，11，12)发生上溢，分裂为结点(10)和(12)，将关键码11提升至结点(9，13)，结点(9，11，13)再次发生上溢，分裂为结点(9)和(13)，将关键码11提升至结点(7)，结果如图6-26(a)所示。

插入关键码16，结点(14，15，16)发生上溢，分裂为结点(14)和(16)，将关键码15提升至结点(13)，结果如图6-26(b)所示。

将关键码17插入结点(16)，结果如图6-26(c)所示。

插入关键码18，结点(16，17，18)发生上溢，分裂为结点(16)和(18)，将关键码17提升至结点(13，15)，结点(13，15，17)再次发生上溢，分裂为结点(13)和(17)，将关键码15提升至结点(7，11)，(7，11，15)再次发生上溢，分裂为结点(7)和(15)，将关键码11提升作为根结点，结果如图6-26(d)所示。

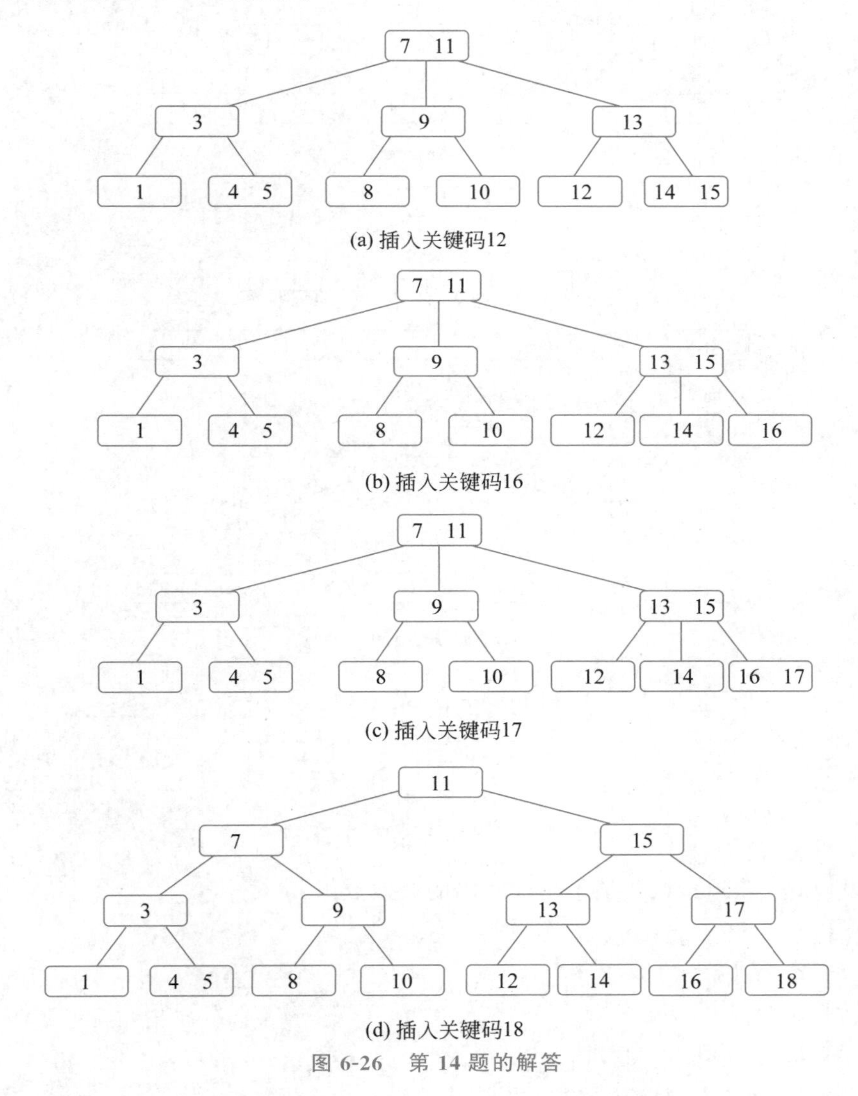

图6-26　第14题的解答

15. 对于图6-25所示3阶B树，分别给出依次删除关键码4、8、9和5之后的B树。

【解答】 在结点(4,5)中删除关键码4,如图6-27(a)所示。在结点(8)中删除关键码8发生下溢,向兄弟结点(10,11)借关键码,将双亲结点(9,13)的关键码9下移,将关键码10提升到双亲结点,如图6-27(b)所示。

在结点(9)中删除关键码9发生下溢,与兄弟结点(11)合并,将双亲结点(10,13)的关键码10下移,如图6-27(c)所示。

在结点(5)中删除关键码5发生下溢,与兄弟结点(1)合并,将双亲结点(3)的关键码3下移再次发生下溢,与兄弟结点(13)合并,将双亲结点(7)的关键码7下移,B树的深度减少1层,如图6-27(d)所示。

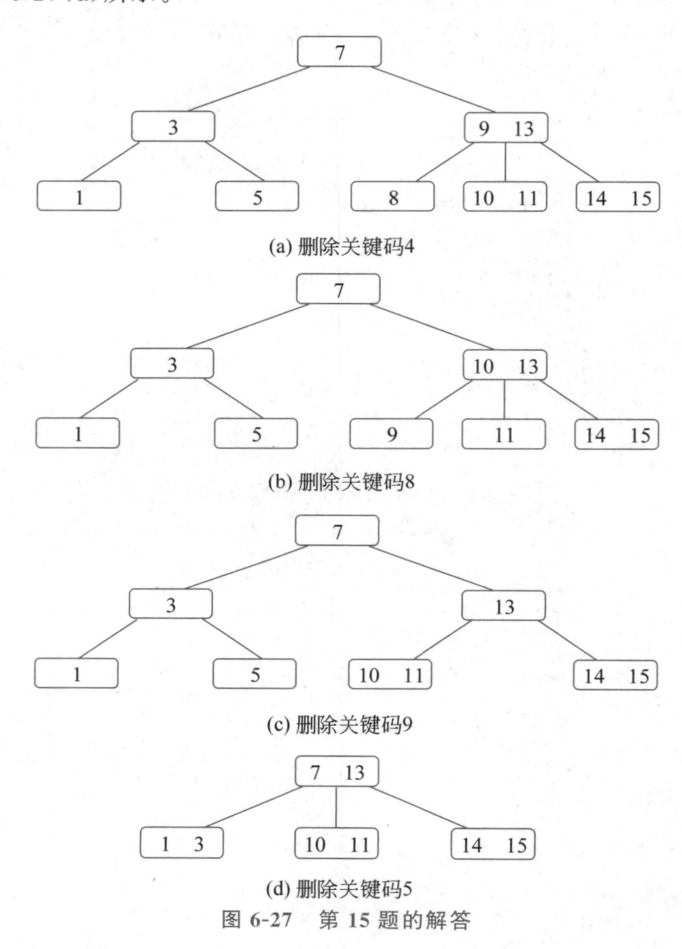

图 6-27 第15题的解答

16. 设模式为"aabaabc",请给出模式串的失效数组next。

【解答】

$j=0$ 时,next[0]=−1。

$j=1$ 时,next[1]=0。

$j=2$ 时,$t_0=t_1$,next[2]=1。

$j=3$ 时,$t_0t_1 \neq t_1t_2$,$t_0 \neq t_2$,next[3]=0。

$j=4$ 时，$t_0=t_3$，next[4]=1。

$j=5$ 时，$t_0t_1=t_3t_4$，next[5]=2。

$j=6$ 时，$t_0t_1t_2=t_3t_4t_5$，next[6]=3。

17. 设主串为"aababaabaabccbc"，模式为"aabaabc"，模式的 next 值为{−1,0,1,0,1,2,3}，请给出 KMP 算法的匹配过程。

【解答】 KMP 算法的匹配过程如图 6-28 所示。

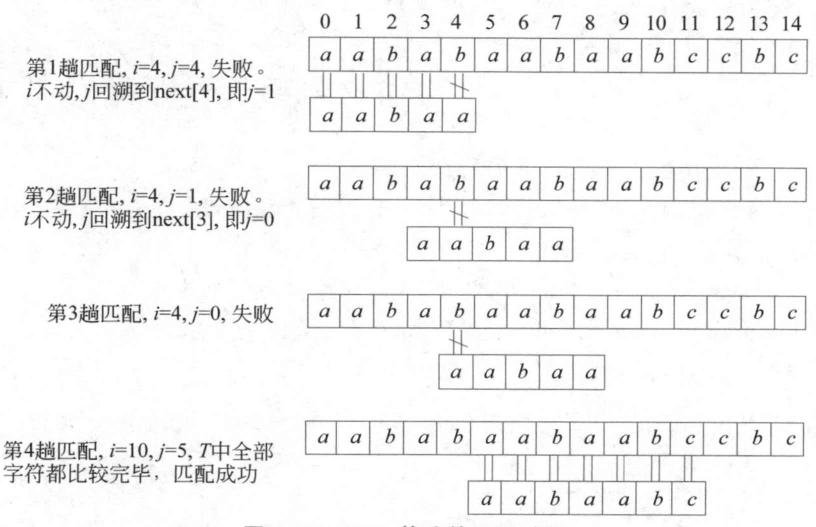

图 6-28 KMP 算法的匹配过程

18. 散列冲突的常用处理方法有开放定址法和拉链法。与开放定址法相比，拉链法有哪些优点？

【解答】 用拉链法构造的开散列表不会产生堆积，因而平均查找长度较短；拉链法属于动态存储分配，更适合处理无法确定表长的情况；在拉链法构造的开散列表上执行删除操作不用考虑截断查找路径问题，因而更加易于实现；拉链法构造的开散列表可以存储的记录个数不受散列表长度的限制。

三、算法设计题

1. 设计顺序查找算法，将哨兵设在数组下标的高端。

【解答】 将哨兵设置在数组下标的高端，表示从数组下标的低端开始查找，在查找不成功的情况下，查找在哨兵处终止。算法如下：

```
int Search(int r[ ], int n, int k)
{
  int i = 0;
  r[n] = k;
  while (r[i] != k)
    i++;
  if (i == n) return 0;
  else return i+1;                                    //返回序号
}
```

2. 设整型数组 $r[n]$ 升序排列，请查找值在 x 和 y 之间的所有元素(假设 $x<y$)。

【解答】 采用折半查找技术分别查找元素 x 和 y，然后顺序输出 x 和 y 之间的所有元素。函数 BinSearch 请参见主教材。算法如下：

```
void Search(int r[ ], int n, int x, int y)
{
  int i = BinSearch(r, n, x);
  int j = BinSearch(r, n, y);
  while (i <= j)
    printf("%2d", r[i++]);
}
```

3. 求给定结点 p 在二叉查找树中所在的层数。

【解答】 从根结点 root 开始查找结点 p，有以下 3 种情况：

(1) 结点 p 是根结点：深度为 1。

(2) p－＞data ＜ root－＞data：深度加 1，然后到左子树上查找。

(3) p－＞data ＞ root－＞data：深度加 1，然后到右子树上查找。

显然，这是一个递归查找的过程，算法如下：

```
int Level(BiNode * root, BiNode * p)
{
  if (root == NULL) return 0;
  if (p == root) return 1;
  if (p->data < root->data) return Level(root->lchild, p) + 1;
  else return Level(root->rchild, p) + 1;
}
```

4. 在二叉查找树中，找出任意两个不同结点 p 和 q 的最近公共祖先。

【解答】 由二叉查找树的特性，比较结点 p、结点 q 和根结点 root 的值，有如下 5 种情况：

(1) 结点 p 为根结点：结点 p(即 root)为公共祖先。

(2) 结点 q 为根结点：结点 q(即 root)为公共祖先。

(3) p－＞data ＜ root－＞data 且 root－＞data ＜ q－＞data：结点 root 为公共祖先。

(4) p－＞data ＜ root－＞data 且 q－＞data ＜ root－＞data：到左子树查找。

(5) p－＞data ＞ root－＞data 且 q－＞data ＞ root－＞data：到右子树查找。

显然，这是一个递归查找的过程，算法如下：

```
BiNode *Ancestor(BiNode * root , BiNode *p, BiNode *q,)
{
  if (root == NULL) return NULL;
  if (root == p || root == q) return root;
  if ((p->data < root->data) && (root->data < q->data)) return root;
```

```
    if ((p->data < root->data) && (q->data < root->data))
      return Ancestor(root->lchild, p, q);
    else
      return Ancestor(root->rchild, p, q);
  }
```

5. 判断一棵二叉树是否为二叉查找树。

【解答】　二叉查找树的中序遍历序列是一个递增序列，因此，可以对给定二叉树进行中序遍历，如果前一个值始终比后一个值小，则说明该二叉树是二叉查找树。设全局变量 predata 保存当前结点的前驱结点元素值。算法如下：

```
int SortBiTree(BiNode * root)
{
  int b1, b2;
  if (root == NULL) return 1;
  else
  {
    b1 = SortBiTree(root->lchild);
    if (0 == b1 || predata > root->data) return 0;
    predata = root->data;
    b2 = SortBiTree(root->rchild);
    return b2;
  }
}
```

6. 设二叉树的结点结构为(lchild, data, rchild, bf)，其中 bf 是该结点的平衡因子，设计算法确定二叉树中各结点的平衡因子。

【解答】　根据结点平衡因子的定义，对二叉树进行后序遍历，在遍历过程中求各结点的平衡因子。算法如下：

```
int BancFactor(BiNode * root)
{
  int hl, hr;
  if (root == NULL) return 0;
  else
  {
    hl = BancFactor(root->left);
    hr = BancFactor(root->right);
    root->bf = hl - hr;
    if (hl > hr) return hl +1;
    else return hr + 1;
  }
}
```

7. 在用线性探测法解决冲突构造的闭散列表中，实现懒惰删除操作。

【解答】　在闭散列表中，删除某个关键码要保证探测序列不断开，使得后序查找能够进行。为此，在删除值为 x 的关键码时，用一个特殊符号(或特殊值)代替，在查找时遇到这个特殊符号(或特殊值)要继续执行探测操作，然后再统一将所有特殊符号删除。设散列表为 ht[m]，删除值为 x 的记录，查找集合为整数，特殊值为 SpecVal，算法如下：

```
#define Empty 0
#define SpecVal 11111111
int HashDelete (int ht[ ], int m, int x)
{
  int i, j = H(x);
  i = j;
  while (ht[i] != Empty)
  {
    if (ht[i] == x) { ht[i] = SpecVal; return 1; }    //查找成功
    else i = (i + 1) % m;                             //向后探测一个位置
    if (i == j) break;
  }
  return 0;                                           //查找失败
}
```

8. 在用拉链法解决冲突构造的开散列表中，删除值为 x 的记录。

【解答】 首先需要查找该记录，如果查找成功，则执行删除操作。设散列表为 ht[m]，散列函数是 H，算法如下：

```
Node * HashDelete (Node * ht[ ], int m, int x)
{
  int j = H(x);
  Node * p = ht[j], * q = NULL;
  if (p->data == x)                          //不带头结点，处理表头的特殊情况
  {
    ht[j] = p->next; return p;
  }
  while (p->next != NULL)                    //为便于删除操作，比较 p 的后继
  {
    if (p->next->data == x)                  //查找成功
    {
      q = p->next; p->next = q->next;
      return q;
    }
    elsep = p->next;
  }
  return NULL;                               //查找失败
}
```

9. 对于 KMP 算法，设计算法求模式 $T=$"$t_0t_1\cdots t_{m-1}$"的匹配失效位置 next[m]。

【解答】 将模式扫描一遍的算法请参见 6.2.4 节。这里采用蛮力匹配的方法，对于 next[j]，从长度为 $j-1$ 的子串开始进行比较，直至找到相等的真前缀和真后缀，如果查找失败，则 next[j]=0。算法如下：

```
void Next (char T[ ], int next[ ], int m)
{
  int i, j, k;
  next[0] = -1; next[1] = 0;
  for (j = 2; j < m; j++)
  {
    k = j - 1;
    while (k > 0)
    {
      for (i = 0; i < k; i++)
        if (T[i] != T[j-k+i]) break;
      if (i == k) { next[j] = k; break; }
      else k--;
    }
    if (0 == k) next[j] = 0;
  }
}
```

第 7 章 排序技术

7.1 本章导学

7.1.1 知识结构图

本章包括 4 类基于比较的内排序方法和一类外排序方法，均按照“提出问题→运行实例→分析问题→解决问题→算法设计→算法分析”的模式介绍每种排序算法，通过分析简单排序方法（直接插入排序、起泡排序、简单选择排序等）的缺点以及产生缺点的原因，引入改进的排序方法（希尔排序、快速排序、堆排序等）。标☆的知识点为扩展与提高内容。本章的知识结构如图 7-1 所示。

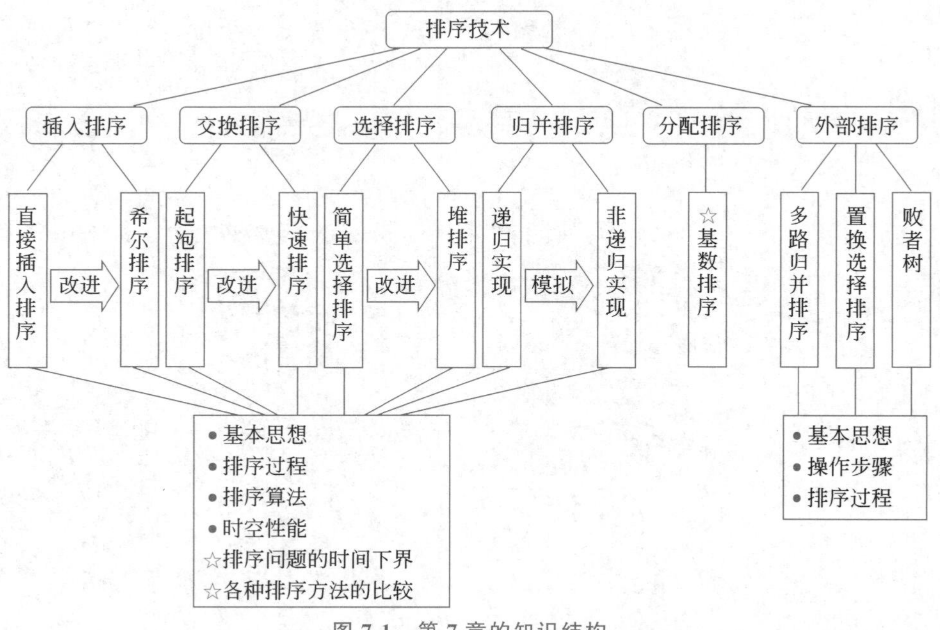

图 7-1 第 7 章的知识结构

7.1.2 重点整理

1. 排序是将记录的任意序列重新排列成一个按键值有序的序列。从操作角度看，排序是线性结构的一种操作，待排序记录可以采用顺序存储或链接存储。

2. 假定在待排序的记录序列中存在多个具有相同键值的记录。若经过排序，这些记录的相对次序保持不变，即在原序列中，如果 $k_i=k_j$ 且 r_i 在 r_j 之前，在排序后的序列中，

r_i 仍在 r_j 之前，则称这种排序算法是稳定的；否则称为不稳定的。

3. 基于比较的内排序，在排序过程中通常进行两种基本操作：①比较，在关键码之间进行比较；②移动，将记录从一个位置移动到另一个位置。

4. 直接插入排序的基本思想是：依次将待排序序列中的每一个记录插入到一个已排好序的序列中，直到全部记录都排好序。最好情况下，待排序序列为正序，时间复杂度为 $O(n)$；最坏情况下，待排序序列为逆序，时间复杂度为 $O(n^2)$；平均情况下，时间复杂度为 $O(n^2)$。

5. 希尔排序是对直接插入排序的改进。其基本思想是：先将整个待排序记录序列分割成若干个子序列，在子序列内分别进行直接插入排序，待整个序列的记录基本有序时，再对全体记录进行一次直接插入排序。时间复杂度是 $O(n\log_2 n)$～$O(n^2)$。

6. 起泡排序的基本思想是：两两比较相邻记录的关键码，如果反序则交换，直到没有反序的记录。最好情况下，待排序序列为正序，时间复杂度为 $O(n)$；最坏情况下，待排序序列为逆序，时间复杂度为 $O(n^2)$；平均情况下，时间复杂度为 $O(n^2)$。

7. 快速排序是对起泡排序的改进。其基本思想是：首先选定一个轴值，将待排序记录分割成两部分，左侧记录的关键码均小于或等于轴值，右侧记录的关键码均大于或等于轴值，然后分别对这两部分重复上述过程，直到整个序列有序。最好情况下，每次划分轴值的左侧子序列与右侧子序列的长度相同，时间复杂度为 $O(n\log_2 n)$；最坏情况下，待排序序列为正序或逆序，时间复杂度为 $O(n^2)$；平均情况下，时间复杂度为 $O(n\log_2 n)$。

8. 简单选择排序的基本思想是：第 i 趟在 $n-i+1(1\leqslant i\leqslant n-1)$ 个记录中选取关键码最小的记录，并和第 i 个记录交换，作为有序序列的第 i 个记录。最好、最坏、平均情况下的时间复杂度都是 $O(n^2)$。

9. 堆排序是对简单选择排序的改进。其基本思想是：首先将待排序的记录序列构造成一个堆（以大根堆为例），堆顶是堆中所有记录的最大者，然后将最大记录从堆中移走，并将剩余的记录再调整成堆，这样又找出了次大记录，以此类推，直到堆中只有一个记录。最好、最坏、平均情况下的时间复杂度都是 $O(n\log_2 n)$。

10. 二路归并排序的基本思想是：首先计算待排序序列的中间位置，然后对前半部分的子序列和后半部分的子序列分别进行排序，最后合并两个有序子序列。最好、最坏、平均情况下的时间复杂度都是 $O(n\log_2 n)$。

11. 直接插入排序、起泡排序和归并排序是稳定的排序方法，希尔排序、简单选择排序、快速排序和堆排序是不稳定的排序方法。

12. 外部排序通常采用多路归并排序，分为预处理和归并排序两个阶段。在预处理阶段，通常采用置换-选择排序生成长度不等的初始归并段，在置换-选择排序和多路归并排序中，通常采用败者树减少对外存的访问次数。

7.2　重点难点释疑

7.2.1　排序算法的稳定性

假定在待排序的记录序列中存在多个具有相同键值的记录，若经过排序，这些记录的相对次序保持不变，即在原序列中，如果 $k_i=k_j$ 且 r_i 在 r_j 之前，在排序后的序列中，r_i 仍在 r_j 之前，则称这种排序算法是稳定的，否则称为不稳定的。

对于不稳定的排序算法，只要举出一个实例，即可说明其不稳定性；对于稳定的排序算法，必须对算法进行分析，从而得到稳定的特性。需要注意的是，排序算法是否为稳定的是由具体算法决定的，不稳定的排序算法在某种条件下可以变为稳定的，稳定的排序算法在某种条件下也可以变为不稳定的。

例 7-1　如下起泡排序算法是稳定的排序算法，如何修改算法使其变成不稳定的？

```
void BubbleSort(int r[ ], int n)
{
  int exchange, bound, j, temp;
  exchange = n - 1;
  while (exchange != 0)
  {
    bound = exchange; exchange = 0;
    for (j = 1; j < bound; j++)
      if (r[j] > r[j+1])
      {
        temp = r[j]; r[j] = r[j+1]; r[j+1] = temp;
        exchange = j;
      }
  }
}
```

【解答】 将记录交换的条件“r[j] > r[j+1]”修改为“r[j] >= r[j+1]”，则两个相等的记录就会交换位置，从而变成不稳定的排序算法。

7.2.2　将排序算法移植到单链表

从操作角度看，排序是线性结构的一种操作，待排序记录可以采用顺序存储结构或链接存储结构存储。主教材中所有的排序算法都是基于数组实现的。可以将某些排序算法基于链表实现，例如直接插入排序、起泡排序、简单选择排序都可以在单链表上实现。那么在单链表上如何实现这些排序算法呢？

例 7-2　设待排序的记录序列用单链表作为存储结构，请写出直接插入排序算法。

【解答】 假设采用带头结点的单链表，根据直接插入排序算法的基本思想和执行过程，对第 i 趟直接插入排序，首先找到第 i 个元素的插入位置，然后把第 i 个元素结点从链表中删除，再插入相应的位置，如图 7-2 所示。设单链表至少有一个结点，单链表的存储结构定义请参见主教材。算法如下：

```
Node * StraightSort(Node * first)
{
  Node * q = NULL, * pre = NULL, * p = NULL, * u = NULL;
  q =first->next->next;                          //从第二个元素结点开始插入
  first->next->next = NULL;                      //初始时有序区只有一个结点
```

```
  while (q != NULL)                          //控制直接插入排序的结束
  {
    pre = first; p = first->next;            //设置顺序查找的起始位置
    while (p != NULL && p->data < q->data)   //寻找插入位置
    {
      pre = p; p = p->next;
    }
    u = q->next;                             //暂存结点q的后继结点,准备摘链
    pre->next = q; q->next = p;              //将结点q插在结点pre和p之间
    q = u;                                   //准备插入下一个结点
  }
  return first;
}
```

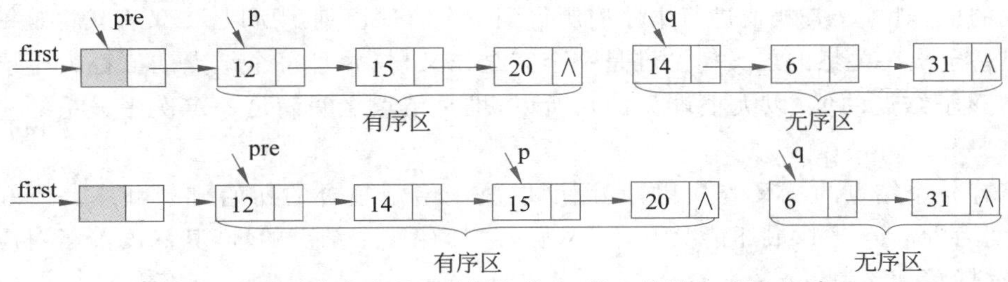

图 7-2 在单链表中实现直接插入排序(第3趟排序,插入元素14)

例 7-3 设待排序的记录序列用单链表作为存储结构,请写出简单选择排序算法。

【解答】 假设采用带头结点的单链表,根据简单选择排序算法的基本思想和执行过程,首先在无序区查找最小元素结点,然后将最小元素与无序序列的第一个元素进行交换,注意不是交换结点,这样可以避免修改指针,如图 7-3 所示。设指针 p 指向无序区的第一个结点,指针 s 指向无序区的最小元素结点。算法如下:

```
Node * SelectSort (Node * first)
{
  Node * p = first->next, * q = NULL, * s = NULL;
  int temp;
  while (p != NULL)
  {
    s = p; q = p->next;
    while (q != NULL)
    {
      if (q->data < s->data) s = q;
      q = q->next;
    }
    temp = p->data; p->data = s->data; s->data = temp;
    p = p->next;
  }
  return first;
}
```

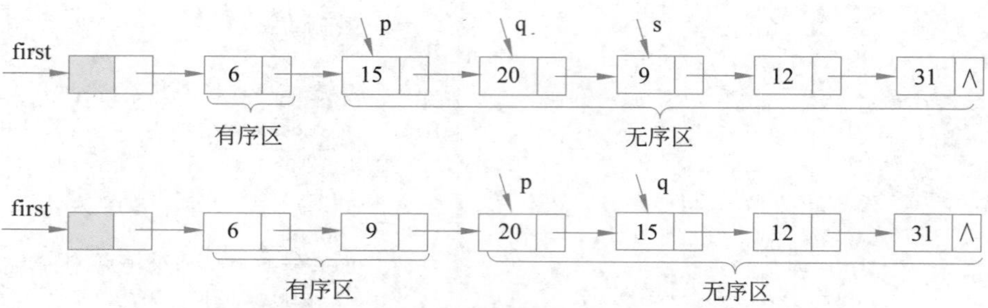

图 7-3　在单链表中实现简单选择排序(第 2 趟排序,最小元素是 9)

7.2.3　辨析二叉查找树和堆

在二叉查找树中,每个结点的值均大于其左子树上所有结点的值,小于其右子树上所有结点的值,对二叉查找树进行中序遍历得到一个有序序列。所以,二叉查找树是结点之间满足一定次序关系的二叉树。堆是一个完全二叉树,并且每个结点的值都大于或等于其左右孩子结点的值(以大根堆为例),所以,堆是结点之间满足一定次序关系的完全二叉树。

具有 n 个结点的二叉查找树,其深度取决于给定集合的初始排列顺序。最好情况下,深度为$\lfloor \log_2 n \rfloor+1$;最坏情况下,深度为 n。具有 n 个结点的堆,其深度等于对应的完全二叉树的深度,为$\lfloor \log_2 n \rfloor+1$。

在二叉查找树中,某结点的右孩子结点的值一定大于该结点的左孩子结点的值,如图 7-4(a)所示。在堆中却不一定,堆只是限定了某结点的值大于(或小于)其左右孩子结点的值,但没有限定左右孩子结点之间的大小关系,如图 7-4(b)所示(以大根堆为例)。

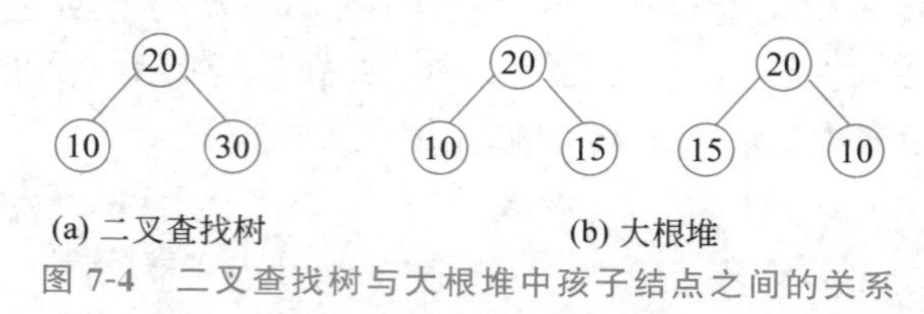

图 7-4　二叉查找树与大根堆中孩子结点之间的关系

在二叉查找树中,最小值结点是最左下结点(其左指针为空),最大值结点是最右下结点(其右指针为空),如图 7-5(a)所示。在大根堆中,最小值结点位于某个叶子结点,最大值结点是大根堆的堆顶(即根结点),如图 7-5(b)所示。

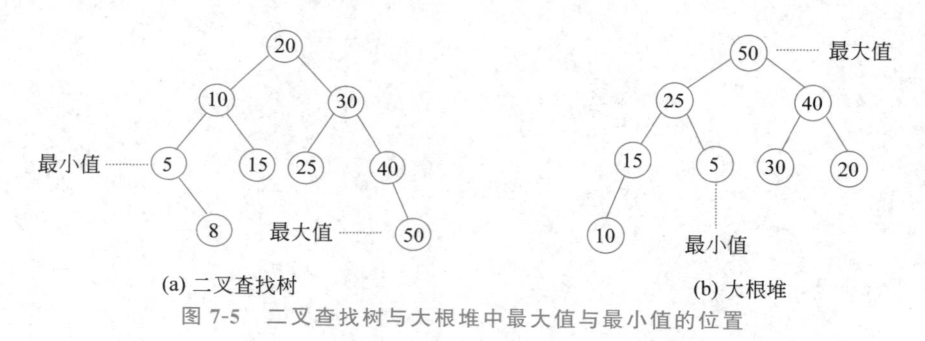

图 7-5　二叉查找树与大根堆中最大值与最小值的位置

二叉查找树是为了实现动态查找而设计的数据结构，在二叉查找树中查找一个结点的平均时间复杂度是 $O(\log_2 n)$。堆是为了查找极值而设计的一种数据结构，不是面向查找操作的，在堆中查找一个结点需要进行遍历，时间复杂度是 $O(n)$。

7.3　习题解析

一、单项选择题

1. 将待排序的 n 个记录分为 n/k 组，每组包含 k 个记录，任一组内的所有记录分别大于前一组(如果有)内的所有记录且小于后一组(如果有)内的所有记录，若采用基于比较的排序方法，其时间下界为(　　)。

A. $O(k\log_2 k)$　　B. $O(k\log_2 n)$　　C. $O(n\log_2 k)$　　D. $O(n\log_2 n)$

【解答】 C

【分析】 由于 n 个记录在组间是有序的，因此只需对每一组记录序列单独排序。具有 k 个记录的序列进行基于比较的排序，其时间下界为 $O(k\log_2 k)$，共 n/k 组，因此，总的时间下界为 $O(n/k \times k\log_2 k) = O(n\log_2 k)$。

2. 数据序列{8,9,10,4,5,6,20,1,2}只能是(　　)的两趟排序后的结果。

A. 选择排序　　B. 起泡排序　　C. 插入排序　　D. 堆排序

【解答】 C

【分析】 执行两趟选择排序后，结果应该是{1,2,…}。执行两趟起泡排序后(假设扫描是从前向后进行的)，结果应该是{…,10,20}。执行两趟堆排序后，若采用大根堆，则结果应该是{…,10,20}；若采用小根堆，则结果应该是{…,2,1}。执行两趟插入排序后，待排序序列中的前3个关键码有序。

3. 下列排序方法中，时间性能与待排序记录的初始状态无关的是(　　)。

A. 插入排序和快速排序　　B. 归并排序和快速排序

C. 选择排序和归并排序　　D. 插入排序和归并排序

【解答】 C

【分析】 选择排序在最好、最坏、平均情况下的时间性能均为 $O(n^2)$，归并排序在最好、最坏、平均情况下的时间性能均为 $O(n\log_2 n)$。

4. 下列排序算法中，(　　)可能会出现这样的情况：在最后一趟排序开始之前，所有记录都不在最终位置。

A. 起泡排序　　B. 直接插入排序　　C. 快速排序　　D. 堆排序

【解答】 B

【分析】 对于直接插入排序，若最后插入的记录是序列的最小值，则在最后一趟排序后，所有记录均后移了一个位置。

5. 下列排序算法中，(　　)不能保证每趟至少将一个记录放到最终位置。

A. 快速排序　　B. 希尔排序　　C. 起泡排序　　D. 堆排序

【解答】 B

【分析】 快速排序每次划分能够确定轴值的位置。一趟起泡排序至少有一个记录被交换到最终位置。第 i 趟堆排序选出第 i 小(或第 i 大)的记录并放到最终位置。希尔排序属于插入排序,每趟排序后记录的位置取决于插入记录的键值。

6. 下列序列中,(　　)是执行第一趟快速排序的结果。

A. [da,ax,eb,de,bb] ff [ha,gc]　　　　B. [cd,eb,ax,da] ff [ha,gc,bb]

C. [gc,ax,eb,cd,bb] ff [da,ha]　　　　D. [ax,bb,cd,da] ff [eb,gc,ha]

【解答】 A

【分析】 此题需要按字典序进行比较,前半区间中的所有元素都应小于 ff,后半区间中的所有元素都应大于 ff。

7. 采用快速排序对下面的数据序列进行排序,速度最快的是(　　)。

A. {21, 25, 5, 17, 9, 23, 30}　　　　B. {25, 23, 30, 17, 21, 5, 9}

C. {21, 9, 17, 30, 25, 23, 5}　　　　D. {5, 9, 17, 21, 23, 25, 30}

【解答】 A

【分析】 这 7 个数据的中值是 21,因此第一趟划分以 21 为轴值,考虑选项 A 和 C。对于选项 A,第一趟划分的结果是{9, 17, 5, 21, 25, 23, 30},第二趟分别以 9 和 25 进行划分,9 是 21 前面 3 个数据的中值,25 是 21 后面 3 个数据的中值;对于选项 C,第一趟划分的结果是{5, 9, 17, 21, 25, 23, 30},第二趟分别以 5 和 25 为轴值进行划分,但 5 不是 21 前面 3 个数据的中值。

8. 快速排序在(　　)的情况下最不利于发挥其长处。

A. 待排序的数据量太大　　　　B. 待排序的数据含有多个相同值

C. 待排序的数据基本有序　　　　D. 待排序的数据数量为奇数

【解答】 C

【分析】 快速排序等改进的排序方法均适用于待排序数据量较大的情况,各种排序方法在待排序的数据是否含有多个相同值、待排序的数据数量为奇数或偶数的情况下都不受影响。

9. 堆的形状是一棵(　　)。

A. 二叉查找树　　B. 满二叉树　　C. 完全二叉树　　D. 判定树

【解答】 C

【分析】 从逻辑结构的角度看,堆实际上是一棵完全二叉树。

10. 下面的记录序列中,(　　)是堆。

A. {1,2,8,4,3,9,10,5}　　　　B. {1,5,10,6,7,8,9,2}

C. {9,8,7,6,4,8,2,1}　　　　D. {9,8,7,6,5,4,3,7}

【解答】 A

【分析】 将序列按照层序建立对应的完全二叉树,选项 A 是一个小根堆。

11. 对于序列{35,25,55,15,30,20,10,40},采用筛选法初始构建小根堆,元素之间的比较次数是(　　)。

A. 7　　B. 8　　C. 9　　D. 10

【解答】 D

【分析】 建堆的结果是{10,15,20,25,30,35,55,40},筛结点 15 比较 1 次,筛结点

55 比较 2 次，筛结点 25 比较 3 次，筛结点 35 比较 4 次，共比较 10 次。

12. 对于小根堆{8,17,23,52,25,72,68,71,60}，输出两个最小关键码后的剩余堆是(　　)。

A. {23,72,60,25,68,71,52}　　B. {23,25,52,60,71,72,68}

C. {71,25,23,52,60,72,68}　　D. {23,25,68,52,60,72,71}

【解答】 D

【分析】 输出 8 重建堆为{17,25,23,52,60,72,68,71}，输出 17 重建堆为{23,25,68,52,60,72,71}。

13. 设有 5000 个元素，希望用最快的速度找出前 10 个最大的元素，采用(　　)方法最好。

A. 快速排序　　B. 堆排序　　C. 希尔排序　　D. 归并排序

【解答】 B

【分析】 堆排序不必将整个序列排序即可确定前若干个最大(或最小)元素。

14. 若需在 $O(n\ \log_2 n)$的时间内完成对数组的排序，且要求排序是稳定的，则可选择的排序方法是(　　)。

A. 快速排序　　B. 堆排序　　C. 归并排序　　D. 希尔排序

【解答】 C

【分析】 堆排序能够在 $O(n\ \log_2 n)$的时间内完成对数组的排序，但堆排序是不稳定的。

15. 下列排序方法中，若将顺序存储更换为链接存储，算法的时间效率会降低的是(　　)。

Ⅰ. 插入排序　Ⅱ. 选择排序　Ⅲ. 起泡排序　Ⅳ. 希尔排序　Ⅴ. 堆排序

A. 仅Ⅰ、Ⅱ　　B. 仅Ⅱ、Ⅲ　　C. 仅Ⅲ、Ⅳ　　D. 仅Ⅳ、Ⅴ

【解答】 D

【分析】 顺序存储的主要优势在于按位查找(即随机存取特性)，希尔排序和堆排序都要利用随机存取特性，改为链接存储会降低时间效率。

16. 已知关键码序列{78,19,63,30,89,84,55,69,28,83}采用基数排序，第一趟排序后的关键码序列为(　　)。

A. {19,28,30,55,63,69,78,83,84,89}

B. {28,78,19,69,89,63,83,30,84,55}

C. {30,63,83,84,55,78,28,19,89,69}

D. {30,63,83,84,55,28,78,19,69,89}

【解答】 C

【分析】 基数排序将某位相同的记录分配到一个队列中，因此，先扫描的记录先入队，在收集时，是按该位的取值范围从小到大依次进行的。第一趟基数排序按个位进行分配和收集。

17. 某文件经过内排序后得到 100 个初始归并段，若使用多路归并排序算法，并要求三趟归并完成排序，则归并路数最少是(　　)。

A. 3　　B. 4　　C. 5　　D. 6

【解答】 C

【分析】 设归并路数为 k，则$\lfloor \log_k 100 \rfloor=3$，注意到 k 为整数，解得 $k=5$。

18. 设内存工作区可容纳的记录个数 $w=2$，记录序列为{5,4,3,2,1}，要求段内递增有序，采用置换-选择排序将产生(　　)个初始归并段。

A. 2　　B. 3　　C. 4　　D. 5

【解答】 B

【分析】 将 5 和 4 读入内存工作区；将 4 输出到第一个归并段再读入 3，将 5 输出到第一个归并段再读入 2，得到第一个归并段(4, 5)；将 2 输出到第二个归并段再读入 1，将 3 输出到第二个归并段，得到第二个归并段(2,3)；将 1 输出到第三个归并段，得到第三个归并段(1)。

19. 外部归并排序是把外存文件调入内存，再利用内部排序的方法进行排序，因此外部归并排序所花费时间取决于(　　)。

A. 内部排序　　B. 归并的趟数　　C. 初始序列　　D. 无法确定

【解答】 B

【分析】 外部归并排序分为生成初始归并段和归并两个阶段，排序效率主要取决于读写外存的次数，即归并的趟数。

20. 假设 k 路归并排序采用败者树，则败者树的结点个数是(　　)。

A. k　　B. $2k$　　C. $2k+1$　　D. $2k-1$

【解答】 D

【分析】 败者树的主要作用是选取最小值记录。对于 k 路归并，败者树是具有 k 个叶子结点的完全二叉树，且没有度为 1 的结点，因此，败者树的结点个数是 $2k-1$。

二、解答下列问题

1. 对数据序列(4,1,3,5,2,7,6)进行递增排序，请写出直接插入排序、简单选择排序、起泡排序、快速排序、堆排序以及二路归并排序每趟的结果。

【解答】 用上述排序方法的每趟结果如下：

(1) 直接插入排序。

初始键值序列：	[4]	1	3	5	2	7	6
第一趟结果：	[1	4]	3	5	2	7	6
第二趟结果：	[1	3	4]	5	2	7	6
第三趟结果：	[1	3	4	5]	2	7	6
第四趟结果：	[1	2	3	4	5]	7	6
第五趟结果：	[1	2	3	4	5	7]	6
第六趟结果：	[1	2	3	4	5	6	7]

(2) 简单选择排序。

初始键值序列：	[4	1	3	5	2	7	6]
第一趟结果：	1	[4	3	5	2	7	6]
第二趟结果：	1	2	[3	5	4	7	6]

第三趟结果：　1　2　3　[5　4　7　6]
第四趟结果：　1　2　3　4　[5　7　6]
第五趟结果：　1　2　3　4　5　[7　6]
第六趟结果：　1　2　3　4　5　6　[7]

(3) 起泡排序。

初始键值序列：[4　1　3　5　2　7　6]
第一趟结果：[1　3　4　2　5　6]　7
第二趟结果：[1　3　2]　4　5　6　7
第三趟结果：[1　2]　3　4　5　6　7
第四趟结果：[1]　2　3　4　5　6　7

(4) 快速排序。

初始键值序列：[4　1　3　5　2　7　6]
第一趟结果：[2　1　3]　4　[5　7　6]
第二趟结果：[1]　2　[3]　4　5　[7　6]
第三趟结果：1　2　3　4　5　[6]　7
第四趟结果：1　2　3　4　5　6　7

(5) 堆排序。

初始键值序列：[4　1　3　5　2　7　6]
初始建堆结果：[7　5　6　1　2　3　4]
第一趟结果：[6　5　4　1　2　3]　7
第二趟结果：[5　3　4　1　2]　6　7
第三趟结果：[4　3　2　1]　5　6　7
第四趟结果：[3　1　2]　4　5　6　7
第五趟结果：[2　1]　3　4　5　6　7
第六趟结果：[1]　2　3　4　5　6　7

(6) 二路归并排序。

初始键值序列：4　1　3　5　2　7　6
第一趟结果：[1　4]　[3　5]　[2　7]　[6]
第二趟结果：[1　3　4　5]　[2　6　7]
第三趟结果：[1　2　3　4　5　6　7]

2. 假设对待排序序列按关键码 k_1 和 k_2 进行排序，要求按 k_1 的值升序排列，在 k_1 值相同的情况下，再按 k_2 的值升序排列。可以采用的排序方法是直接插入排序和堆排序，请给出排序方案。

【解答】 由于是按两个关键码进行排序，越重要的关键码（这里是 k_1）越在后面进行排序。由于堆排序是不稳定的，先采用堆排序按关键码 k_2 进行升序排列，再采用直接插入排序按关键码 k_1 进行升序排列。

3. 假设待排序序列有8个记录，请分别给出快速排序一个最好情况和一个最坏情况的初始排列实例，并说明比较次数可能达到的最大值和最小值分别是多少。

【解答】 最好情况：4 1 3 2 6 5 7 8，当每次划分得到的两个子序列的长度相等时，关键码的比较次数达到最少。由于每次划分进行的关键码比较次数为序列长度减 1，因此可通过判定树计算比较次数。如图 7-6 所示，结点的值表示子序列中所含记录个数，比较次数为 7＋2＋3＋1＝13。

最坏情况：1 2 3 4 5 6 7 8，比较次数为 7＋…＋2＋1＝28。

4. 对记录序列{54，38，96，23，15，72，60，45，83}进行快速排序，请根据快速排序的递归执行过程给出递归调用树。

【解答】 对记录序列进行一次划分，将轴值作为根结点，轴值左侧子序列作为根结点的左子树，轴值右侧子序列作为根结点的右子树，递归确定左右子树，递归调用树如图 7-7 所示。

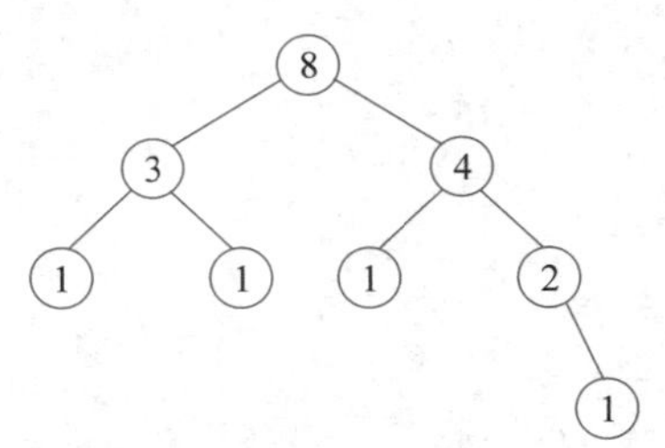

图 7-6 最好情况的判定树

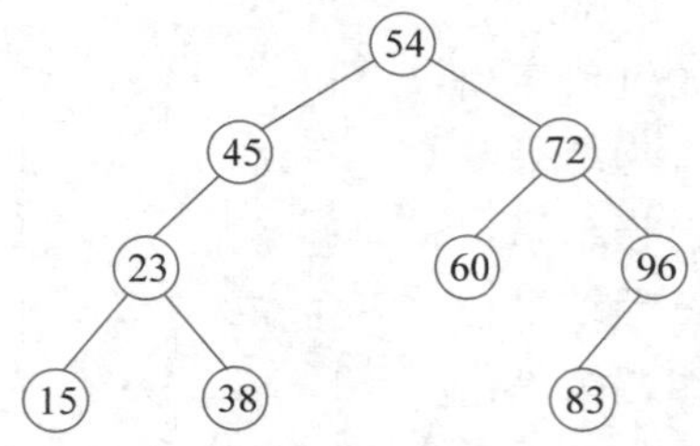

图 7-7 递归调用树

5. 请说明堆和二叉查找树有什么区别。

【解答】 请参见 7.2.3 节。

6. 将 1000 个英文单词进行排序，采用哪种排序方法时间性能最好？请说明原因。

【解答】 采用基数排序。因为英文单词都很短，可以将每个位置的字母看作一个关键码(不足时可以在前面补空格)。设 n 个英文单词中最长的单词有 m 个字母，采用基数排序的时间复杂度为 $O(m(n+26m))$，由于 $m \ll n$，则 $O(m(n+26m))=O(n)$。基于比较的排序方法，平均时间复杂度最少为 $O(n\log_2 n)$。

7. 在含有 $n(n \geqslant 10\,000)$ 个记录的无序序列中，希望快速得到前 k 个最小元素，请给出求解方案，并分析时间复杂度。

【解答】 可以采用堆排序，初始建堆后进行 k 趟堆排序，每一趟排序得到当前无序序列的最小元素。初始建堆的时间性能是 $O(n)$，k 趟堆排序的时间性能是 $O(k\log_2 n)$，因此该方案的时间复杂度是 $O(n+k\log_2 n)$，若 $k \ll n$，时间复杂度是 $O(n)$。

8. 将待排序记录序列{Q，H，C，Y，P，A，M，S，R，D，F，X}进行升序排列，请写出：①起泡排序第一趟扫描的结果；②增量为 4 的希尔排序一趟扫描的结果；③二路归并排序第一趟扫描的结果；④以第一个元素为轴值的快速排序一次划分的结果；⑤堆排序初始建堆的结果。

【解答】 起泡排序第一趟扫描的结果是{H，C，Q，P，A，M，S，R，D，F，X，Y}，增量为 4 的希尔排序一趟扫描的结果是{P，A，C，S，Q，D，F，X，R，H，M，Y}，二路归并排序第一趟扫描的结果是{H，Q，C，Y，A，P，M，S，D，R，F，X}，以第一个元素为轴值的快速排序一次划分的结果是{F，H，C，D，P，A，M，Q，R，S，Y，X}，堆排序初始建堆的结果是{A，D，C，

R,F,Q,M,S,Y,P,H,X}。

9. 假设内存缓冲区可容纳4个记录,记录序列为{10,20,15,25,12,13,21,30,8,16,10},要求段内递增有序,请建立初始归并段,并给出求解过程。

【解答】 建立两个初始归并段,分别是{10,12,13,15,20,21,25,30}和{8,10,16},初始归并段的建立过程如表7-1所示。

表7-1 初始归并段的建立过程

缓冲区	步数										
	1	2	3	4	5	6	7	8	9	10	11
1	10	12	13	21	21	21	16	16	16	16	16
2	20	20	20	20	20	8	8	8	8		
3	15	15	15	15	30	30	30	30			
4	25	25	25	25	25	25	25	10	10	10	
输出结果	10	12	13	15	20	21	25	30	8	10	16
	第一初始归并段								第二初始归并段		

10. 若采用置换-选择排序得到8个初始归并段,记录个数分别是40、90、32、28、6、10、55和9,请给出4路最佳归并树,并计算总的读记录次数。

【解答】 设两个虚段,4路最佳归并树如图7-8所示。

第1趟归并读记录次数:6+9=15。

第2趟归并读记录次数:10+15+28+32=85。

第3趟归并读记录次数:40+55+85+90=270。

总的读记录次数:15+85+270=370。

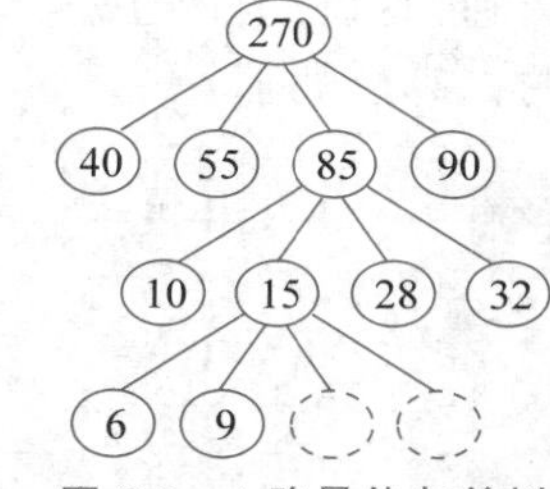

图7-8 4路最佳归并树

三、算法设计题

1. 设待排序的记录序列以单链表作为存储结构,请写出直接插入排序算法。

【解答】 请参见7.2.2节。

2. 在直接插入排序算法中,由于寻找插入位置的操作是在有序区进行的,因此可以通过折半查找实现,称为折半插入排序。请设计算法完成折半插入排序。

【解答】 对于有序区,采用折半查找确定插入位置,注意比较语句,待插入记录的位置是high+1。算法如下:

```
void StraightSort(int r[ ], int n)
{
  int i, j, low, high, mid, temp;
  for (i = 1; i < n; i++)
  {
    low = 0; high = i - 1;
    while (low <= high)
```

```
    {
      mid = (low + high) / 2;
      if (temp < r[mid]) high = mid - 1;
      else low = mid + 1;
    }
    temp = r[i];
    for (j = i - 1; j >= high+1; j--)
      r[j + 1] = r[j];
    r[high+1] = temp;
  }
}
```

3. 在无序数组 $A[n]$ 中查找从小到大排在第 $k(1<k<n)$ 个位置上的元素，请应用快速排序的划分思想实现上述查找。

【解答】 以序列的第一个元素作为轴值，对数组 $A[n]$ 进行一次划分，使得比轴值小的元素都位于轴值的左侧，比轴值大的元素都位于轴值的右侧。假定轴值的最终位置是 s，有以下 3 种情况：

(1) $k=s$：第 k 小元素是 $A[s]$。

(2) $k<s$：第 k 小元素一定在序列 $A[0]\sim A[s-1]$ 中。

(3) $k>s$：第 k 小元素一定在序列 $A[s+1]\sim A[n-1]$ 中。

递归执行上述过程，算法的时间复杂度是 $O(n)$。一次划分算法 Partition 请参见主教材。算法如下：

```
int SelectMinK(int r[ ], int low, int high, int k)
{
  int s;                                        //s 为轴值位置
  s = Partition(r, low, high);
  if (s == k) return r[s];
  if (s > k)
    returnSelectMinK(r, low, s-1, k);           //在 r[low]~r[s-1]查找
  else
    returnSelectMinK(r, s+1, high, k);          //在 r[s+1]~r[high]查找
}
```

4. 请写出快速排序的非递归算法。

【解答】 用工作栈 S 模拟快速排序递归执行过程中的系统栈，首先调用一次划分函数 Partition(参见主教材)确定轴值位置，然后将轴值入栈，再借助栈分别对轴值元素的左右子序列进行快速排序。设待划分区间为[low, high]，在确定轴值位置后，将轴值和 high 压栈，然后再对左侧子序列进行一次划分；当左侧子序列排好序后，再将栈顶元素出栈，对右侧子序列进行划分。算法如下：

```
typedef struct
{
  int pivot, high;
```

```
}ElemType;
void Quicksort(int r[ ], int n)
{
  ElemType S[n];                                  //采用顺序栈
  int top = -1, low = 0, high = n-1, i;
  while (low < high || top != -1)
  {
    while (low < high)
    {
      i = Partition(r, low, high);
      S[++top].pivot = i; S[top].high = high;
      high = i - 1;
    }
    if (top != -1)
    {
      i = S[top].pivot; low = i + 1; high = S[top--].high;
    }
  }
}
```

5. 判断序列 $r[1]\sim r[n]$是否构成一个大根堆。

【解答】 对每一个分支结点，依次判断其值是否大于左右孩子。注意，当 n 为偶数时，最后一个分支结点只有左孩子。算法如下：

```
int IsHeap(int r[ ], int n)
{
  if (n % 2 == 0)                                 //判断最后一个分支结点
    if (r[n/2] < r[n]) return 0;
  else
    if (r[n/2] < r[n-1] || r[n/2] < r[n]) return 0;
  for (int i = n/2-1; i > 0; i--)
    if (r[i] < r[2 * i] || r[i] < r[2 * i+1]) return 0;
  return 1;
}
```

6. 在大根堆$(k_1,k_2,\cdots,k_n)$中插入一个元素 x，并保证插入后仍然是大根堆。

【解答】 将元素 x 作为堆的最后一个结点，显然该结点是叶子结点，然后从叶子结点向根结点方向进行比较调整。假设数组下标从 1 开始，算法如下：

```
void InsertHeap(int r[ ],int n, int x)
{
  int i = n+1;                                    //最后一个结点的下标是 n+1
  while (i/2 > 0 && r[i/2] < x)
  {
    r[i] = r[i/2];
    i = i/2;
  }
```

```
    r[i] = x;
  }
```

7. 在大根堆中删除最大值结点,要求算法的时间复杂度为 $O(\log_2 n)$。

【解答】 用堆中最后一个结点的值替换堆顶元素,然后调整根结点。假设数组下标从1开始,算法如下:

```
int DeleteHeap(int r[ ], int n)
{
  int x = r[1], r[1] = r[n];                          //暂存堆顶元素
  inttemp, i = 1, j = 2 * i;
  while (j < n)
  {
    if (j < n-1 && r[j+1] > r[j]) j++;
    if (r[i] > r[j]) break;
    temp = r[j]; r[j] = r[i]; r[i] = temp;
    i = j; j = 2 * i;
  }
  return x;
}
```

8. 将两个有序序列 $A[n]$和 $B[m]$归并为一个有序序列并存放在 $C[m+n]$中。

【解答】 采用一次归并的思想,设3个变量 i、j 和 k 分别指向两个待归并的有序序列和最终有序序列的当前元素,比较 $A[i]$和 $B[j]$,较小者作为归并结果存入 $C[k]$,直至两个有序序列之一的所有元素都取完,再将另一个有序序列的剩余元素按顺序送到归并后的有序序列中。算法如下:

```
void Union(int A[ ], int n, int B[ ], int m, int C[ ])
{
  int i = 0, j = 0, k = 0;
  while (i < n && j < m)
  {
    if (A[i] <= B[j]) C[k++] = A[i++];
    else C[k++] = B[j++];
  }
  while (i < n) C[k++] = A[i++];
  while (j < m) C[k++] = B[j++];
}
```

9. 假设待排序记录均为整数且取自区间$[0,k]$,计数排序的基本思想是:对每一个记录 x,确定小于 x 的记录个数,然后直接将 x 放在应该的位置。例如,小于 x 的记录个数是10,则 x 就位于第11个位置。请设计算法实现上述计数排序。

【解答】 设数组 num$[k+1]$,首先统计值为 $i(0\leqslant i\leqslant k)$的记录个数存储在 num$[i]$中,再统计小于或等于 $i(0\leqslant i\leqslant k)$的记录个数存储在 num$[i]$中,最后反向读取数组 $A[n]$填到数组 B 中。反向读取数组 $A[n]$是为了保证计数排序算法的稳定性。算法

如下：

```
void CountSort(int A[ ], int n, int k, int B[ ])
{
  int i, num[k+1] = {0};
  for(i = 0; i < n; i++)
    num[A[i]]++;
  for (i = 1; i <= k; i++)
    num[i] = num[i] + num[i-1];
  for (i = n-1; i >= 0; i--)
    B[--num[A[i]]] = A[i];
}
```

10. 最小最大堆是一种特殊的堆，满足堆的特性，同时最小层和最大层交替出现，并且根结点总是位于最小层。图 7-9 是一个最小最大堆的示例。请设计算法在最小最大堆中插入一个元素。

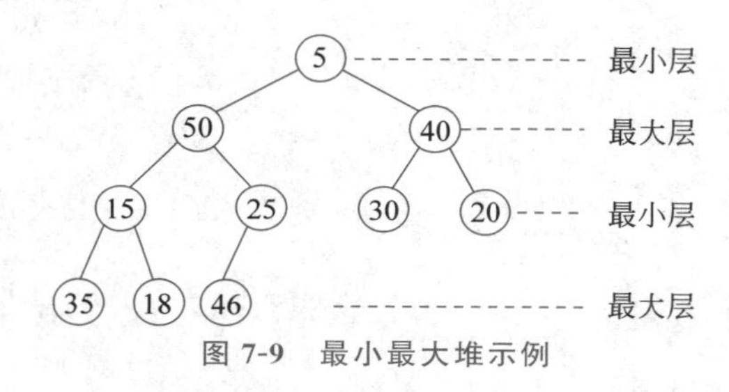

图 7-9　最小最大堆示例

【解答】　在最小最大堆中，子树根结点的值一定是该子树中所有结点的最小值或最大值。假设元素值为 x 的新结点作为堆中最后一个结点插在最大层，首先将 x 与上一层（即最小层）的双亲结点进行比较，如果 x 大于上一层的双亲结点，则将 x 与这个双亲的值进行交换，然后继续与上一层的双亲结点进行比较，直至 x 小于上一层的双亲结点，或者到达根结点。例如，在图 7-9 中，插入结点 60，将结点 60 与结点 50 进行比较，由于 60＞50，交换结点 60 与结点 50 的值，插入结点 60 后的最小最大堆如图 7-10 所示。新结点作为堆中最后一个结点插在最小层也进行类似的处理。假设用数组 $r[n]$ 存储最小最大堆，算法如下：

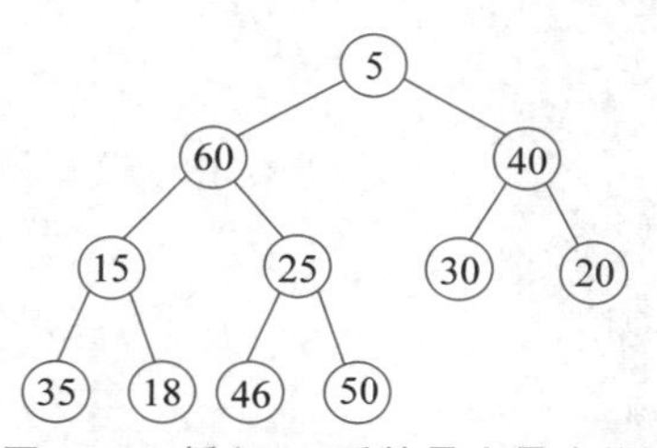

图 7-10　插入 60 后的最小最大堆

```
void InsertMinMaxHeap(int r[ ], int n, int x)  //元素 x 作为第 n 个元素插入
{
  int i = n, j = n/2;
  int level = log(n)+1;                        //计算插在最小层还是最大层
  if (level % 2 == 0) {                        //插在最大层
    while (j > 0 && r[j] >x)
    {
```

```
      r[i] = r[j]; i = j; j = i/4;                    //向上两层
    }
    r[j] = x;
  }
  else {                                              //插在最小层
    while (j > 0 && r[j] <x)
    {
      r[i] = r[j]; i = j; j = i/4;                    //向上两层
    }
    r[j] = x;
  }
}
```

第二部分

实 验 指 导

第8章 实验概述

数据结构是一门实践性很强的课程，能够求解的问题更接近实际，因此，只靠读教材和做习题不可能真正提高动手实践能力。本书实验按照验证实验→设计实验→综合实验层层递进，循序渐进地提高学生运用数据结构解决实际问题的能力。验证实验提供了详尽的范例程序，建议在学习相关知识的同时自行完成。数据结构课程通常包含实验环节，建议在实验课上完成设计实验。如果数据结构课程安排了课程设计，建议在课程设计环节完成综合实验；否则，建议以大作业的形式完成综合实验。

8.1 实验的一般过程

8.1.1 本书的实验安排

数据结构课程的实验是自主性很强的实践过程，不仅要求学生能够描述和复现基本数据结构以及经典算法的实现过程，而且能够针对实际工程问题抽象出数据模型，比较、选择或设计相应的存储结构，构建算法并加以实现，在解决问题的算法和程序设计训练过程中，提高计算思维能力、算法设计能力和程序设计语言的运用能力。为此，本书安排了如下3类实验。

(1) 验证实验。将教材中重要的数据结构和算法上机实现，设计测试数据，观察存储结构的变化过程，目的是使学生能够分析和阐述基本数据结构和算法的内在机理。

(2) 设计实验。针对实际问题，运用本章知识点设计相应的数据结构和算法，并上机实现，目的是培养学生对数据结构的基本应用能力。

(3) 综合实验。针对具有时空性能约束的实际问题，综合运用几个知识点设计相应的数据结构和算法，并上机实现，目的是培养学生对数据结构的综合应用能力以及解决复杂工程问题的能力。

验证实验由实验目的、实验内容、实验提示、实验程序4部分组成。其中，实验目的明确了该实验要运用哪些知识点，实验内容规定了实验的具体任务，实验提示给出了编程实现的关键点，实验程序给出了范例程序和部分测试数据。

设计实验和综合实验由问题描述、基本要求、测试样例、实验提示、扩展实验5部分组成。其中，问题描述是建立问题的背景环境，对待求解的问题进行描述和说明；基本要求是对求解方案进行约束规范，保证预定的实验意图，使某些难点和重点不会被绕过去，同时也便于教学检查；测试样例给出了几组测试数据，同时也有助于学生理解问题；实验提示给出了设计数据结构和算法的主要思路；扩展实验引导学生在完成实验任务后进行深入思考，探索其他实现方法。

虽然设计实验和综合实验都给出了实验提示，但是，学生不应拘泥于这些进行分析和设计，要尽量发挥想象力和创造力。对于一个实际问题，不同的人可能会有不同的解决方案，本书给出的设计方案只是为了把学生的思路引入正轨，并不希望限制学生的思维。应鼓励学生自己设计解决方案。

8.1.2 验证实验的一般过程

验证实验在主教材上都能找到具体的数据结构和算法实现，并且给出了相应的范例程序。验证实验要求学生在学习相关知识的同时自行完成，这对于深化理解和运用数据结构具有很重要的意义。验证实验的一般过程如下。

1. 学习预备知识

由于篇幅所限，本书没有整理验证实验用到的预备知识，但主教材中的相关内容已经叙述得很清楚了，这需要学生具有自主学习的意识和整理知识的能力。

2. 上机调试

在编程环境下录入范例程序并进行调试。调试程序是一个辛苦但充满乐趣的过程，也是培养程序员素质的一个重要环节。很多学生都有这样的经历：花费了好长时间调试程序，错误却越改越多。究其原因，一方面是对调试工具不熟悉，不明白错误提示；另一方面是没有认识到预先避免错误的重要性，没有对程序进行静态检查。

3. 测试程序

范例程序给出了部分测试数据，要求学生自行设计其他测试数据，修改范例程序并上机运行，同时记录实验结果。测试数据重点考虑两种情况：①一般情况，例如循环的中间数据、随机产生的数据等；②特殊情况，例如循环的边界条件、具有特定规律的数据（如升序序列）等。

4. 整理实验报告

在完成实验后要及时总结和整理实验报告，实验报告的一般格式请参见附录 A。

8.1.3 设计实验和综合实验的一般过程

设计实验和综合实验的自主性比较强，涉及的知识点也比较多，可以在实验环节或课程设计中完成。设计实验建议由单人完成；综合实验根据学生情况可以单人完成，也可以团队共同完成。教师应注意，不仅要考查程序的功能点，还要考查编程规范和程序风格等。设计实验和综合实验的一般过程如下。

1. 上机前的准备

学生在上机前要充分理解问题描述，明确实验的基本要求，用给定的测试样例手工推演实验提示中给出的存储结构和算法，这样才能高效利用机时，在实验课堂上圆满完成实验任务。实际教学中常常发现很多学生在上机时只带一本教材或实验指导书，没有进行上机前的准备就直接在键盘上录入程序，由于不理解设计方案，不仅程序的录入速度较慢，而且编译和调试程序时往往出现很多错误，无法正常完成实验内容。

2. 编码实现和静态检查

将实验提示的算法转换为程序，并做静态检查。很多初学者在编写程序后都有这样的心态：确信自己的程序是正确的，认为上机前的任务已经完成，检查错误是计算机的事。这种心态是极为有害的，这样的上机调试效率是极低的。事实上，即使有几十年经验的高级软件工程师，也经常利用静态检查查找程序中的错误。

3. 上机调试和测试程序

设计测试数据，上机调试和测试程序。在程序调试和测试通过后，认真整理源程序和注释，给出带有完整注释且格式良好的源程序清单和运行结果截图。

4. 扩展实验

对于一个实际问题，通常可以有多个解决方法，针对扩展实验给出的思路或方法提出设计方案，分析时空性能并上机实现。

5. 整理实验报告

在完成实验后要及时总结和整理实验报告，实验报告的一般格式请参见附录A。

8.2　Code::Blocks 编程工具

Code::Blocks 是一款开源的轻量级 C/C++ 集成开发环境，兼容 Windows、GNU/Linux、macOS 等多种操作系统，支持 GCC/G++、Borland C++、Visual C++、Intel C++ 等不同厂家或版本的编译器。Code::Blocks 支持插件，如调试等很多核心功能都是通过插件实现的，具有良好的可扩展性。Code::Blocks 提供了控制台应用程序等工程模板，还支持用户自定义工程模板，具有语法彩色显示、代码自动缩进和补全等功能。在官方网站 http://www.codeblocks.org/上可以免费下载 Code::Blocks，在 Windows 操作系统下 Code::Blocks 20.03 版本的集成开发环境如图 8-1 所示。

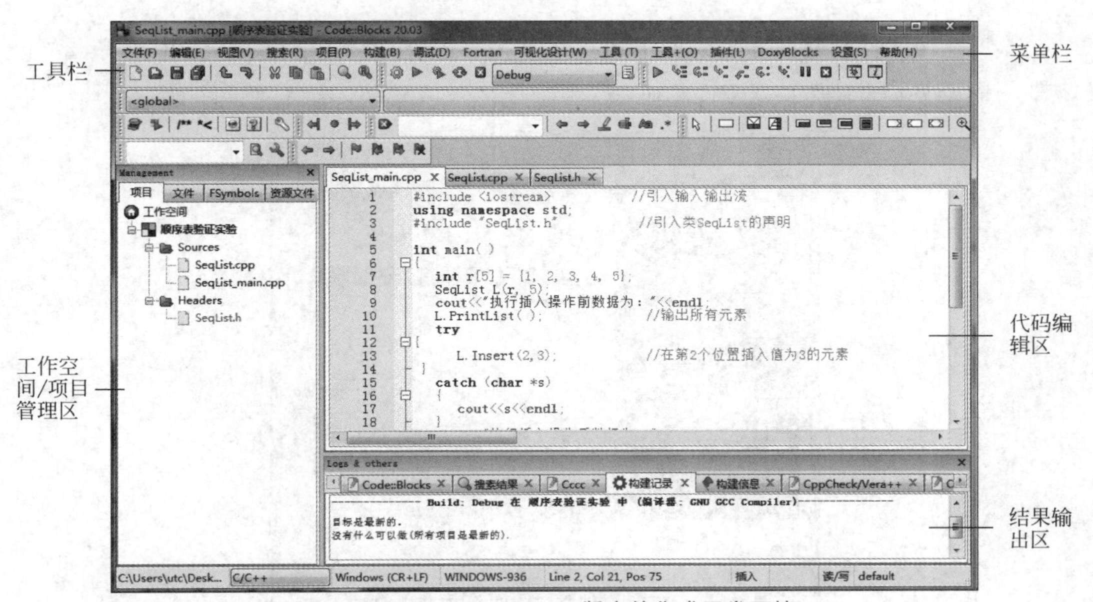

图 8-1　Code::Blocks 20.03 版本的集成开发环境

8.2.1 单文件结构

如果程序的规模较小,可以使用C/C++语言的单文件结构,将所有的程序代码都放到一个源程序文件中。建立一个源程序文件的步骤如下:

(1) 在Code::Blocks编程环境中,单击菜单栏的"文件",在弹出的下拉菜单中单击"新建",或者直接单击工具栏中的新建按钮,在弹出的对话框中单击"文件"选项卡,选中C/C++ source选项,单击"前进"按钮,如图8-2所示。

图8-2 创建源程序文件

(2) 在源文件创建向导对话框中选择C或者C++作为源文件的编写语言,单击"下一步"按钮,如图8-3所示。

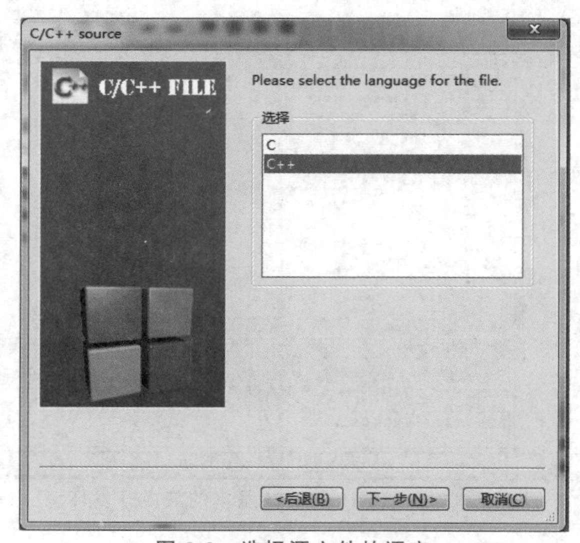

图8-3 选择源文件的语言

(3) 在接下来的对话框中,单击[...]按钮并选择源文件的保存路径,不必选中“将文件添加到当前活动工程”复选框,单击“完成”按钮。例如,单击[...]按钮并选择 C:\program,在文件名文本框中输入 exercise.cpp,在 C 盘 program 文件夹下就新建了一个 C++ 源程序文件 exercise.cpp,如图 8-4 所示。

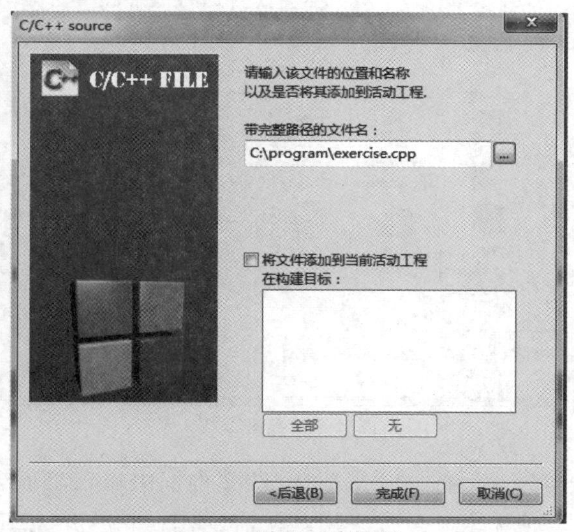

图 8-4 选择保存路径

(4) 在编辑源程序的过程中,单击菜单栏的“文件”,在弹出的下拉菜单中单击“保存文件”,或者单击工具栏中的保存按钮保存源文件。

(5) 单击菜单栏的“构建”,在弹出的下拉菜单中单击“构建”,或者单击工具栏中的构建按钮对程序进行编译,若源程序有语法错误,在“构建记录”视图中会出现错误位置和错误提示。修改源程序,排除错误。重复本步骤,直至不再有错误提示。

(6) 单击菜单栏的“构建”,在弹出的下拉菜单中单击“运行”,或者单击工具栏中的运行按钮运行程序。

也可以单击菜单栏的“构建”,在弹出的下拉菜单中单击“构建并运行”,或者单击工具栏中的构建并运行按钮合并执行步骤(5)和(6)。

8.2.2 多文件结构

如果程序的规模较大,应该采用 C/C++ 语言的多文件结构,将源程序文件分解为若干程序文件模块。多文件结构通常包含一个或多个用户自定义头文件和一个或多个源程序文件,每个文件称为程序文件模块。Code::Blocks 使用工程(project,也称项目)管理程序文件模块。建立一个工程的步骤如下:

(1) 在 Code::Blocks 编程环境中,单击菜单栏的“文件”,在弹出的下拉菜单中单击“新建”,在弹出的对话框中单击“工程”选项卡,选中 Console application(控制台应用程序),单击“前进”按钮,如图 8-5 所示。

(2) 在源文件创建向导对话框(图 8-3)中选择 C 或者 C++ ,单击“下一步”按钮,出现

图 8-5 创建工程

控制台应用程序创建向导对话框,在“工程标题”文本框中输入工程名称,单击[...]按钮,选择工程的保存路径。其他输入项可以采用默认值,单击“下一步”按钮,如图 8-6 所示。

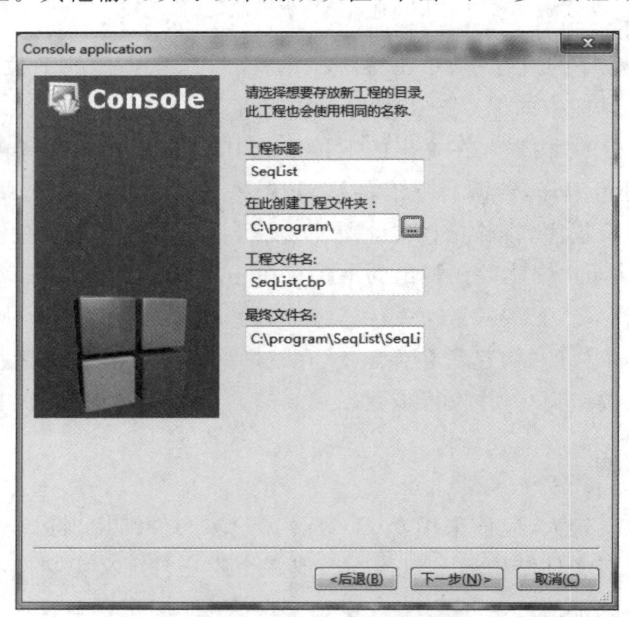

图 8-6 设置工程的名称和路径

(3) 在接下来的对话框中选择编译器(必须已经安装在系统中,一般选择 GNU GCC Compiler),并勾选“创建‘调试/Debug’编译配置”和“创建‘发行/Release’编译配置”复选框,通常采用默认值,单击“完成”按钮,就创建了一个工程,如图 8-7 所示。

工程的主要功能是管理程序文件模块。向工程添加程序文件模块的步骤如下:

图 8-7　选择编译器

（1）在 Code::Blocks 编程环境中，单击菜单栏的“文件→ 新建→ 文件”选项，在弹出的对话框中选择 C/C++ header 或 C/C++ source，单击“前进”按钮，如图 8-8 所示。

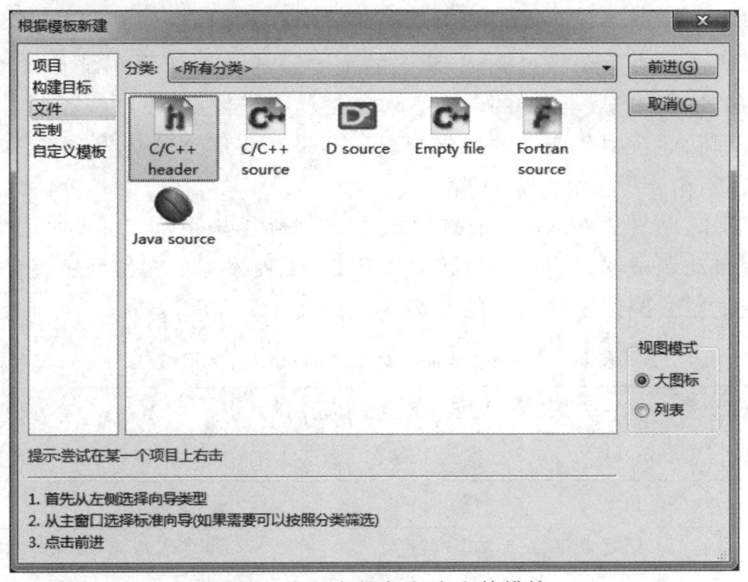

图 8-8　向工程添加程序文件模块

（2）以选择 C/C++ header 为例，在文件设置对话框中，单击...按钮，设置新建文件的名字(可以省略扩展名)，勾选“将文件添加到当前活动工程”复选框以及“在构建目标”列表框中的 Debug 和 Release 两个复选框，单击“完成”按钮，完成程序文件模块的添加，如图 8-9 所示。

图 8-9 设置程序文件模块的名称和路径

8.2.3 程序的调试

对于初学者来讲，很多编译错误是函数名或变量名等程序对象的拼写错误，以及逗号和分号等分隔符的使用错误。有了一定的编程经验后，程序的语法错误很容易查找和排除。程序通过语法检查后要经过调试，调试的主要目的是确认程序没有逻辑错误并且找出程序中隐藏的逻辑错误。调试的基本方法是设计测试数据，用这些数据运行程序，检查程序的执行流程和运行中各变量的变化情况。如果在程序运行中发现错误，就要设法确定出错位置，判断出错原因并予以排除。

Code::Blocks 提供了基本的调试功能，在多文件结构下会显示调试工具条，但是单文件结构无法启动调试器。用户可以建立工程，向工程添加单文件程序，就可以在单文件结构下启动调试器。调试工具条中的常用按钮如表 8-1 所示。

表 8-1 Code::Blocks 调试工具条中的常用按钮

调试命令	图标	快捷键	说明
调试/继续(Debug/Continue)		F8	开始或继续在调试状态下运行程序
运行到光标(Run to Cursor)		F4	运行到光标所在行
下一行(Next Line)		F7	单步执行程序，不进入函数内部
跟进(Step Into)		Shift+F7	进入函数内部单步执行程序
跟出(Step Out)		Ctrl+F7	跳出当前函数
下一条指令(Next Instruction)		Alt+F7	下一条指令
跳转到指令(Step Into Instruction)		Alt+Shift+F7	进入一条指令分步执行

续表

调试命令	图标	快捷键	说明
中断调试(Break Debugger)	⏸		暂停调试程序
停止调试(Stop Debugging)	☒	Shift+F8	停止调试程序

1. 单步调试

单步执行是调试程序最有效的手段,F7(单步执行程序,不进入函数内部)和 Shift+F7(进入函数内部单步执行程序)是调试时经常使用的快捷键。所谓单步调试,就是一条语句一条语句地执行,观察每条语句的执行结果,判断每条语句的正确性。下面看一个单步调试的例子。

(1) 如图 8-10 所示的程序已经通过编译,将光标移动到想要中断的那行代码上,单击调试工具条的运行到光标按钮或按 F4 键开始调试程序。单击调试工具条的下一行按钮或按 F7 键,每次执行一条语句,编辑窗口中会出现一个黄色的小三角指向将要执行的语句。

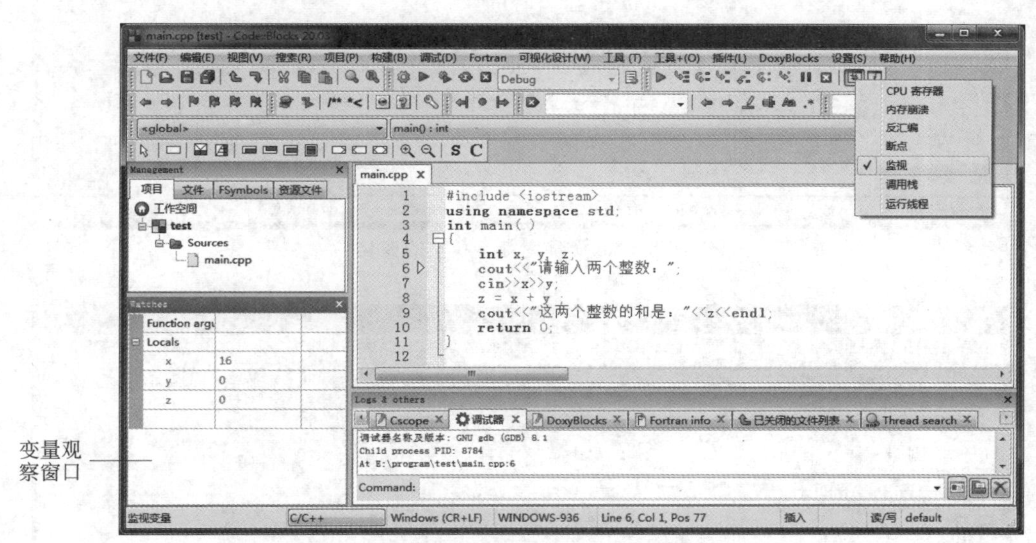

图 8-10　打开监视窗口

(2) 程序单步执行过程中,注意观察各个变量的值和预期是否一致,因此需要打开变量观察窗口。单击调试工具条中的调试窗口按钮,在下拉菜单中单击"监视",出现如图 8-10 所示的变量观察窗口,其中显示了各个变量的值。因为尚未执行输入语句,所以变量 x、y 和 z 的值均是随机数。

(3) 按 F7 键单步执行程序。当程序执行到输入语句时,在交互窗口输入测试数据,如图 8-11 所示。

(4) 按回车键后,编辑窗口的小三角指向"z = x + y;",如图 8-12 所示,在变量观察窗口可以看到,变量 x 的值为 5,变量 y 的值为 8。

(5) 继续按 F7 键,编辑窗口的小三角指向下一条语句,如图 8-13 所示,在变量观察窗口可以看到变量 z 的值为 13。

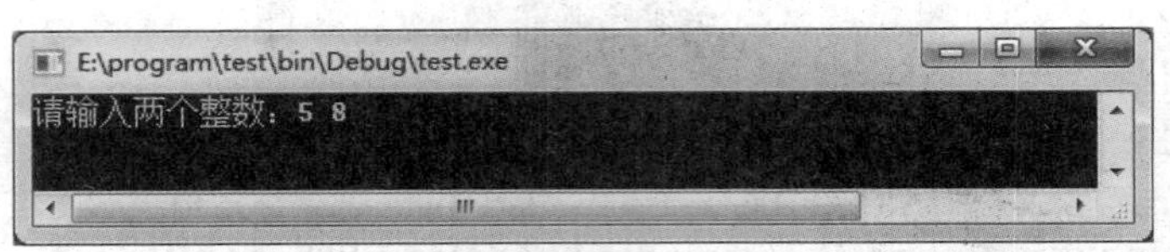

图 8-11　执行到输入语句时在交互窗口输入测试数据

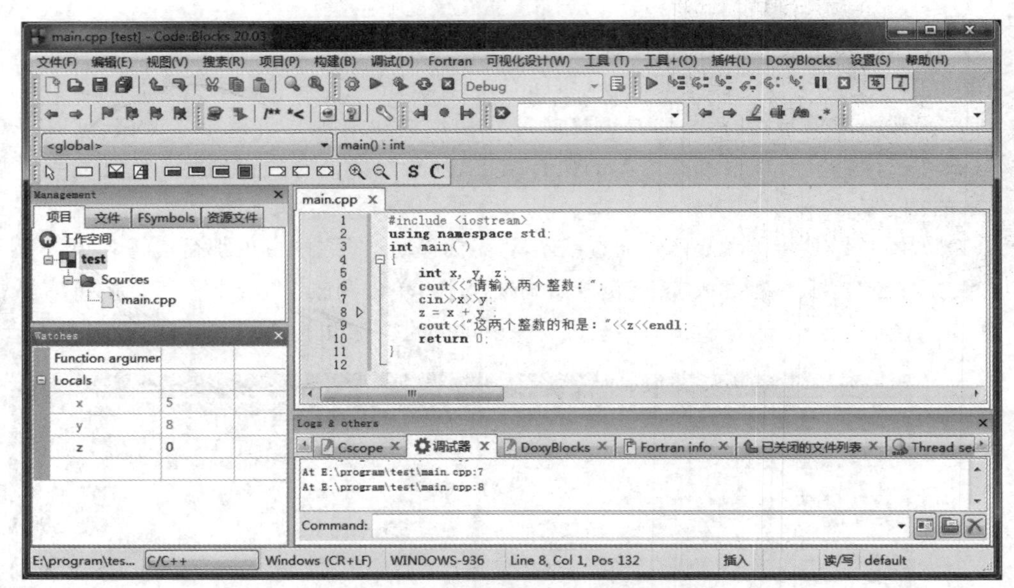

图 8-12　观察变量 x 和 y 的变化

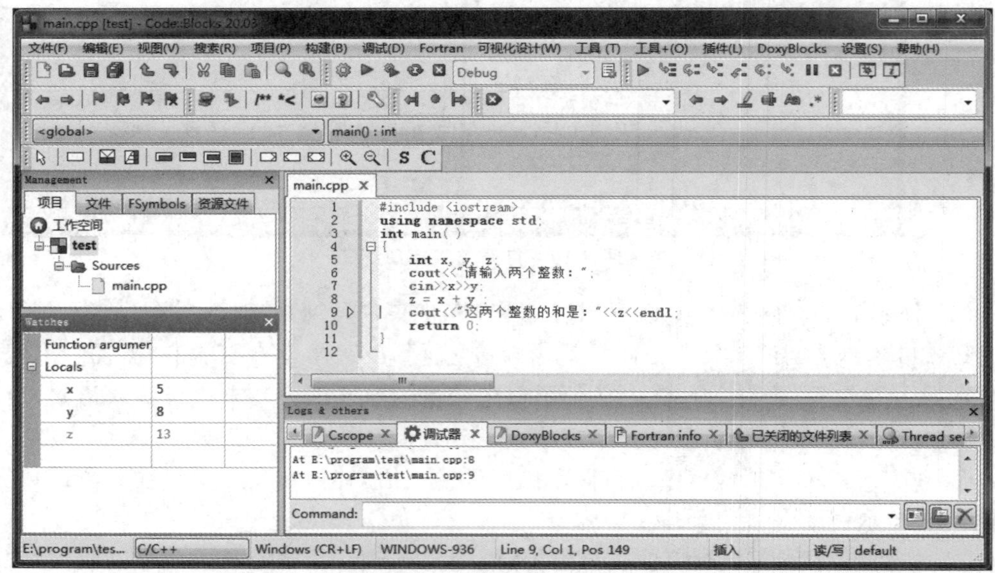

图 8-13　观察变量 z 的变化

（6）在单步调试过程中，单击调试工具条的 按钮可暂停调试，单击 按钮可结束调试。

2. 断点调试

如果程序很长，或者某些语句已经确定没有问题，每次调试都单步进行显然没有必要而且浪费时间，这时可以使用断点调试。断点就是源程序中标出的位置，程序运行到断点处会自动暂停。在Code::Blocks的编辑窗口中，将光标移到程序的某条语句上，在代码行号的右侧空白处单击，或者按F5键，行号右侧出现红色圆点就表示在该语句设置了断点，如图8-14所示。可以同时设置多个断点，单击红色圆点即可取消断点。

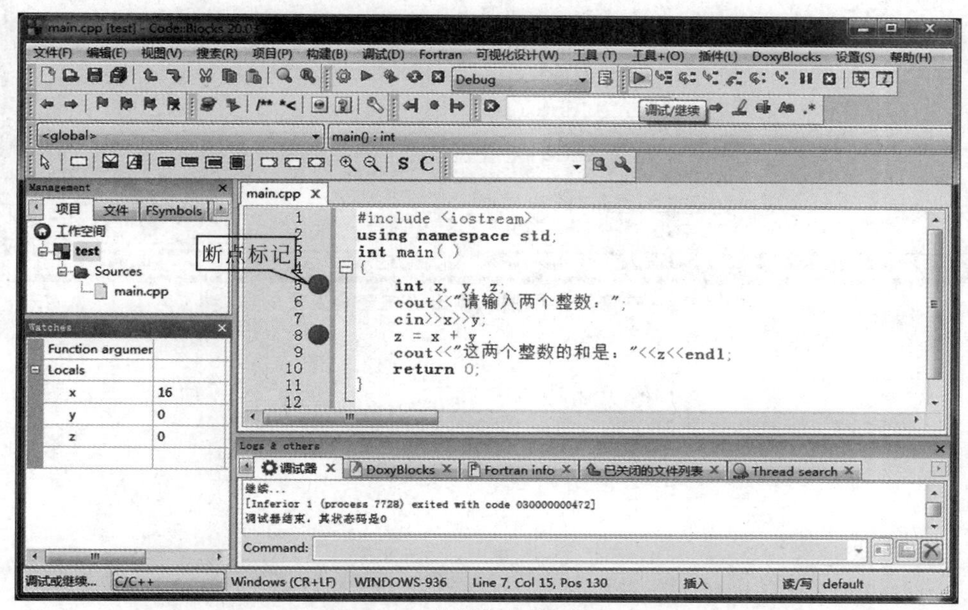

图8-14 设置断点并调试程序

在程序中设置了断点，单击菜单栏的“调试”，在弹出的下拉菜单中单击“开始/继续”，或单击调试工具条中的按钮▶，或按F8键，程序运行到断点处会暂停下来。再按F8键，程序将在下一个断点处暂停。当程序运行到断点的位置停下来后，就可以在变量观察窗口观察各个变量的值，判断此时变量的值是否正确。如果不正确，则说明在断点之前存在逻辑错误，这样就可以把出错的范围集中在断点之前。调试完成后，要删除所有断点。单步调试和断点调试可以混合使用。

3. 插入输出语句

为了查看某个变量的值，可以在源程序的适当位置插入输出语句，如图8-15所示。程序执行到这个位置输出有关变量的值，用于进行程序验证和检查。在程序调试完毕后，要删除调试程序插入的输出语句。

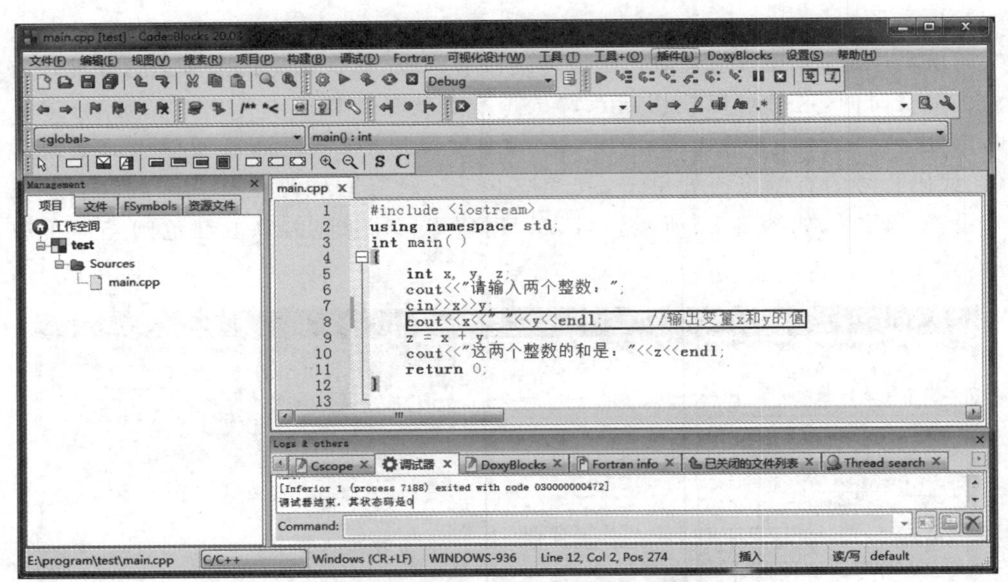

图 8-15 在源程序中插入输出语句查看变量的值

第9章 线性表

线性表是最简单的数据结构，在实际问题中有着广泛的应用。通过本章的验证实验，巩固理解线性表的逻辑结构，验证线性表的存储结构及基本操作的实现，为应用线性表解决实际问题奠定良好的基础。通过本章的设计实验，培养以线性表作为数据结构解决实际问题的应用能力。

9.1 验证实验

9.1.1 线性表的顺序存储及实现

1. 实验目的

(1) 巩固理解线性表的顺序存储结构。

(2) 验证顺序表及基本操作的实现。

顺序表的存储结构定义及基本操作的算法请参见主教材。

2. 实验内容

(1) 对于线性表 $L=(1,2,3,4,5)$，构建相应的顺序表。

(2) 在线性表 L 的第2个位置插入值为3的元素。

(3) 查找值为4的元素在线性表 L 中的位置。

(4) 在线性表 L 中删除第1个元素。

(5) 输出线性表，验证上述操作的结果。

(6) 随机生成 n($n=10$ 或 $n=15$)个整数，进一步验证顺序表的基本操作。

3. 实验提示

(1) C程序。

新建源程序文件 SeqList.c，在加入必要的头文件后，加入顺序表 SeqList 的存储结构定义以及 Creat、Insert 等函数定义。在主函数中使用类型 SeqList 定义顺序表变量 L，然后调用实现基本操作的函数完成相应的功能。

(2) C++ 程序。

新建工程“顺序表验证实验”，在该工程中新建头文件 SeqList.h，加入顺序表 SeqList 的类定义。在该工程中新建源程序文件 SeqList.cpp，加入 SeqList 类的所有成员函数定义。在该工程中新建源程序文件 SeqList_main.cpp，在主函数中使用类 SeqList 定义顺序表变量 L，然后调用成员函数完成相应的功能。

(3) Java 程序。

创建两个 Java 文件，分别是 SeqList.java 和 SeqListTester.java。SeqList.java 包含

顺序表的存储结构定义及方法实现，SeqListTester.java 对顺序表的各个方法进行测试。

4. 实验程序

	C 程序	C++ 程序	Java 程序
范例程序			

9.1.2 线性表的链接存储及实现

1. 实验目的

(1) 巩固理解线性表的链接存储结构。

(2) 验证单链表及基本操作的实现。

单链表的结点结构、存储结构定义及基本操作的算法请参见主教材。

2. 实验内容

(1) 对于线性表 $L=(1,2,3,4,5)$，用头插法建立相应的单链表。

(2) 在线性表 L 的第 2 个位置插入值为 3 的元素。

(3) 查找值为 4 的元素在线性表 L 中的位置。

(4) 在线性表 L 中删除第 1 个元素。

(5) 输出线性表，验证上述操作的结果。

(6) 随机生成 n($n=10$ 或 $n=15$)个整数，进一步验证单链表的基本操作。

3. 实验提示

(1) C 程序。

新建源程序文件 SingleLinkList.c，在加入必要的头文件后，加入单链表的结点结构的定义以及 Creat、Insert 等函数定义。在主函数中定义指向 Node 的头指针 first，然后调用实现基本操作的函数完成相应的功能。

(2) C++ 程序。

新建工程“单链表验证实验”，在该工程中新建头文件 LinkList.h，加入单链表 LinkList 的类定义。在该工程中新建源程序文件 LinkList.cpp，加入 LinkList 类的所有成员函数的定义。在该工程中新建源程序文件 LinkList_main.cpp，在主函数中使用类 LinkList 定义单链表 L，然后调用成员函数完成相应的功能。

(3) Java 程序。

创建 3 个 Java 文件，分别是 LinkedList.java、LinkedNode.java 和 LinkedTester.java。LinkedNode.java 定义了单链表的结点类；LinkedList.java 定义了单链表的存储结构及方法实现，同时进行异常处理；LinkedTester.java 对顺序表的各个方法进行测试。

4. 实验程序

	C 程序	C++ 程序	Java 程序
范例程序			

9.2 设计实验

9.2.1 提纯线性表

1. 问题描述

在线性表中，如果值相同的元素只有一个，则称该线性表为纯表。在给定的线性表中可能存在一些值相同的元素，请删除"多余"的数据元素，使该线性表变为纯表。

2. 基本要求

(1) 设计线性表的存储结构。

(2) 用伪代码描述算法，并分析时空性能。

(3) 编程实现。

3. 测试样例

输入为 $n+1$ 个整数，第一个整数表示线性表的长度 n，接下来的 n 个整数表示线性表的元素值；输出为删除"多余"的数据元素后纯表中的所有元素值。测试样例如下：

测试样例	输入	输出
测试1	12 5 2 5 3 3 4 2 5 7 5 4 3	5 2 3 4 7
测试2	6 5 9 7 2 6 4	5 9 7 2 6 4

4. 实验提示

设线性表采用顺序存储，定义数组 A[n]存储给定的 n 个元素值，数组 B[n]存储删去重复元素后的结果。将变量 i 和 k 初始化为 0，遍历数组 A[n]，将元素 A[i]与 B[0]～B[k－1]进行比对，若 A[i]未在数组 B 中出现过，则将 A[i]写入 B[k]。算法如下：

```
算法：提纯线性表 Purify
输入：数组 A[n]，元素个数 n
输出：提纯后的数组 B[n]，纯表的元素个数
  1. 初始化：i = 0；k = 0；
  2. 循环变量 i 从 0 到 n-1 重复执行下述操作：
    2.1 循环变量 j 从 0 到 k-1 重复执行下述操作：
      2.1.1 如果 A[i]等于 B[j]，转步骤 2.3 准备考查数组 A 的下一个元素；
```

```
    2.1.2 否则 j++;
  2.2 B[k] = A[i];k++;
  2.3 i++;
3. 返回纯表的元素个数 k;
```

5. 扩展实验

(1) 如果要求空间复杂度为$O(1)$,提纯后的线性表仍然存储在数组A中,请设计算法并上机实现。

(2) 如果要求用单链表实现,请设计算法,并分析时空性能。

9.2.2 合并有序链表

1. 问题描述

已知两个非降序序列S1和S2,请构造S1与S2合并后的非降序序列S3。

2. 基本要求

(1) 设计有序单链表存储非降序序列S1、S2和S3。

(2) 用伪代码描述算法,并分析时空性能。

(3) 编程实现。

3. 测试样例

输入有两行,分别表示两个由若干正整数构成的非降序序列,用-1表示序列的结束(假设序列中不存在-1);输出为合并后非降序序列的所有元素值。测试样例如下:

测试样例	输入	输出
测试1	1 3 5 -1 2 4 6 8 10 -1	1 2 3 4 5 6 8 10
测试2	2 3 9 -1 1 2 8 10 -1	1 2 2 3 8 9 10

4. 实验提示

由于序列长度未知,采用两个有序单链表存储给定序列S1和S2,为了不破坏链表S1和S2,用另外一个有序单链表S3存储合并后的结果。同时遍历单链表S1和S2,将较小的元素值用尾插法插入单链表S3。算法如下:

```
算法: 合并有序链表 Union
输入: 有序单链表 S1 和 S2
输出: 单链表 S3
  1. 初始化工作指针:p1 = S1->next;p2 = S2->next;
  2. 构造空的单链表 S3;rear = S3;
  3. 当 p1 和 p2 均不为空时,重复执行下述操作:
    3.1 p3 = 申请新结点;rear->next = p3;rear = p3;
    3.2 如果 p1->data < p2->data,则 p3->data = p1->data;p1 = p1->next;
    3.3 否则 p3->data = p2->data;p2 = p2->next;
  4. 如果 p1 不为空,将 S1 中剩余的结点依次用尾插法插入单链表 S3;
```

```
5. 如果 p2 不为空,将 S2 中剩余的结点依次用尾插法插入单链表 S3;
6. 返回头指针 S3;
```

5. 扩展实验

(1) 如果要求就地合并,合并后的结果存储在单链表 S1 中,请设计算法。

(2) 如果采用顺序存储结构,如何解决序列长度未知的问题?

9.2.3 士兵训练

1. 问题描述

某部队进行士兵训练,将士兵列队站成一列并从 1 开始依次编号,假设士兵人数不超过 5000。训练规则如下:从头开始进行 1 至 2 报数,凡报到 2 的士兵出列,剩下的士兵向小序号方向靠拢;再从头开始进行 1 至 3 报数,凡报到 3 的士兵出列,剩下的士兵向小序号方向靠拢;然后从头开始轮流进行 1 至 2 报数、1 至 3 报数,直至剩下的士兵人数不超过 3 人。

2. 基本要求

(1) 设计求解士兵训练问题的存储结构。

(2) 用伪代码描述算法,并分析时空性能。

(3) 编程实现。

3. 测试样例

输入为士兵人数,输出为剩下士兵的最初编号,测试样例如下:

测试样例	输　入	输　出
测试 1	20	1 7 19
测试 2	40	1 19 37

4. 实验提示

可以采用顺序存储结构存储士兵列队,定义数组 r[n+1]并初始化为 0,数组下标为士兵的编号,对于报数到指定峰值的士兵,将相应的数组元素值置 1,重复报数过程直至数组中值为 0 的元素个数小于或等于 3。设变量 n 存储士兵人数,count 存储剩余士兵人数,peak 存储报数峰值,算法如下:

```
算法: 士兵队列训练问题 TrainSoldier
输入: 数组 r[n+1],士兵人数 n
输出: 剩余士兵编号
  1. 初始化:count = n;peak = 3;
  2. 当 count > 3 时重复执行下述操作:
    2.1 如果 peak 等于 3,则 peak--;否则 peak++;
    2.2 num = 0;
    2.3 循环变量 i 从 1 到 n 执行下述操作:
      2.3.1 如果 r[i]等于 0,则 num++;
      2.3.2 如果 num % peak 等于 0,则 r[i] = 1;count--;num = 0;
```

```
    2.3.3 i++;
3. 输出 r[n+1]中值为 0 的元素下标;
```

5. 扩展实验

如果采用单链表作为士兵列队的存储结构，请设计算法，并分析时空性能。

9.2.4 一元多项式相加

1. 问题描述

已知 $A(x)=a_0+a_1x+a_2x^2+\cdots+a_nx^n$ 和 $B(x)=b_0+b_1x+b_2x^2+\cdots+b_mx^m$，并且在 $A(x)$和 $B(x)$中指数相差很多。给定两个一元多项式的系数和指数，求 $A(x)=A(x)+B(x)$。

2. 基本要求

(1) 设计求解一元多项式相加问题的存储结构。

(2) 用伪代码描述算法，并分析时空性能。

(3) 编程实现。

3. 测试样例

输入有两行，第一行是多项式 $A(x)$非零项的系数和指数，第二行是多项式 $B(x)$非零项的系数和指数，系数为 0 表示多项式结束，并且按指数递增有序；输出是多项式 $A(x)+B(x)$非零项的系数和指数。测试样例如下：

测试样例	输　入	输　出
测试 1	7 0,12 3,−2 8,5 12,0 0 4 1,6 3,2 8,5 20,7 28,0 0	7 0,4 1,18 3,5 12,5 20,7 28

4. 实验提示

采用单链表存储一元多项式，每一个非零项对应单链表的一个结点，结点结构如图 9-1 所示，其中，coef 为系数域，存放非零项的系数；exp 为指数域，存放非零项的指数；next 为指针域，存放指向下一结点的指针。

coef	exp	next

图 9-1　一元多项式单链表的结点结构

设两个工作指针 p 和 q，分别指向两个单链表的开始结点。将结点 p 的指数域和结点 q 的指数域进行比较，有以下 3 种情况：

(1) p−>exp < q−>exp：结点 p 为结果链表的一个结点。

(2) p−>exp > q−>exp：结点 q 为结果链表的一个结点，将结点 q 插入结点 p 之前。

(3) p−>exp = q−>exp：结点 p 与结点 q 为同类项，将 q 的系数加到 p 的系数上。若相加结果不为 0，则结点 p 应为结果链表的一个结点，同时删除结点 q；若相加结果为 0，则表明结果链表无此项，删除结点 p 和结点 q。

假设两个一元多项式的系数和指数存储在单链表 A 和 B 中，多项式相加的结果存储在单链表 A 中，算法如下：

```
算法：一元多项式相加 AddPolynomial
输入：单链表 A,单链表 B
输出：单链表 A
  1. 工作指针初始化:p = A->next;q = B->next;
  2. 当 p 和 q 均非空时,重复执行下述操作：
    2.1 如果 p->exp < q->exp,将指针 p 后移;
    2.2 如果 p->exp > q->exp,执行下述操作：
      2.2.1 将结点 q 插入到结点 p 之前;
      2.2.2 指针 q 指向原指结点的下一个结点;
    2.3 如果 p->exp 等于 q->exp,执行下述操作：
      2.3.1 p->coef = p->coef + q->coef;
      2.3.2 如果 p->coef≠0,指针 p 后移;否则执行下述操作：
        2.3.2.1 删除结点 p;
        2.3.2.2 指针 p 指向原指结点的下一个结点;
      2.3.3 删除结点 q;
      2.3.4 指针 q 指向原指结点的下一个结点;
  3. 如果 q 不为空,将结点 q 链接在单链表 A 的后面;
  4. 返回头指针 A;
```

5. 扩展实验

如果采用顺序表 A 和 B 分别存储一元多项式 $A(x)$ 和 $B(x)$，顺序表 A 存储两个多项式相加的结果，请设计算法并与单链表实现进行比较。

第 10 章 栈、队列和数组

栈和队列广泛应用在各种软件系统中,有很多经典应用。深刻理解并实现栈和队列的存储结构及基本操作,对于提高以栈和队列作为数据结构解决实际问题的应用能力具有很重要的作用。

数组是人们非常熟悉的基本数据结构,科学计算中的矩阵在程序设计语言中就是采用二维数组实现的。通过本章的验证实验和设计实验,巩固对特殊矩阵压缩存储方法的理解和运用,从而提高数组在实际问题中的应用能力。

10.1 验证实验

10.1.1 栈的顺序存储及实现

1. 实验目的

(1) 巩固理解栈的顺序存储结构。

(2) 验证顺序栈及基本操作的实现。

顺序栈的存储结构定义及基本操作的算法请参见主教材。

2. 实验内容

(1) 建立一个空的顺序栈 S。

(2) 判断栈 S 是否为空。

(3) 依次对元素 15 和 10 执行进栈操作。

(4) 取栈 S 的栈顶元素。

(5) 执行一次出栈操作。

(6) 设计测试数据,进一步验证顺序栈的基本操作。

3. 实验提示

(1) C 程序。

新建源程序文件 SeqStack.c,在加入必要的头文件后,加入顺序栈 SeqStack 的存储结构定义以及 InitStack、Push 等函数定义。在主函数中使用 SeqStack 类型定义顺序栈变量 S,然后调用实现基本操作的函数完成相应的功能。

(2) C++ 程序。

新建工程"顺序栈验证实验",在该工程中新建头文件 SeqStack.h,加入顺序栈 SeqStack 的类定义。在该工程中新建源程序文件 SeqStack.cpp,加入 SeqStack 类所有成员函数的定义。在该工程中新建源程序文件 SeqStack_main.cpp,在主函数中使用类 SeqStack 定义顺序栈变量 S,然后调用成员函数完成相应的功能。

（3）Java 程序。

创建两个 Java 文件，分别是 SeqStack.java 和 SeqStackTester.java。SequentialStack.java 定义了顺序栈的存储结构及方法实现，同时进行异常处理；SeqStackTester.java 对顺序栈的各个方法进行测试。

4. 实验程序

	C 程序	C++ 程序	Java 程序
范例程序			

10.1.2　队列的链接存储及实现

1. 实验目的

（1）巩固理解队列的链接存储结构。

（2）验证链队列的存储结构及基本操作的实现。

链队列的存储结构定义及基本操作的算法请参见主教材。

2. 实验内容

（1）建立一个空的链队列 Q。

（2）判断队列 Q 是否为空。

（3）依次对元素 10 和 15 执行入队操作。

（4）取链队列 Q 的队头元素。

（5）对链队列 Q 执行一次出队操作。

（6）设计测试数据，进一步验证链队列的基本操作。

3. 实验提示

（1）C 程序。

新建源程序文件 LinkStack.c，在加入必要的头文件后，加入单链表的结点结构 Node 和链队列 LinkQueue 的存储结构定义以及 InitStack、Push 等函数定义。在主函数中使用 LinkQueue 类型定义链队列变量 Q，然后调用实现基本操作的函数完成相应的功能。

（2）C++ 程序。

新建工程“链队列验证实验”，在该工程中新建头文件 LinkQueue.h，加入链队列 LinkQueue 的类定义。在该工程中新建源程序文件 LinkQueue.cpp，加入 LinkQueue 类的所有成员函数定义。在该工程中新建源程序文件 LinkQueue_main.cpp，在主函数中使用类 LinkQueue 定义链队列变量 Q，然后调用成员函数完成相应的功能。

（3）Java 程序。

创建 3 个 Java 文件，分别是 LinkedQueue.java、LinkedNode.java 和 LinkedQueueTester.java。LinkedNode.java 定义了单链表的结点类；LinkedQueue.java 定义了链队列的存储结构及

方法实现，同时进行异常处理；LinkedQueueTester.java 对链队列的各个方法进行测试。

4. 实验程序

	C 程序	C++ 程序	Java 程序
范例程序			

10.1.3 对称矩阵的压缩存储

1. 实验目的

(1) 巩固理解对称矩阵的压缩存储方法。

(2) 验证对称矩阵压缩存储及寻址方法。

对称矩阵的压缩存储及寻址方法请参见主教材。

2. 实验内容

(1) 建立一个 $n\times n$(例如 $n=5$)的对称矩阵 **A**，生成矩阵元素。

(2) 将对称矩阵 **A** 用一维数组 SA 进行压缩存储。

(3) 给定任意 $0\leqslant i<n$，$0\leqslant j<n$，输出元素 $A[i][j]$在数组 SA 中的下标。

3. 实验提示

定义一个二维数组 $A[n][n]$表示 $n\times n$ 的对称矩阵，可以随机生成矩阵元素，这里将矩阵元素的值定义为行号和列号之和。将对称矩阵 **A** 的下三角部分按行优先存储到一维数组 SA$[n(n+1)/2]$中，则下三角中的元素 $A[i][j]$($i\geqslant j$)在 SA 中的下标 k 与 i、j 的关系为 $k=i(i+1)/2+j$。

(1) C/C++ 程序。

由于程序比较简单，可以采用单文件结构。新建源程序文件 MatrixCompress.cpp，在主函数中对给定的对称矩阵进行压缩存储，然后再根据给定的行列下标 i 和 j，在压缩存储后的一维数组 SA 中进行查找。

(2) Java 程序。

创建两个 Java 文件，分别是 MatrixCompress.java 和 TestMatrixCompress.java。MatrixCompress.java 包含 Inita、PrintArray 等函数定义及实现，TestMatrixCompress.java 测试对称矩阵的各个方法。

4. 实验程序

	C/C++ 程序	Java 程序
范例程序		

10.2　设计实验

10.2.1　汉诺塔问题

1. 问题描述

汉诺塔（Tower of Hanio）问题来自一个古老的印度传说：在世界刚被创建的时候有一座宝塔（塔 A），其上有 64 个金碟，所有碟子按从大到小的次序从塔底堆放至塔顶。紧挨着这座塔有另外两座宝塔（塔 B 和塔 C）。从世界创始之日起，人们就一直在试图把塔 A 上的碟子移动到塔 C 上去，其间可以借用塔 B。每次只能移动一个碟子，任何时候都不能把一个碟子放在比它小的碟子上面。

2. 基本要求

（1）设计数据结构表示三座宝塔和 n 个碟子。

（2）输出每一次移动碟子的情况，并记载移动次数。

（3）对于不同的碟子个数，记录实验数据，分析算法的时间性能。

3. 测试样例

输入是一个整数 n，表示碟子的个数；输出是碟子的移动过程。测试样例如下。

测试样例	输　入	输　出
测试 1	3	1：A－>C　2：A－>B　3：C－>B　4：A－>C　5：B－>A　6：B－>C　7：A－>C

4. 实验提示

设有 n 个碟子，当 $n=3$ 时汉诺塔问题的求解过程如图 10-1 所示。

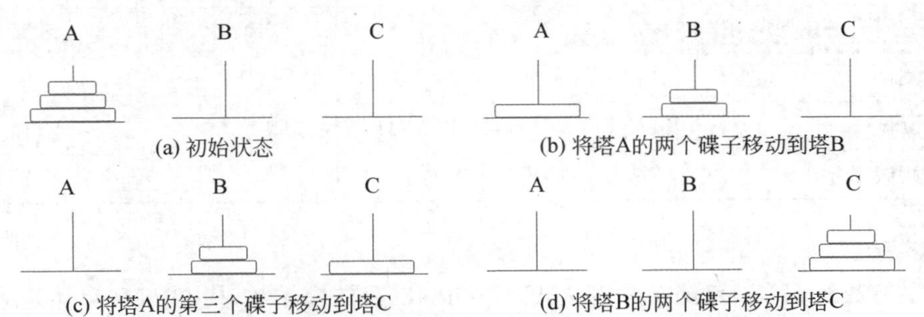

(a) 初始状态　(b) 将塔A的两个碟子移动到塔B

(c) 将塔A的第三个碟子移动到塔C　(d) 将塔B的两个碟子移动到塔C

图 10-1　汉诺塔问题的求解过程

显然，这是一个递归求解的过程，可以通过以下 3 个步骤实现：

（1）将塔 A 的 $n-1$ 个碟子借助塔 C 移到塔 B。

（2）将塔 A 剩下的一个碟子移到塔 C。

（3）将塔 B 的 $n-1$ 个碟子借助塔 A 移到塔 C。

设字符型变量 A、B、C 分别表示塔 A、塔 B 和塔 C，变量 n 表示碟子的个数，全局变量 num 表示碟子的移动次数并已初始化为 0，算法如下：

```
算法：汉诺塔问题 Hanio
输入：字符型变量 A、B、C，碟子个数 n
输出：移动过程
  1. 如果 n 等于 1，则 num++；将碟子从塔 A 移到塔 C；结束算法；
  2.否则，执行下述操作：
    2.1 Hanio(n-1, A, C, B);
    2.2 num++；将碟子从塔 A 移到塔 C;
    2.3 Hanio(n-1, B, A, C);
```

5. 扩展实验

（1）汉诺塔问题是 NP 难问题，请根据实验数据说明算法的时间复杂度。

（2）将求解汉诺塔问题的递归算法转换为非递归算法。

10.2.2 布尔表达式求值

1. 问题描述

假设在布尔表达式中，操作数只有 T 和 F，分别表示真和假，运算符 &、|、! 分别表示与、或、非，优先级是! > & > |，表达式当然还有括号。假设表达式不存在空格，并且没有语法错误，对于给定的布尔表达式，请给出其最终结果。

2. 基本要求

（1）设计求解布尔表达式求值问题的存储结构。

（2）用伪代码描述算法，并分析时空性能。

（3）编程实现。

3. 测试样例

输入为一个字符串作为布尔表达式，输出为计算结果。测试样例如下：

测试样例	输入	输出
测试 1	(T|T)&F&(F|T)	F
测试 2	!T|T&T&!F&(F|T)&(!F|F|!T&T)	T
测试 3	(F&F|T|!T&!F&!(F|F&T))	T

4. 实验提示

设字符数组 ch[n]存储布尔表达式，栈 OPND 存储操作数，栈 OPTR 存储运算符，算法如下：

```
算法：计算布尔表达式 BoolExpre
输入：字符数组 ch[n]
输出：布尔表达式的值
  1. 初始化栈 OPND 和 OPTR;
  2.循环变量 i 从 0 开始，依次处理 ch 数组的每一个字符：
    2.1 如果 ch[i]是'T'或'F'，将 ch[i]入栈 OPND，处理下一个字符；
    2.2 否则 ch[i]是运算符，有以下 3 种情况：
```

```
        (1) ch[i]是')'且 OPTR 的栈顶元素是'(':OPTR 出栈,处理下一个字符;
        (2) ch[i] > OPTR 的栈顶元素:将 ch[i]入栈 OPTR,处理下一个字符;
        (3) ch[i] < OPTR 的栈顶元素:k = OPTR 出栈并进一步判断。如果 k 等于'!',则 OPND
            出栈一个元素;否则 OPND 出栈两个元素,进行计算,将结果入栈 OPND;
    3.输出 OPND 的栈顶元素.
```

5. 扩展实验

假设布尔表达式可能存在空格,也可能有语法错误,请修改算法。

10.2.3　机器翻译

1. 问题描述

小明的计算机上安装了一个机器翻译软件,他经常用这个软件翻译英语文章。这个翻译软件的工作原理是:依次将每个英文单词替换为对应的中文含义。对于每个英文单词,首先在内存中查找这个单词的中文含义。如果内存中有,就直接进行翻译;如果内存中没有,就到外存的词典中进行查找,用找到的中文含义进行翻译,并将这个单词和对应的中文含义放入内存,以备后续的查找和翻译。

假设内存为翻译软件提供了 M 个存储单元,每个单元存放一个英文单词和对应的中文含义。在将一个新单词存入内存前,如果当前内存已存入的单词数不超过 $M-1$,则将新单词存入一个未使用的内存单元;如果内存已存入 M 个单词,则清空最早进入内存的那个单词,用该单元存放新单词。假设一篇英语文章的长度为 N 个单词,在翻译开始前内存中没有任何单词,翻译软件需要到外存查找多少次词典?

2. 基本要求

(1) 设计求解机器翻译问题的存储结构。

(2) 用伪代码描述算法,并分析时空性能。

(3) 编程实现。

3. 测试样例

输入有两行,第一行为两个正整数 M 和 N,分别表示内存容量和文章长度。第二行为 N 个非负整数,按照文章中单词的顺序,每个整数(大小不超过1000)代表一个英文单词。文章中两个单词是同一个单词,当且仅当对应相同的非负整数。输出是一个整数,是翻译软件需要到外存查词典的次数。测试样例如下:

测试样例	输　入	输　出
测试1	3 7 1 2 1 5 4 4 1	5

4. 实验提示

对于测试样例,到外存词典中共查找5次,翻译过程如下,每行表示一个单词的翻译,编号后的[…]为本次翻译后的内存状态。

(1) 到外存词典中查找单词1,并调入内存,状态是[1]。

(2) 到外存词典中查找单词2,并调入内存,状态是[1 2]。

（3）在内存中找到单词 1，状态是[1 2]。

（4）到外存词典中查找单词 5，并调入内存，状态是[1 2 5]。

（5）到外存词典中查找单词 4，清空单词 1 所在内存单元，将单词 4 调入内存替换单词 1，状态是[2 5 4]。

（6）在内存中找到单词 4，状态是[2 5 4]。

（7）到外存词典中查找单词 1，清空单词 2 所在内存单元，将单词 1 调入内存替换单词 2，状态是[5 4 1]。

当内存中已存入 M 个单词时，翻译软件清空的是最早进入内存的单词，因此采用循环队列作为内存的数据结构，设数组 mem[$M+1$]表示循环队列，数组 vis[1000]表示单词的状态，vis[i]的值为 1 表示单词 i 在内存中，用整型数组 dada[N]存储英文文章，变量 cnt 表示到外存查词典的次数。算法如下：

```
算法：机器翻译 Trans
输入：数组 mem[M+1]，数组 data[N]
输出：查词典的次数 cnt
  1. 初始化单词状态:vis[1000] = {0};cnt = 0;
  2. 初始化循环队列:mem[M+1] = {0};front = -1;rear = -1;
  3. 循环变量 i 从 0 到 N-1 重复执行下述操作:
    3.1 取第 i 个单词:j = data[i];
    3.2 如果 vis[j]等于 1,转步骤 3.3 处理下一个单词;否则执行下述操作:
      3.2.1 vis[j] = 1;cnt++;
      3.2.2 如果队列已满,则队头元素 k 出队;vis[k] = 0;
      3.2.3 将 j 入队;
    3.3 i++;
  4. 输出 cnt.
```

5. 扩展实验

由于循环队列 mem[$M+1$]在第一次队满之前没有进行出队操作，在第一次队满之后的操作都是出队一次再进队一次，可以用数组 mem[M]实现循环队列，并且不设队头位置。请根据上述想法修改算法。

10.2.4 数塔问题

1. 问题描述

图 10-2 为一个 5 层数塔，从数塔的顶层出发，在每一个结点可以选择向左走或向右走，一直走到最底层，要求找出一条路径，使得路径上的数值和最大。例如，图 10-2 中粗线标示的路径上的最大数值和是 8+15+9+10+18=60。

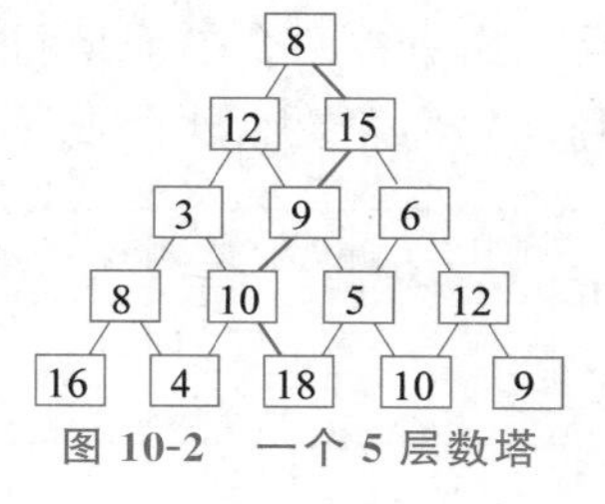

图 10-2 一个 5 层数塔

2. 基本要求

（1）设计求解数塔问题的存储结构。

（2）用伪代码描述算法，并分析时空性能。

（3）编程实现。

3. 实验提示

将数塔变换为图10-3的等价形式，设二维数组 $d[n][n]$ 表示一个 n 层数塔，二维数组 $\text{maxAdd}[n][n]$ 表示 n 层数塔的最大数值和。考虑初始子问题，最下层的每个数值都是一个1层的数塔，最大数值和就是该数塔的数值，则有

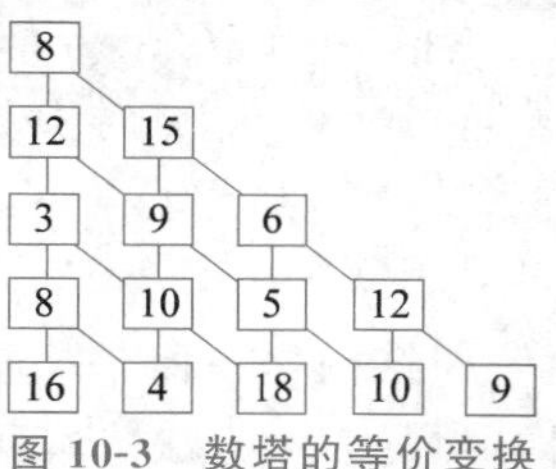

图 10-3　数塔的等价变换

$$\text{maxAdd}[n-1][j]=d[n-1][j] \qquad (10\text{-}1)$$

其中，$0\leqslant j\leqslant n-1$。

考虑重叠子问题，$\text{maxAdd}[i][j]$ 表示第 i 层第 j 个数塔的最大数值和。观察图10-3不难发现，$\text{maxAdd}[i][j]$ 等于该塔顶数值 $d[i][j]$ 与下一层两个子数塔最大数值和的较大值相加，如图10-4所示，即有如下递推式：

$$\text{maxAdd}[i][j]=d[i][j]+\max\{\text{maxAdd}[i+1][j],\text{maxAdd}[i+1][j+1]\} \qquad (10\text{-}2)$$

其中，$0\leqslant i\leqslant n-2$，$0\leqslant j\leqslant i$。

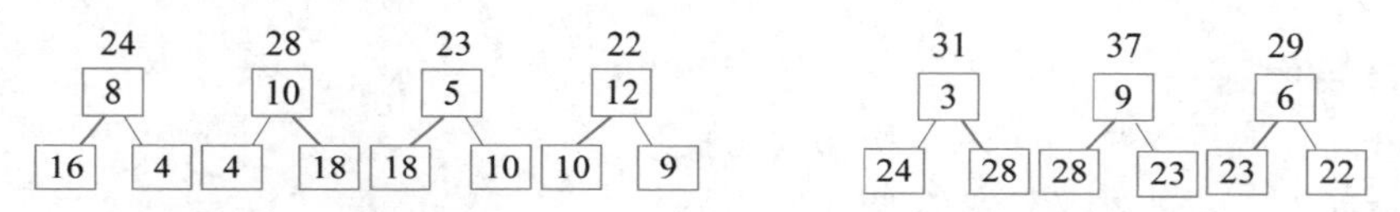

图 10-4　数塔问题的求解过程(最上面的数字表示最大数值和)

算法如下：

```
算法：数塔问题 DataTower
输入：二维数组 d[n][n]
输出：最大数值和
  1. 根据式(10-1)填写最下层的最大数之和；
  2. 循环变量 i 从 n-2 到 0 重复执行下述操作：
    2.1 循环变量 j 从 0 到 i 求解第 i 层第 j 个数塔：
      2.1.1 根据式(10-2)填写元素 maxAdd[i][j];
      2.1.2 j++;
    2.2 i--;
  3. 返回 maxAdd[0][0];
```

4. 扩展实验

在数塔问题中，如果要求找出最大数值和对应的路径，请设计存储结构和算法。

第 11 章 树和二叉树

树结构是一种非常重要的非线性结构，为实际问题中具有层次关系的数据提供了一种自然的表示方法。本章的实验内容围绕树和二叉树的实现及其实际应用展开，通过本章实验，可以更好地将树结构与实际应用中具有层次结构的问题联系起来，培养学生在实际问题中应用树结构的能力。

11.1 验证实验

11.1.1 二叉树的二叉链表存储及实现

1. 实验目的

(1) 巩固理解二叉树的逻辑结构和遍历操作。

(2) 验证二叉树的二叉链表存储及遍历操作。

二叉链表的存储结构定义、构建二叉链表及遍历的算法请参见主教材。

2. 实验内容

(1) 对于图 11-1 所示的二叉树 *T*，构建相应的二叉链表存储结构。

(2) 基于二叉链表存储结构，输出二叉树 *T* 的前序遍历、中序遍历和后序遍历序列。

(3) 设计测试用例，进一步验证二叉树的基本操作。

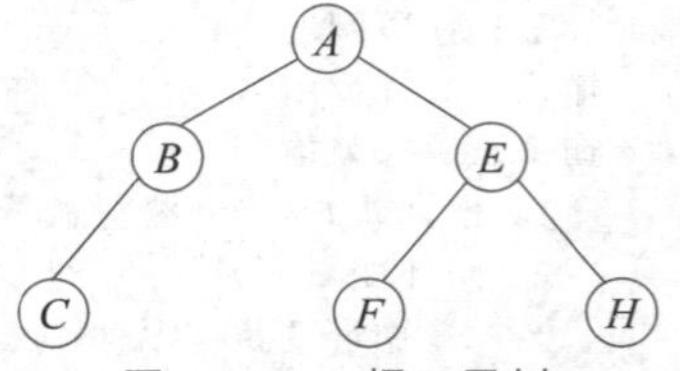

图 11-1 一棵二叉树

3. 实验提示

(1) C 程序。

新建源程序文件 BiTree.c，在加入必要的头文件后，加入二叉链表的结点结构 BiNode 的定义，以及 CreatBiTree、PreOrder 等函数的定义。在主函数中使用 BiNode * 类型定义二叉树的根指针 root，然后调用实现基本操作的函数完成相应的功能。

(2) C++ 程序。

新建工程“二叉链表验证实验”，在该工程中新建头文件 BiTree.h，加入二叉链表的结点结构、二叉链表 BiTree 的类定义。在该工程中新建源程序文件 BiTree.cpp，加入 BiTree 类的所有成员函数定义。在该工程中新建源程序文件 Bitree_main.cpp，在主函数中使用类 Bitree 定义二叉树 T，然后调用成员函数完成相应的功能。

(3) Java 程序。

创建两个 Java 文件，分别是 BinaryTree.java 和 BiTreeTester.java。BinaryTree.java 包含 create、preOrder 等函数定义及实现，BiTreeTester.java 对二叉链表的各个方法进行

测试。

4. 实验程序

	C 程序	C++ 程序	Java 程序
范例程序			

11.1.2　树的孩子兄弟存储及实现

1. 实验目的

(1) 巩固理解树的逻辑结构和遍历操作。

(2) 验证树的孩子兄弟存储结构及遍历操作。

树的孩子兄弟存储结构定义及遍历的算法请参见主教材。

2. 实验内容

(1) 对于图 11-2 所示的树 T,构建相应的孩子兄弟表示法存储结构。

(2) 基于树的孩子兄弟表示存储结构,输出树的前序遍历和后序遍历序列。

(3) 设计测试数据,进一步验证树的基本操作。

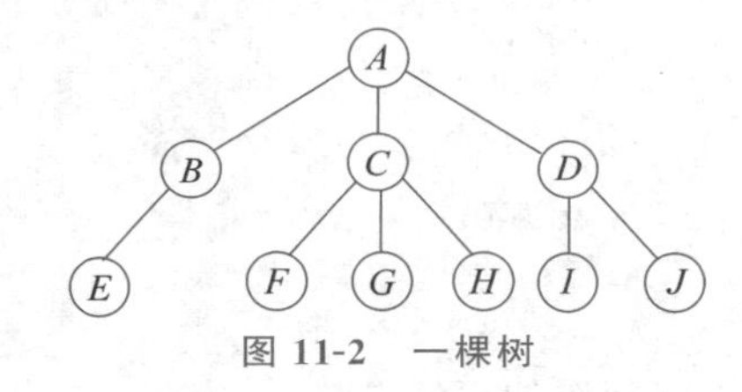

图 11-2　一棵树

3. 实验提示

可以先将树转换为对应的二叉树,然后将二叉树以二叉链表形式存储,就可以借助二叉树的操作实现树的有关操作。具体请参见 11.1.1 节。

4. 实验程序

	C 程序	C++ 程序	Java 程序
范例程序			

11.2 设计实验

11.2.1 最近共同祖先

1. 问题描述

假设树 T 有 N 个结点($2\leqslant N\leqslant 10\,000$),每个结点用整数$\{1,2,\cdots,N\}$按照层序进行标记,如图 11-3 所示。如果结点 x 位于根结点和结点 y 之间的路径中,则称结点 x 是结点 y 的祖先。由于结点 y 也在路径中,因此,结点是其自身的祖先。例如,结点 1、3、6 和 12 是结点 12 的祖先。如果结点 x 是结点 y 的祖先,同时也是结点 z 的祖先,则称结点 x 是结点 y 和 z 的共同祖先。例如,结点 1 和 3 都是结点 8 和 12 的共同祖先。如果结点 x 是结点 y 和 z 的共同祖先,并且在所有共同祖先中距离结点 y 和 z 最近,则称结点 x 是结点 y 和 z 的最近共同祖先。例如,结点 3 是结点 8 和 12 的最近共同祖先。特别地,如果结点 y 是结点 z 的祖先,则结点 y 是结点 y 和 z 的最近共同祖先。例如,结点 3 是结点 3 和 12 的最近共同祖先。请找出树中两个不同结点的最近共同祖先。

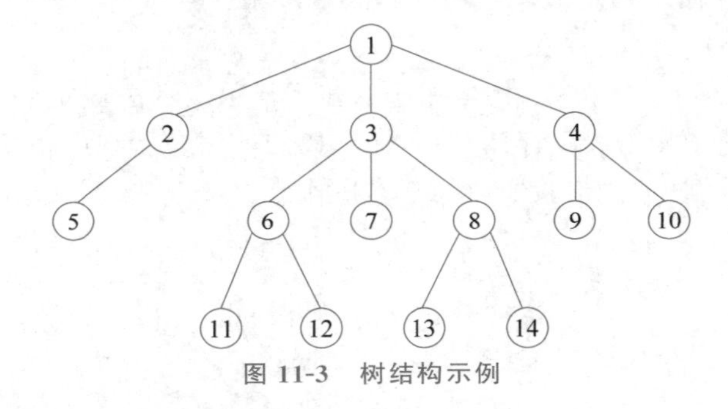

图 11-3 树结构示例

2. 基本要求

(1) 设计求解最近共同祖先问题的存储结构。

(2) 用伪代码描述算法,并分析时空性能。

(3) 编程实现。

3. 测试样例

输入有 3 行:第一行是一个整数 N,表示结点的个数;第二行是 $N-1$ 对整数,每一对整数表示树中的一条边,其中第一个整数是第二个整数的父结点;第 3 行是两个整数,表示要找出这两个整数结点的最近共同祖先。输出是一个整数,表示求得的最近共同祖先。测试样例如下:

测试样例	输入	输出
测试 1	7 1 2,1 3,1 4,3 5,3 6,6 7 5 7	3

4. 实验提示

采用双亲表示法存储树 T，设整型数组 parent[N]，其中元素 parent[i]表示结点 i 的双亲在数组中的下标，设变量 y 和 z 存储两个结点的标记。首先根据 $N-1$ 对整数存储每个结点的双亲，然后反复将结点 y 和 z 中标记较大的那个结点向上走到双亲结点，直至双亲相遇。算法如下：

```
算法：最近共同祖先 ComAncestor
输入：数组 parent[N]，标记 y 和 z
输出：最近共同祖先
  1. 重复下述操作，直到 y 等于 z:
    1.1 如果 y < z，则 z = parent[z];
    1.2 否则 y = parent[y];
  2. 返回 y.
```

5. 扩展实验

如果结点的标记没有任何规律，就需要将结点 y 和 z 中层数较深的那个结点向上走到双亲结点，直至结点 y 和 z 位于同一层，然后再共同向上走到各自的双亲结点，直至双亲相遇。请设计算法实现上述想法。

11.2.2　扫黑行动

1. 问题描述

假设在某城市有两个黑帮团伙，共有 N 名成员，成员编号为{1,2,…,N}。警方想要铲除这两个黑帮团伙，需要知道每个成员所在的团伙情况。目前警方有 M 条信息，信息按照以下方式表示：

(1) D x y：成员 x 和 y 在同一个团伙。

(2) A x y：查询成员 x 和 y 是否在同一个团伙。

假设所有成员均已确定所在团伙，对于每一条查询 A x y，请输出 In the same gang 或 In different gangs。

2. 基本要求

(1) 设计求解扫黑行动问题的存储结构。

(2) 用伪代码描述算法，并分析时空性能。

(3) 编程实现。

3. 测试样例

输入有两行：第一行是两个整数 N 和 M($N\leqslant 100\ 000$, $M\leqslant 100\ 000$)，分别表示成员数和信息数；第二行是警方掌握的信息和要查询的信息。测试样例如下：

测试样例	输　入	输　出
测试 1	5 5 D 1 2,D 3 4,D 1 5,A 1 2,A 1 4	In the same gang In different gangs

4. 实验提示

可以采用并查集实现。初始时每个成员所在的团伙为空，对于每一条成员 x 和 y 在同一个团伙的信息，合并成员 x 和 y 分属的两个团伙。对于查询信息，判断成员 x 和 y 是否在同一棵树中。设数组 data[M]存储警方掌握的信息和要查询的信息，数组元素的类型定义如下：

```
typedef struct
{
  char infor;
  int x, y;
} DataType
```

设数组 parent[n]表示并查集，Find 函数请参见主教材，算法如下：

```
算法：扫黑行动 CrackGangs
输入：数组 parent[n]，数组 data[M]
输出：查询结果
  1. 初始化:parent[n] = {0};
  2. 循环变量 i 从 0 到 M-1 依次处理每一条信息：
    2.1 t1 = Find(data[i].x);t2 = Find(data[i].y);
    2.2 如果 data[i].infor = 'D'并且 t1≠t2,执行 parent[t2] = t1;
    2.3 如果 data[i].infor = 'A'并且 t1 = t2,输出" In the same gang ";
    2.4 如果 data[i].infor = 'A'并且 t1≠t2,输出" In different gangs ";
    2.5 i++.
```

5. 扩展实验

假设信息 D x y 表示成员 x 和 y 不在同一个团伙，并且尚有成员不确定所在团伙情况，对于每一条查询 A x y，请输出 In the same gang、In different gangs、Not sure yet 其中一种结果。请设计算法并上机实现。

11.2.3 镜像对称二叉树

1. 问题描述

如果一棵二叉树与其镜像完全一样，则称此二叉树为镜像对称二叉树。假设二叉树以层序遍历序列表示，如果某结点为空，用 0 表示。例如，二叉树[1,2,2,3,4,4,3]是镜像对称的，如图 11-4 所示；二叉树[1,2,2,0,3,0,3]不是镜像对称的，如图 11-5 所示。设二叉树的结点个数是 $n(0\leqslant n\leqslant 1000)$，请判断一棵二叉树是否为镜像对称二叉树。

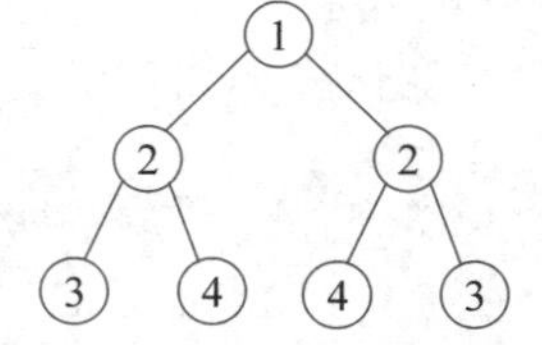

图 11-4 镜像对称二叉树

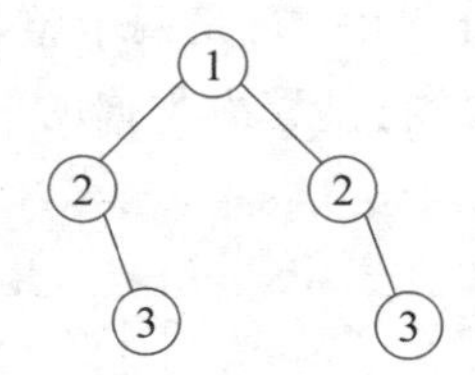

图 11-5 非镜像对称二叉树

2. 基本要求

(1) 设计求解镜像对称二叉树问题的存储结构。

(2) 用伪代码描述算法,并分析时空性能。

(3) 编程实现。

3. 测试样例

输入是二叉树的层序遍历序列,输出是判断结果 true 或者 false。测试样例如下:

测试样例	输　入	输　出
测试 1	1 2 2 3 4 4 3	true
测试 2	1 2 2 0 3 0 3	false

4. 实验提示

用数组 data[n]存储二叉树的层序遍历序列,从第 2 层开始,逐层判断该层结点是否对称。设变量 cnt 表示某层的结点个数,循环变量 i 表示某层第一个结点,算法如下:

```
算法:判断二叉树是否镜像对称 IsMirror
输入:数组 data[n]
输出:判断结果
  1. 初始化:cnt = 2;i = 1;
  2. 当 i < n时重复执行下述操作:
    2.1 循环变量 j 从 0 到 cnt/2-1,重复进行判断:
      2.1.1 如果 data[i+j]≠data[i+cnt-1-j],返回 false;算法结束;
      2.1.2 j++;
    2.2 i = i + cnt;cnt = 2 * cnt;
  3. 返回 true.
```

5. 扩展实验

如果采用二叉链表作为二叉树的存储结构,如何用递归方法进行判断?请设计算法并上机实现。

11.2.4　二叉树表示树

1. 问题描述

一个算术表达式可以用二叉树表示,这样的二叉树称为二叉表示树。如图 11-6 所示,二叉表示树具有以下两个特点:①叶子结点一定是操作数;②分支结点一定是运算符。一棵二叉表示树可以转换为等价的中缀表达式,并且为了反映运算符的计算次序应该适当加上括号。例如,图 11-6 所示的二叉表示树等价的中缀表达式是$(a+b)*(-(c-d))$。给定二叉表示树的前序遍历序列和中序遍历序列,请构造二叉表示树,并输出相应的中缀表达式。

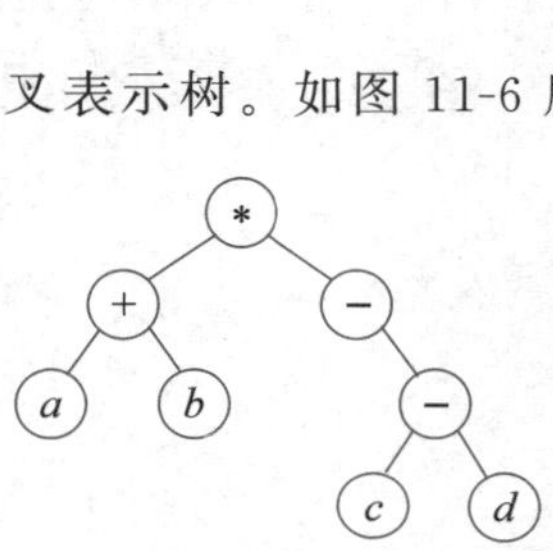

图 11-6　二叉表示树示例

2. 基本要求

(1) 设计求解二叉树表示树问题的存储结构。

(2) 用伪代码描述算法,并分析时空性能。

(3) 编程实现。

3. 测试样例

输入由3部分组成:第一部分是一个整数n,表示二叉表示树的结点个数;第二部分是二叉表示树的前序遍历序列;第三部分是二叉表示树的中序遍历序列。输出是一个字符串,表示二叉表示树对应的中缀表达式。测试样例如下:

测试样例	输入	输出
测试1	8,*+ab--cd,a+b*-c-d	(a+b)*(-(c-d))

4. 实验提示

已知一棵二叉树的前序和中序遍历序列,构造二叉树的算法请参见4.2.2节,二叉表示树的中序遍历序列加上必要的括号即为中缀表达式。在中序遍历二叉表示树的过程中,如果当前访问的是叶子结点,则无须加括号,可以直接输出;如果当前访问的结点深度大于1,则对左子树递归调用之前要加上左括号,对右子树递归调用之后要加上右括号。算法如下:

```
算法:二叉树表示树 ExpressTree
输入:二叉链表根指针 T,二叉树的深度 deep
输出:中缀表达式
  1.若指针 T 为空,则算法结束;
  2.否则执行下述操作:
    2.1 若 deep > 1,则输出左括号;
    2.2 deep++;递归调用左子树;
    2.3 输出 T->data;
    2.4 deep++;递归转换右子树;
    2.5 若 deep > 1,则输出右括号;
```

5. 扩展实验

(1) 算法ExpressTree顶层调用的实参是什么?

(2) 在二叉表示树中如何进行语法检查?

第12章 图

图是最复杂的数据结构,同时也是表达能力最强的数据结构,图的应用十分广泛,很多问题抽象的数据模型都是图结构。本章的实验内容基于图的邻接矩阵和邻接表存储及基本操作的实现,并结合图的具体应用,培养学生应用图结构解决实际问题的能力。

12.1 验证实验

12.1.1 图的邻接矩阵存储及实现

1. 实验目的

(1) 巩固理解图的逻辑结构和遍历操作。

(2) 验证图的邻接矩阵存储及遍历操作的实现。

图的邻接矩阵存储结构定义及基本操作的算法请参见主教材。

2. 实验内容

(1) 对于图12-1所示的无向图,构建相应的邻接矩阵存储结构。

(2) 基于图的邻接矩阵存储结构,输出深度优先遍历序列和广度优先遍历序列。

(3) 设计测试数据,进一步验证图的基本操作。

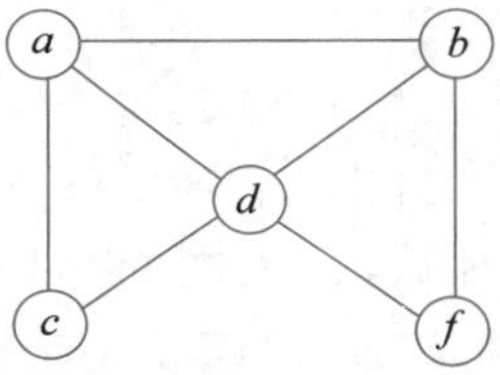

3. 实验提示

图12-1 一个无向图

(1) C程序。

新建源程序文件MGraph _main.c,在加入必要的头文件后,加入图的邻接矩阵存储结构定义MGraph以及CreatGraph、BFTraverse等函数的定义。在主函数中使用MGraph类型定义无向图 G,然后调用实现基本操作的函数完成相应的功能。

(2) C++程序。

新建工程“邻接矩阵验证实验”,在该工程中新建头文件MGraph.h,加入无向图邻接矩阵MGraph的类定义。在该工程中新建源程序文件MGraph.cpp,加入MGraph类的所有成员函数定义。在该工程中新建源程序文件MGraph _main.cpp,在主函数中使用类MGraph定义无向图 G,然后调用成员函数完成相应的功能。

(3) Java程序。

创建两个Java文件,分别是MGraph.java和MGraphTester.java。MGraph.java包含邻接矩阵的存储结构定义以及createGraph、DFTraverse、BFTraverse等函数定义及实

现;MGraphTester.java 建立无向图的邻接矩阵存储后,对遍历操作的各个方法进行测试。

4. 实验程序

	C 程序	C++ 程序	Java 程序
范例程序			

12.1.2 图的邻接表存储及实现

1. 实验目的

(1) 巩固理解图的逻辑结构和遍历操作。

(2) 验证图的邻接表存储及遍历操作的实现。

图的邻接表存储结构定义及基本操作的算法请参见主教材。

2. 实验内容

(1) 对于图 12-2 所示的有向图,构建相应的邻接表存储结构。

(2) 基于图的邻接表存储结构,输出深度优先遍历序列和广度优先遍历序列。

(3) 设计测试数据,进一步验证图的基本操作。

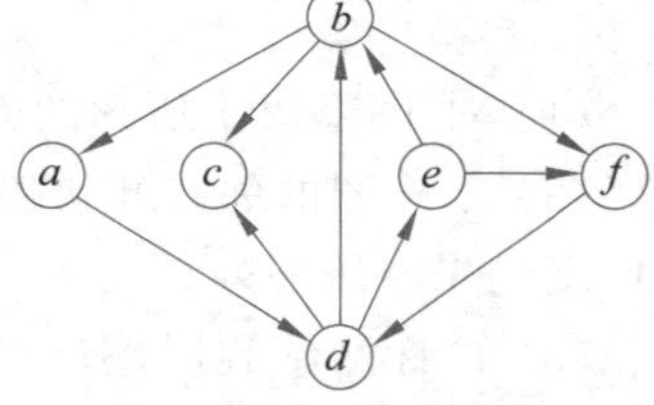

图 12-2 一个有向图

3. 实验提示

(1) C 程序。

新建源程序文件 ALGraph _main.c,在加入必要的头文件后,加入图的邻接表存储结构定义 ALGraph 以及 CreatGraph、BFTraverse 等函数定义。在主函数中使用 ALGraph 类型定义有向图 G,然后调用实现基本操作的函数完成相应的功能。

(2) C++ 程序。

新建工程"邻接表验证实验",在该工程中新建头文件 ALGraph.h,加入有向图邻接表 ALGraph 的类定义。在该工程中新建源程序文件 ALGraph.cpp,加入 ALGraph 类的所有成员函数定义。在该工程中新建源程序文件 ALGraph _main.cpp,在主函数中使用 ALGraph 类型定义有向图 G,然后调用成员函数完成相应的功能。

(3) Java 程序。

创建两个 Java 文件,分别是 ALGraph.java 和 ALGraphTester.java。ALGraph.java 包含邻接表的存储结构定义以及 creatGraph、DFTraverse、BFTraverse 等函数定义及方法实现,同时进行异常处理;ALGraphTester.java 建立有向图的邻接表存储后,对遍历操作的各个方法进行测试。

4. 实验程序

	C 程序	C++ 程序	Java 程序
范例程序			

12.2 设计实验

12.2.1 农夫抓牛

1. 问题描述

假设农夫和牛都位于数轴上，农夫位于点 N，牛位于点 $K(K>N)$，农夫有以下两种移动方式：①从点 X 移动到 $X-1$ 或 $X+1$，每次移动花费一分钟；②从点 X 移动到点 $2X$，每次移动花费一分钟。假设牛没有意识到农夫的行动，站在原地不动，农夫最少要花费多长时间才能抓住牛？

2. 基本要求

(1) 根据问题描述抽象出数据模型，并设计存储结构。

(2) 用伪代码描述算法，并分析时空性能。

(3) 编程实现。

3. 测试样例

输入是两个整数，分别表示农夫和牛的位置；输出是农夫花费的最小时间。测试样例如下：

测试样例	输入	输出
测试 1	3 5	2
测试 2	5 50	5

4. 实验提示

这是一个最少步数问题，适合用广度优先搜索。将数轴上每个点看作图的顶点，对于任意点 X，有两条双向边连接点 $X-1$ 和 $X+1$，有一条单向边连接点 $2X$，则农夫抓牛问题转化为求从顶点 N 出发到顶点 K 的最短路径长度。假设 $N=3, K=5$，广度优先搜索展开的图结构如图 12-3 所示，最短路径长度是 2。

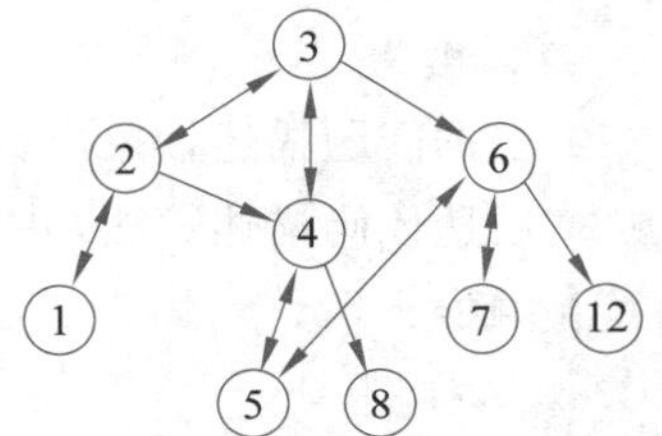

图 12-3 农夫抓牛问题的广度优先搜索展开的图结构

设数组 flag[2 * K]表示数轴上某个点是否被搜索，变量 right 表示每一层最后访问的顶点，顺序队列 Q 存储待扩展的顶点，变量 rear 指向队尾位置，front 指向队头的前一个位置，steps 表示待扩展结点距起点 N 的步数。算法如下：

```
算法：农夫抓牛 CatchCattle
输入：农夫的位置 N,牛位的位置 K,
输出：最少步数
  1. 队列 Q 初始化;flag[2 * K] = {0};steps = 0;
  2. 将起点 N 放入队列 Q;修改标志 flag[N] = 1;right = rear;
  3. 当队列 Q 非空时执行下述操作：
    3.1 u = 队列 Q 的队头元素出队;
    3.2 如果 u 等于 K,则输出步数 steps,算法结束;
    3.3 依次扩展结点 u 的每个子结点：
      3.3.1 v = u-1;如果 flag[v]等于 0,将 v 入队,flag[v] = 1;
      3.3.2 v = u+1;如果 flag[v]等于 0,将 v 入队,flag[v] = 1;
      3.3.3 v = u+u;如果 flag[v]等于 0,将 v 入队,flag[v] = 1;
    3.4 如果 front 等于 right,则 steps++;right = rear;
  4. 队列为空,没有到达位置 K,返回失败标志-1;
```

5. 扩展实验

(1) 假设农夫的第二种移动方式，从点 X 移动到点 $2X$，每次移动花费两分钟，请修改算法。

(2) 算法 CatchCattle 判断出队顶点是否等于 N。如果在入队之前判断某顶点的邻接点是否等于 N，能否提高算法效率？请验证你的分析。

12.2.2 研发卡车

1. 问题描述

一家货运公司刚刚成立，急切需要研发各种卡车用于运输各类物资。假设每种卡车的编号由 7 个小写字母组成，从一种已有的卡车研发另一种卡车的成本为这两种卡车编号间对应位置不同字母的个数。例如，已有 aaaaaaa 型卡车，研发 aaaaabb 型卡车的成本为 2。假设公司运营需要 n 种不同的车型，公司成立之初可免费获得这 n 种车型中的一个，请计算研发所有卡车的最小成本。

2. 基本要求

(1) 根据问题描述抽象出数据模型，并设计存储结构。

(2) 用伪代码描述算法，并分析时空性能。

(3) 编程实现。

3. 测试样例

输入有两行：第一行是一个整数 $N(N \leqslant 2000)$，表示公司需要研发的车型种数；第二行是 N 个字符串，每个字符串由 7 个小写字母组成。输出为一个整数，是研发车型的最小成本。测试样例如下：

测试样例	输 入	输 出
测试 1	4 aaaaaaa，aaaaaba，aaaaabb，aaaaabc	3
测试 2	4 aaaabcd，abcdaaa，aaaaaaa，abcdbcd	9

4. 实验提示

以车型为顶点，车型之间的研发成本是边上的权值，将卡车研发问题抽象为图模型，本题即是求图的最小生成树，可以采用 Prim 算法。设数组 car[n][7]存储 n 个车型信息，edge[n][n]存储图的代价矩阵。算法如下：

```
算法：研发卡车 RDTruck
输入：数组 car[n][7]，车型个数 n
输出：最小成本
  1. 初始化:edge[n][n] = {0};
  2. 循环变量 i 从 0 到 n-1 重复执行下述操作：
    2.1  循环变量 i 从 0 到 n-1 重复执行下述操作：
      2.1.1 edge[i][j] = edge[j][i] = car[i][7]和 car[j][7]之间的差别;
      2.1.2 j++;
    2.2 i++;
  3. 调用 Prim 算法求最小生成树的代价 minCost;
  4. 输出 minCost;
```

5. 扩展实验

求最小生成树也可以采用 Kruskal 算法，请编程实现。

12.2.3 城市邮递员

1. 问题描述

假设邮递员的投递规则是每次只能带一件物品，并且投递每件物品后必须返回邮局。由于这个城市的交通比较繁忙，因此所有的道路都是单行的，共有 m 条道路。假设邮局在节点 1，邮递员总共要投递 $n-1$ 件物品，目的地分别是节点 2 到节点 n。请计算投递 $n-1$ 件物品并且最终回到邮局需要的最少时间。

2. 基本要求

(1) 根据问题描述抽象出数据模型，并设计存储结构。

(2) 用伪代码描述算法，并分析时空性能。

(3) 编程实现。

3. 测试样例

输入有两行：第一行是两个整数 n 和 m($1 \leqslant n \leqslant 1000$，$1 \leqslant m \leqslant 100\ 000$)，分别表示城市的节点数量和道路数量；第二行是 m 组数据，每组有 3 个整数 u、v、w，表示从节点 u 到 v 有一条通过时间为 w 的道路。输出是一个整数，为邮递员需要的最少时间。测试样例如下：

测试样例	输　　入	输　　出
测试 1	4 5 1 2 2,2 3 3,3 1 4,3 4 2,4 1 1	24
测试 2	4 6 1 2 1,2 3 2,3 1 4,3 4 1,4 1 2,2 4 2	16

4. 实验提示

首先读入 m 组数据建立图的代价矩阵，然后求从节点 1 到节点 2～n 的最短路径长度，以及节点 2～n 到节点 1 的最短路径长度，所有最短路径长度之和即为需要的最少时间。可以采用 Dijkstra 算法计算从节点 1 至其余节点的最短路径长度，然后将图中的每条边反向，建立原图的反向图，再调用 Dijkstra 算法计算从节点 1 至其余节点的最短路径长度，也就是节点 2～n 到节点 1 的最短路径长度。设数组 edge[n][n]存储图的代价矩阵，算法如下：

```
算法：城市邮递员 CityPost
输入：代价矩阵 edge[n][n]，城市的节点数量 n，道路数量 m
输出：最少时间
  1. 读入 m 组数据建立数组 edge[n][n];
  2. 调用 Dijkstra 算法计算节点 1 到其他节点的最短路径 dist[n];
  3. sum1 = dist[n]的元素之和;
  4. 将代价矩阵 edge[n][n]进行转置，建立反向图的代价矩阵;
  5. 调用 Dijkstra 算法计算节点 1 到其他节点的最短路径 dist[n];
  6. sum2 = dist[n]的元素之和;
  7. 输出 sum1+sum2;
```

5. 扩展实验

求节点 2～n 到节点 1 的最短路径长度时，可以修改 Dijkstra 算法，沿着逆向弧构造 dist[n]，请修改算法并上机验证。

12.2.4　城堡问题

1. 问题描述

某城堡被划分成 $m\times n$($m\leqslant 50,n\leqslant 50$)个方块，每个方块的四面可能有墙，"#"代表有墙，没有墙分隔的方块连在一起组成一个房间，城堡外围一圈都是墙，如图 12-4 所示。如果 1、2、4 和 8 分别对应左墙、上墙、右墙和下墙，则可以用方块周围每个墙对应的数字之和描述该方块四面墙的情况，例如，某方块有上墙和下墙，描述该方块的整数就是 2+8=10。图 12-5 给出了图 12-4 所示城堡的地形矩阵，请计算城堡一共有多少个房间及以最大的房间有多少个方块。

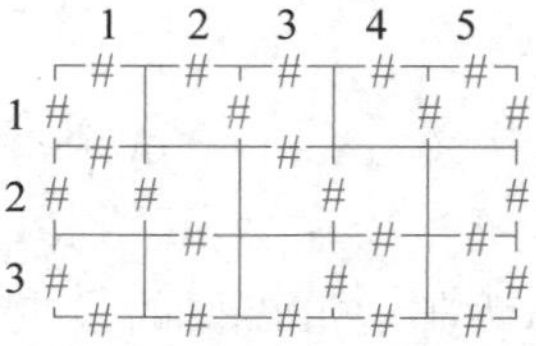

图 12-4　城堡地形图

	1	2	3	4	5
1	11	6	11	6	7
2	7	9	6	9	12
3	9	10	12	11	14

图 12-5　城堡地形矩阵

2. 基本要求

(1) 根据问题描述抽象出数据模型,并设计存储结构。

(2) 用伪代码描述算法,并分析时空性能。

(3) 编程实现。

3. 测试样例

输入有两行:第一行是两个整数 m 和 n,分别表示城堡对应方块的行数和列数;第二行是 $m \times n$ 个整数,以行优先的方式给出每个方块四周的墙壁情况。输出是两个整数,分别表示城堡的房间个数和最大房间的方块数。测试样例如下:

测试样例	输入	输出
测试1	3 5 11 6 11 6 7 7 9 6 9 12 9 10 12 11 14	3 8

4. 实验提示

可以把方块看成顶点,相邻的方块之间如果没有墙,则在方块对应顶点之间连一条边,从而将城堡问题抽象为一个无向图,如图 12-6 所示。求城堡的房间个数,实际上就是求图中有多少个连通分量;求城堡的最大房间的方块数,就是求最大连通分量包含的顶点数。

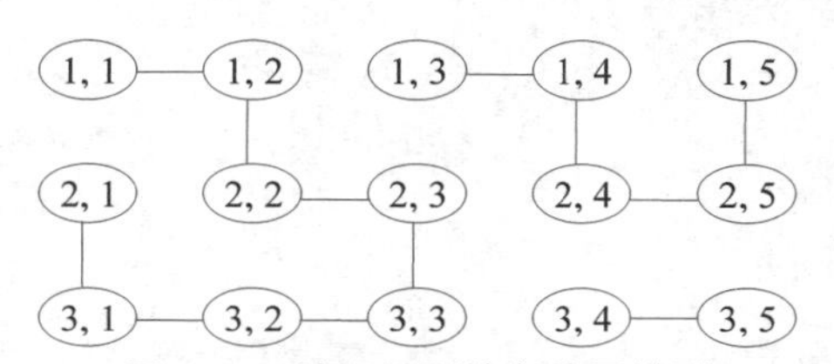

图 12-6 城堡问题抽象的图模型

设算法 DFS(i,j)实现从顶点(i,j)出发对城堡对应的无向图进行深度优先搜索,反复调用算法 DFS 直至城堡中所有方块均被访问,则调用算法 DFS 的次数就是图中连通分量的个数。同时在算法 DFS 搜索的过程中设置计数器,统计每次调用访问顶点的个数。接下来的关键问题就是如何判断顶点之间的邻接关系,即方块之间是否有墙分隔。可以将方块的数值分别与 1、2、4、8 执行按位与操作,判断对应的二进制位是否为 0。

设数组 room[m][n]存储城堡的地形矩阵,visited[m][n]表示方格是否被访问,变量 roomNum 表示房间个数,maxRoom 表示最大房间的方块数,roomArea 表示当前房间的方块数。简单起见,将 room[m][n]、visited[m][n]、roomArea、maxRoom 均设为全局变量。算法如下:

```
算法: 城堡问题 Castle
输入: 方块的行数 n 和列数 m
输出: 连通分量个数
  1. 初始化:roomNum = 0;
  2. 依次考查二维数组 visited[m][n]的每一个元素:
    2.1 如果 visited[i][j]=0,则 roomNum++;调用 DFS(i, j);
    2.2 如果 roomArea > maxRoom,则 maxRoom = roomArea;
  3. 返回 roomNum;
```

```
算法：深度优先遍历 DFS
输入：方块的行号 i 和列号 j
输出：无
  1. 如果 visited[i][j]=1,算法结束;
  2. roomArea++; visited[i][j] = 1;
  3. 对 room[i][j]的四周进行递归遍历,有以下 4 种情况:
    (1) 如果 room[i][j]的左面没有墙,则 DFS(i, j-1);
    (2) 如果 room[i][j]的上面没有墙,则 DFS(i-1, j);
    (3) 如果 room[i][j]的右面没有墙,则 DFS(i, j+1);
    (4) 如果 room[i][j]的下面没有墙,则 DFS(i+1, j).
```

5. 扩展实验

求无线图的连通分量也可以采用广度优先搜索,请修改算法并上机实现。

第13章

查找技术

查找又称搜索，是数据处理中常用的一种重要操作。本章的实验内容针对各种查找技术展开，深刻理解并实现基于不同查找结构的查找技术，在实际应用中遇到查找问题时，才能够灵活选择或设计合适的查找方法。

13.1 验证实验

13.1.1 顺序查找算法及实现

1. 实验目的

(1) 巩固理解顺序查找算法的基本思想。

(2) 验证顺序查找算法及时间性能。

顺序查找算法请参见主教材。

2. 实验内容

(1) 对于查找集合{10,15,24,6,12,35,40,98,55}，给定 $k=35$、$k=25$，顺序查找与给定值 k 相等的元素并返回元素序号。

(2) 随机生成 10 000 个整数作为查找集合，分别采用设置哨兵和不设置哨兵两种方法进行查找，比较两种方法的时间性能。

3. 实验提示

(1) C/C++ 程序。

由于程序规模较小，可以使用单文件结构。新建源程序文件 SeqSearch.c 或 SeqSearch.cpp，设计函数 Creat 用于生成 n 个随机整数作为顺序查找的输入数据，在主函数中调用顺序查找算法完成相应的操作。比较两种算法的时间性能可以采用计时法，在查找算法对应程序段的开始处和结束处查询系统时间，然后计算这两个时间的差。

(2) Java 程序。

创建两个 Java 文件，分别是 SeqSearch.java 和 SeqSearchTester.java。SeqSearch.java 包含 Creat、设置哨兵和不设置哨兵的顺序查找等函数定义及实现，SeqSearchTester.java 对顺序查找的各个方法进行测试。

4. 实验程序

	C/C++ 程序	Java 程序
范例程序		

13.1.2 折半查找算法及实现

1. 实验目的

(1) 巩固理解折半查找算法的基本思想。

(2) 验证折半查找算法及时间性能。

折半查找算法请参见主教材。

2. 实验内容

(1) 对于有序查找集合{7,14,18,21,23,29,31,35,38},给定 $k=18$、$k=15$,折半查找与给定值 k 相等的元素并返回元素序号。

(2) 在调整查找区间时,将语句"low = mid +1;"修改为"low = mid;",将语句"high = mid-1;"修改为"high = mid;",观察错误现象并说明原因。

3. 实验提示

(1) C/C++ 程序。

由于程序规模较小,可以使用单文件结构。新建源程序文件 BinSearch.c 或 BinSearch.cpp,在主函数中调用折半查找算法完成相应的操作。修改折半查找算法,将语句"low = mid +1;"修改为"low = mid;",然后调用修改的折半查找算法查找每一个元素,观察错误现象。再将语句"high = mid-1;"修改为"high = mid;",然后调用修改的折半查找算法查找每一个元素,观察错误现象。

(2) Java 程序。

创建两个 Java 文件,分别是 Bisearch.java 和 BisearchTester.java。Bisearch.java 包含折半查找 BinSearch 等函数定义及实现,BisearchTester.java 对折半查找的各个方法进行测试。

4. 实验程序

13.1.3 散列查找算法及实现

1. 实验目的

(1) 巩固理解散列查找的基本思想和线性探测处理冲突的方法。

(2) 验证闭散列表的构造方法和查找性能。

闭散列表的存储结构定义及基本操作的算法请参见主教材。

2. 实验内容

(1) 给定关键码集合为{47,7,29,11,16,92,22,8,3},散列表表长为 12,散列函数为

$H(\text{key})=\text{key mod } 11$，采用线性探测法处理冲突构造闭散列表。

(2) 给定 $k=22$、$k=3$、$k=19$，在闭散列表中查找与给定值 k 相等的元素并返回元素所在下标，如果查找失败，请将该元素添加到闭散列表中。

3. 实验提示

(1) C/C++ 程序。

由于程序规模较小，可以使用单文件结构。新建源程序文件 HashSearch.c 或 HashSearch.cpp，在主函数中调用 HashSearch1 函数实现构建闭散列表及散列查找。

(2) Java 程序。

创建两个 Java 文件，分别是 HashSearch.java 和 HashSearchTester.java。HashSearch.java 包含 HashSearch、Print 等函数定义及实现，HashSearchTester.java 对散列查找的各个方法进行测试。

4. 实验程序

范例程序	C/C++ 程序	Java 程序

13.2　设计实验

13.2.1　团队合影

1. 问题描述

实验室有 $n+1$ 名学生，按身高从低到高的顺序从左到右站成一排准备拍摄团队合影。现在已有 n 名学生到场，但是有一名学生睡过头了，正在急忙赶往摄影场地。作为摄影师的你为了快速进行摄影，请根据身高为前往摄影场地的那名学生进行编号。

2. 基本要求

(1) 设计求解团队合影问题的存储结构。

(2) 用伪代码描述算法，并分析时空性能。

(3) 编程实现。

3. 测试样例

输入为 $n+2$ 个整数，第一个整数 $n(n\leqslant 10\,000)$ 是已到场学生的人数，接下来 n 个整数是已到场学生的身高，最后一个整数是迟到学生的身高；输出为迟到学生的编号。测试样例如下：

测试样例	输　　入	输　　出
测试1	3 11 18 22 17	2
测试2	6 11 24 44 56 78 88 99	7

4. 实验提示

设数组 data[n]存储 n 名已在场学生的身高，由于数组 data[n]是按升序排列的，可以采用折半查找算法确定迟到学生的身高在数组 data[n]中的位置。设变量 h 表示迟到学生的身高，在寻找插入点时，为了保证算法的稳定性，如果 h 等于 data[mid]，也将查找区间调整到右半区，则迟到同学的插入位置是 high＋1。由于数组下标从 0 开始，则迟到学生的编号是 high。算法如下：

```
算法：团队合影 TeamPhoto
输入：数组 data[n]，整数 h
输出：h 在数组 data 中的编号
  1. 初始化：low = 0;high = n-1;
  2. 当查找区间存在时，重复执行下述操作：
    2.1 mid = (low+high)/2;
    2.2 如果 h < data[mid]，则 high = mid-1;
    2.3 否则 low = mid +1;
  3. 输出 high;
```

5. 扩展实验

假设已经到场的 n 名学生站成一排，并且最高的学生站在中间，以中间学生为分界，两侧按身高从高到低的顺序进行站队，如何根据身高为前往摄影场地的那名学生进行编号？请修改算法。

13.2.2　单词出现的次数

1. 问题描述

假定文本 T 和单词 W 均为 A～Z 上的字符串，且均没有空格，给定一个文本 T（长度不超过 1 000 000 个字符）和一个单词 W（长度不超过 10 000 个字符），请找出单词 W 在文本 T 中出现的次数，出现的含义是 W 的所有连续字符与 T 中的一段连续字符完全匹配。

2. 基本要求

(1) 设计文本和单词的存储结构。

(2) 用伪代码描述算法，并分析时间性能。

(3) 编程实现。

3. 测试样例

输入是两个字符串，分别表示文本 T 与单词 W；输出是一个数字，表示单词 W 在文本 T 中出现的次数。测试样例如下：

测试样例	输　　入	输　　出
测试1	BAPC,BAPC	1
测试2	AZAZAZA,AZA	3

4. 实验提示

在文本 T 中查找单词 W 可以采用KMP算法，对文本 T 重复调用KMP函数，直至文本 T 的剩余长度小于单词 W 的长度。修改KMP算法，增加匹配的起始下标start。算法如下：

```
算法：单词出现的次数 CountWords
输入：字符数组 T 和 W
输出：W 出现的次数 cnt
  1. 初始化:cnt = 0;start = 0;
  2. 当字符数组 T 还有字符未比较,重复执行下述操作:
    2.1 start = 在文本 T 中从下标 start 开始调用 KMP 算法;
    2.2 如果 start 等于 0,转步骤 3 输出结果;
    2.3 否则 cnt++;
  3. 输出次数 cnt;
```

```
算法：字符串匹配 KMP
输入：字符数组 T 和 W,匹配的起始下标 start
输出：W 在 T 中的序号
  1. 初始化:i = start;j = 0;
  2. 当字符数组 T 和 W 均有字符未比较
    2.1 如果 T[i]等于 W[j],i++;j++;
    2.2 否则 j = next[j];如果 j 等于-1,则 i++;j++;
  3. 如果字符数组 W 的所有字符均已比较,返回 start+1;否则返回 0;
```

5. 扩展实验

如果要求查找到的单词 W 在文本 T 中不重叠，例如对于测试样例2，输出是2，请修改算法并上机实现。

13.2.3　独一无二的雪花

1. 问题描述

也许你曾经听说过，世界上没有两片完全相同的雪花。这是真的吗？假设每片雪花都有6条边，6条边都相同的雪花记为相同。请根据雪花的相关信息，判断是否存在两片完全相同的雪花。

2. 基本要求

(1) 设计求解独一无二雪花问题的存储结构。

(2) 用伪代码描述算法，并分析时空性能。

(3) 编程实现。

3. 测试样例

输入有两行：第一行为雪花的片数 n（$0<n\leqslant 10\ 000$），第二行为 n 片雪花的 6 个边长（边长为整数且不超过 10 000 000）。如果所有雪花都不同，则输出“No two snowflakes are alike”，否则输出“Twin snowflakes found”。测试样例如下：

测试样例	输　入	输　出
测试 1	2 1 2 3 4 5 6,4 3 2 1 6 5	Twin snowflakes found

4. 实验提示

由于雪花边长的数据范围比较大，可以采用散列技术。将雪花的 6 个边长之和对一个大素数 p 取余，将相同余数的雪花放到同一个容器中。设数组 snow[n][6]存储 n 片雪花的边长，数组 cnt[n]作为雪花的容器，设标志 flag 记载是否存在相同的雪花，算法如下：

```
算法：两片完全相同的雪花 SnowSnow
输入：snow[n][6],雪花片数 n
输出：判断结果
  1. 初始化:cnt[n] = {0};flag = 0;
  2. 循环变量 i 从 0 到 n-1 重复执行下述操作:
    2.1 sum =累加第 i 片雪花的边长;
    2.2 adr = sum % p;
    2.3 如果 cnt[adr]≠0,则 flag = 1,退出循环;否则 cnt[adr] = 1;
    2.4 i++;
  3. 如果 flag 等于 1,输出"Twin snowflakes found";否则,输出"No two snowflakes are
     alike".
```

5. 扩展实验

如果存在相同的雪花，需要给出所有相同雪花的编号，请修改算法。

13.2.4 二叉查找树

1. 问题描述

对于查找集合进行动态查找，为了使得元素的插入、删除和查找操作都能够很快地完成，可以采用二叉查找树作为查找结构。对于给定的查找集合，给出在二叉查找树上进行查找的比较次数。

2. 基本要求

(1) 设计二叉查找树的存储结构。

(2) 用伪代码描述算法，并分析时空性能。

(3) 编程实现。

3. 测试样例

输入为 $N+2$ 个整数，第一个整数是元素个数 N（$N\leqslant 1000$），接下来 N 个整数表示待查找集合，最后一个整数表示待查值；输出是一个整数，表示查找进行的比较次数。测试样例如下：

测试样例	输入	输出
测试1	10 63 55 90 42 58 70 10 45 67 83 45	4
测试2	9 50 45 40 35 30 25 20 15 10 25	6

4. 实验提示

首先将 N 个整数构建为一棵二叉查找树，然后调用二叉查找树的查找算法，求解查找进行的比较次数。二叉查找树的构建、插入和查找算法请参见主教材，需要修改算法SearchBST，在查找过程中累计比较次数(算法略)。

5. 扩展实验

对于查找集合进行动态查找，可以将散列技术、顺序查找技术和树表技术相结合，首先构造开散列表，当同义词子表的结点个数小于 k 时采用单链表存储同义词子表，否则采用二叉查找树存储同义词子表。请上机实现这个想法。

第 14 章 排序技术

排序是数据处理的一种重要操作，主要目的是为了提高查找效率。本章的实验内容基于各种排序方法的实现及应用，深刻理解并实现各种排序方法，在实际应用中，才能选择或设计合适的排序方法。

14.1 验证实验

14.1.1 插入排序算法及实现

1. 实验目的

（1）巩固理解插入排序算法的基本思想。

（2）验证插入排序算法及时间性能。

直接插入排序算法和希尔排序算法请参见主教材。

2. 实验内容

（1）对于待排序序列{59,20,17,36,98,14,23,83,13,28}，分别采用直接插入排序和希尔排序，输出排序结果。

（2）随机生成 $n=100$、$n=1000$、$n=10\ 000$、$n=100\ 000$ 个整数作为待排序序列，分别采用直接插入排序和希尔排序，采用计数法考查比较次数和移动次数。

简单起见，假定待排序记录为整数，并要求排序结果按升序排列。

3. 实验提示

（1）C/C++ 程序。

由于程序规模较小，可以使用单文件结构。设计函数 Creat 用于生成 n 个随机整数作为待排序序列。计数法是在算法的适当位置插入计数器，用来度量算法中某些关键语句的执行次数。

（2）Java 程序。

创建两个 Java 文件，分别是 InsertSort.java 和 InsertSortTester.java。InsertSort.java 包含 Creat、InsertSort、ShellSort 等函数定义及实现，InsertSortTester.java 对插入排序的各个方法进行测试。

4. 实验程序

	C/C++ 程序	Java 程序
范例程序		

14.1.2 交换排序算法及实现

1. 实验目的

(1) 巩固理解交换排序算法的基本思想。

(2) 验证交换排序算法及时间性能。

起泡排序算法和快速排序算法请参见主教材。

2. 实验内容

(1) 对于待排序序列{59,20,17,36,98,14,23,83,13,28},分别采用起泡排序算法和快速排序算法,输出排序结果。

(2) 随机生成 $n=100$、$n=1000$、$n=10\ 000$、$n=100\ 000$ 个整数作为待排序序列,分别采用起泡排序算法和快速排序算法,采用计时法对两种排序算法进行比较。

(3) 随机生成 $n=100$ 个非递减整数作为待排序序列,分别采用起泡排序算法和快速排序算法,采用计数法考查比较次数和移动次数。

简单起见,假定待排序记录为整数,并要求排序结果按升序排列。

3. 实验提示

(1) C/C++ 程序。

由于程序规模较小,可以使用单文件结构。设计函数 Creat 用于生成 n 个随机整数作为待排序序列,函数 CreatIncre 用于生成 n 个随机递增整数作为待排序序列。计时法是在调用排序算法的开始处和结束处查询系统时间,然后计算这两个时间的差。

(2) Java 程序。

创建两个 Java 文件,分别是 ChangeSort.java 和 ChangeSortTester.java。ChangeSort.java 包含 Creat、BubbleSort、QuickSort 等函数定义及实现,ChangeSortTester.java 对交换排序的各个方法进行测试。

4. 实验程序

	C/C++ 程序	Java 程序
范例程序		

14.1.3 选择排序算法及实现

1. 实验目的

(1) 巩固理解选择排序算法的基本思想。

(2) 验证选择排序算法及时间性能。

简单选择排序算法和堆排序算法请参见主教材。

2. 实验内容

(1) 对于待排序序列{59,20,17,36,98,14,23,83,13,28},分别采用简单选择排序算法和堆排序算法,输出排序结果。

(2) 随机生成 $n=100$、$n=1000$、$n=10\ 000$、$n=100\ 000$ 个整数作为待排序序列,分别采用简单选择排序算法和堆排序算法,采用计数法考查比较次数和移动次数。

简单起见,假定待排序记录为整数,并要求排序结果按升序排列。

3. 实验提示

(1) C/C++ 程序。

由于程序规模较小,可以使用单文件结构。设计函数 Creat 用于生成 n 个随机整数作为待排序序列。

(2) Java 程序。

创建两个 Java 文件,分别是 SelectSort.java 和 SelectSortTester.java。SelectSort.java 包含 Creat、SelectSort、HeapSort 等函数定义及实现,SelectSortTester.java 对选择排序的各个方法进行测试。

4. 实验程序

	C/C++ 程序	Java 程序
范例程序		

14.2 设计实验

14.2.1 车厢重排

1. 问题描述

在火车站的旁边有一座桥,桥的长度最多能容纳两节车厢,桥面可以绕河中心的桥墩水平旋转,如果将桥旋转 180°,则可以交换相邻两节车厢的位置,用这种方法可以重新排列车厢的顺序。输入初始的车厢顺序,计算最少旋转多少次能按车厢号将车厢从小到大排列。

2. 基本要求

(1) 设计求解车厢重排问题的存储结构。

(2) 用伪代码描述算法,并分析时空性能。

(3) 编程实现。

3. 测试样例

输入是 $N+1$ 个整数,第一个整数 $N(N\leqslant 1000)$ 是车厢的总数,接下来 N 个整数表示初始的车厢顺序；输出是一个整数，为最少的旋转次数。测试样例如下：

测试样例	输　入	输　出
测试1	4 4 3 2 1	9
测试2	6 5 4 1 2 3 6	12

4. 实验提示

桥面旋转180°交换相邻两节车厢的位置，相当于起泡排序的交换过程，每个车厢的交换次数取决于该车厢前面有多少节车厢的编号大于它。设数组data[N]表示初始的车厢编号，变量cnt表示交换的次数。算法如下：

```
算法：车厢重排 SortCarriage
输入：数组 data[N]，车厢总数 N
输出：交换的次数
  1. 初始化：cnt = 0;
  2. 循环变量 i 从 0 到 N-1 依次遍历每一节车厢：
    2.1 循环变量 j 从 0 到 i-1 计算旋转次数：
      2.1.1 如果 data[j] > data[i]，则 cnt++;
      2.1.2 j++;
    2.2 i++;
  3. 输出 cnt.
```

5. 扩展实验

（1）桥的旋转次数即是给定序列的逆序对个数。还有其他方法求序列的逆序对个数吗？

（2）类似于改进的起泡排序，如果一趟排序已有多个车厢位于最终位置，如何避免无意义的旋转次数计算？请修改程序并上机实现。

14.2.2　第k小元素

1. 问题描述

设无序序列$T=(r_1,r_2,\cdots,r_n)$，T的第$k(1\leqslant k\leqslant n)$小元素定义为$T$按升序排列后在第$k$个位置上的元素。请在序列不排序的情况下找到序列中的第k小元素。

2. 基本要求

（1）设计求解第k小元素的存储结构。

（2）用伪代码描述算法，并分析时空性能。

（3）编程实现。

3. 测试样例

输入是$N+2$个整数，第一个整数$N(N\leqslant 10\ 000)$表示序列的元素个数，第二个整数$k(1\leqslant k\leqslant N)$表示待查的序号，接下来$N$个整数表示序列的元素值；输出为数组中第$k$小的元素值。测试样例如下：

测试样例	输　入	输　出
测试 1	6 2 3 2 1 5 6 4	2
测试 2	9 4 3 2 3 1 2 4 5 5 6	3

4. 实验提示

选定第一个元素作为轴值(比较的基准),对序列 $r_1 \sim r_n$ 进行一次划分,使得轴值左侧的元素均小于或等于轴值,轴值右侧的元素均大于或等于轴值。假定轴值的最终位置是 s,有以下 3 种情况:

(1) 若 $k=s$,则 r_s 是第 k 小元素。

(2) 若 $k<s$,则第 k 小元素在序列 $r_1 \sim r_{s-1}$ 中。

(3) 若 $k>s$,则第 k 小元素在序列 $r_{s+1} \sim r_n$ 中。

无论哪种情况,或者已经得出结果,或者将选择问题的查找区间减少一半(如果轴值恰好是序列的中值)。设无序序列存储在 $r[n]$中,算法如下:

```
算法: 选择问题 SelectMink
输入: 数组 r[n],位置 k
输出: 第 k 小的元素值
  1. 设置初始查找区间:i = 0; j = n-1;
  2. 以 r[i]为轴值对数组 r[i]~r[j]进行一次划分,得到轴值的位置 s;
  3. 将轴值位置 s 与 k 比较,有下列 3 种情况:
    (1) k = s:将 r[s]作为结果返回;
    (2) k < s:j = s - 1,转步骤 2;
    (3) k > s:i = s + 1,转步骤 2;
```

5. 扩展实验

对于算法 SelectMink,请用递归函数和非递归函数两种方法实现,设计测试数据,采用计时法对比两种实现的时间性能。

14.2.3 Top-k 问题

1. 问题描述

从大批量数据序列中寻找最大的前 k 个数据,比如从 10 万个数据中,寻找最大的前 1000 个数。请给出最大前 k 个数据的和。

2. 基本要求

(1) 设计求解 Top-k 问题的存储结构。

(2) 用伪代码描述算法,并分析时空性能。

(3) 编程实现。

3. 测试样例

输入是 $N+2$ 个整数,第一个整数 N($N \leqslant 10\,000$)是序列的元素个数,第二个整数是查找的序号 k($1 \leqslant k \leqslant N$),接下来 N 个整数表示序列的元素值;输出为最大前 k 个数据的和。测试样例如下:

测试样例	输　入	输　出
测试1	6 2 3 2 1 5 6 4	11
测试2	9 4 3 2 3 1 2 4 5 5 6	20

4. 实验提示

使用优先队列可以很好地解决这个问题。优先队列是按照某种优先级进行排列的队列，通常采用堆来实现。首先用前 k 个数据构建极小优先队列，则队头元素(即堆顶)是 k 个数据中值最小的元素。然后依次取每一个数据 $a_i(k<i\leqslant n)$ 与队头元素进行比较。若大于队头元素，则用 a_i 替换队头元素(相当于将队头元素删除)，再调整优先队列；若小于队头元素，则将 a_i 丢弃。如此操作，直至所有数据都取完，最后极小优先队列中的 k 个元素就是最大的前 k 个数。设数组存储 data[n]存储 n 个整数。算法如下：

```
算法：寻找最大的前 k 个数 MaxTopK
输入：数据 data[n]，整数 k
输出：max[k]的和
  1. 用 data[0]~data[k-1]构建极小优先队列 max[k];
  2. 循环变量 i 从 k 到 n-1 重复执行下述操作:
    2.1 如果 data[i] < max[0],将 a[i]丢弃,转步骤 2.3 准备取下一个数;
    2.2 否则,用 data[i]替换 max[0];筛选法调整元素 max[0];
    2.3 i++;
  3. 输出数组 max[k]的元素之和.
```

5. 扩展实验

可以采用一次划分思想求第 k 大元素，然后将 data[k]～data[$n-1$]的元素值加起来。请实现这个算法，并与采用优先队列的算法进行比较。

14.2.4　奶牛学校的书架

1. 问题描述

奶牛学校最近为奶牛们添置了一个大书架，可是书的数量实在太多了，仅剩书架顶端还有一点空间。假设奶牛学校有 $N(1\leqslant N\leqslant 20\ 000)$头奶牛，每头奶牛都有一个确定的身高 $H(1\leqslant H\leqslant 10\ 000)$，奶牛为了将书放到书架顶端，不得不像演杂技一样，一头奶牛站在另一头奶牛的背上，叠成一座“奶牛塔”，塔的高度就是站成塔的奶牛身高之和，显然，只有奶牛的身高之和大于或等于书架的高度，奶牛才能往书架顶上放东西。但是，塔中的奶牛数目越多，整座塔就越不稳定，所以在能够到书架顶端的前提下，塔中奶牛的数目应该尽量少，请确定奶牛塔需要奶牛的最小数目。设奶牛塔身高之和为 S，书架的高度为 B，题目保证 $1\leqslant B\leqslant S\leqslant 200\ 000\ 000$。

2. 基本要求

(1) 设计求解奶牛学校书架问题的存储结构。

(2) 用伪代码描述算法，并分析时空性能。

(3) 编程实现。

3. 测试样例

输入是 $N+2$ 个整数，第一个整数 N 是奶牛的数量，第二个整数 B 是书架的高度，接下来 N 个整数表示奶牛的身高；输出是一个整数，为所需奶牛的最少数目。测试样例如下：

测试样例	输　　入	输　　出
测试 1	6 40 6 18 11 13 19 11	3
测试 2	5 20 4 8 5 6 3	4

4. 实验提示

奶牛的身高有确定的范围，可以设数组 h[10000]存储同样身高的奶牛数量，其中 h[i]表示身高为 i 的奶牛个数。为使奶牛塔中奶牛的个数尽可能少，应选择身高尽可能大的奶牛。设数组 data[N]存储 N 个奶牛的身高。算法如下：

```
算法：奶牛学校的书架 CowTower
输入：数组 data[N],奶牛的数量 N,书架的高度 H
输出：奶牛的数目
  1. 初始化:h[1000] = {0};cnt = 0;sum = 0;
  2. 循环变量 i 从 0 到 N-1 重复执行下述操作:
    2.1 j = data[i];
    2.2 h[j]++;
  3. 循环变量 i 从 1000 到 1 重复执行下述操作:
    3.1 如果 h[i]>0,则执行以下操作:
      3.1.1 sum+=h[i]jcnt++;h[i]--;
      3.1.2 如果 sum≥B,则结果循环;
    3.2 i++;
  4. 输出 cnt;
```

5. 扩展实验

如果要求奶牛塔的高度大于或等于书架的高度，并且尽可能接近书架的高度，如何修改算法？

第 15 章 综合实验

本章提供了10个综合实验任务，每个任务具有多个功能点。建议读者认真分析问题，看懂实验提示的算法描述，对于一个功能点完成调试和测试后，再实现下一个功能点，这样循序渐进逐个完成实验，避免由于程序代码量较大，出现太多错误而无从下手的情况。最后再思考扩展实验，进一步完善实验任务的界面及功能。

15.1 大整数的代数运算

1. 问题描述

在32位计算机系统中，C/C++ 语言的 int 类型能表示的整数范围是 $-2^{31} \sim 2^{31}-1$，unsigned int 类型能表示的整数范围是 $0 \sim 2^{32}-1$，所以，int 和 unsigned int 类型都不能存储超过10位的整数。有些问题需要处理的整数远远超过10位，这种大整数无法用基本数据类型直接表示。假设大整数不超过100位，对于大整数 $A=a_1a_2\cdots a_n$，$B=b_1b_2\cdots b_m$，请实现这两个数的加、减、乘和除等基本的代数运算。

2. 基本要求

(1) 设计大整数的存储结构。

(2) 设计算法实现两个大整数的加、减、乘和除等基本的代数运算。

(3) 分析算法的时空性能，设计测试数据并上机实现。

3. 实验提示

处理大整数的一般方法是用数组存储大整数，设一个比较大的整型数组，一个数组元素代表大整数的一位，通过数组元素的运算模拟大整数的运算。在主函数中，定义数组 $A[100]$ 和 $B[100]$ 分别存储两个大整数，变量 n 和 m 分别表示大整数 A 和 B 的位数，为了便于执行逐位运算，将大整数的低位存储到数组的低端。然后调用相应函数实现大整数的加、减、乘、除等运算，并输出运算结果。

1) 大整数的加法运算

设数组 $C[100]$ 存储 $A+B$ 的结果，变量 flag 表示进位标志，例如 $A=9988$，$B=421$，图15-1给出了大整数相加的操作过程。

下标	0	1	2	3		… 99
	8	8	9	9		空闲
+	1	2	4			空闲
	9	0	4	0	1	空闲

低位 ——→ 高位

计算顺序（如果大于或等于10，向高位进位）

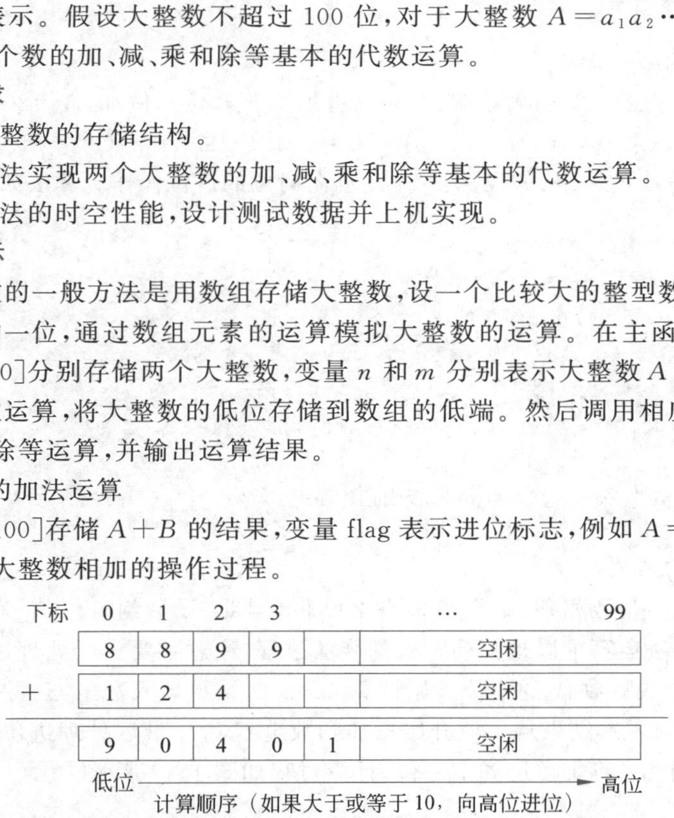

图 15-1 大整数相加的操作过程(个位存储在数组下标为0的单元)

算法如下：

```
算法：大整数相加 BigIntAdd
输入：大整数 A[100]和 B[100]，长度 n 和 m
输出：相加和 C[100]，相加结果的位数
  1. 初始化:flag = 0;i = 0;
  2. 当 i < n 并且 i < m 时，从个位开始逐位进行第 i 位的加法：
    2.1 计算第 i 位的值:C[i] = (A[i] + B[i] + flag) % 10;
    2.2 计算第 i 位的进位:flag = (A[i] + B[i] + flag) / 10;
    2.3 i++;
  3. 当 i < n 时，计算大整数 A 的余下部分：
    3.1 计算第 i 位的值:C[i] = (A[i] + flag) % 10;
    3.2 计算第 i 位的进位:flag = (A[i] + flag) / 10;
    3.3 i++;
  4. 当 i < m 时，计算大整数 B 的余下部分：
    4.1 计算第 i 位的值:C[i] = (B[i] + flag) % 10;
    4.2 计算第 i 位的进位:flag = (B[i] + flag) / 10;
    4.3 i++;
  5. 如果 flag 等于 1，则 C[i] = 1;
  6. 返回 max{n, m} + flag;
```

2）大整数的减法运算

大整数的减法运算要用大数减去小数，再填上符号位。例如，$A=20$，$B=15$，则 $A-B=20-15=5$，如果 $A=15$，$B=20$，$A-B=-(B-A)=-(20-15)=-5$。设数组 $C[100]$存储 $A-B$ 的结果，假设 $A \geqslant B$，注意向高位的借位操作。算法如下：

```
算法：大整数相减 BigIntSub
输入：大整数 A[100]和 B[100]，长度 n 和 m
输出：相减差 C[100]，相减结果的位数
  1. 循环变量 i 从 0 到 n-1 从个位开始逐位进行第 i 位的减法：
    1.1 如果 A[i]≥B[i]，则 C[i] = A[i] - B[i];
    1.2 否则，C[i] = A[i] + 10 - B[i];A[i+1] = A[i+1] - 1;
    1.3 i++;
  2. 如果 C[n-1]等于 0，返回 n-1;否则返回 n;
```

3）大整数的乘法运算

两个 100 位的整数相乘，结果最多有 200 位，因此，设数组 $C[200]$存储大整数的乘积。大整数的乘法运算可以模拟列竖式的乘法过程，注意不要急于处理进位。例如，$A=654$，$B=12$，首先从整数 A 的个位开始计算 654×2，结果填入数组 C。然后从整数 A 的个位开始计算 654×1，结果从十位开始累加到数组 C 中。最后处理进位，对数组 C 的每一个元素，保留个位，将十位进到上一位，计算过程如图 15-2 所示。

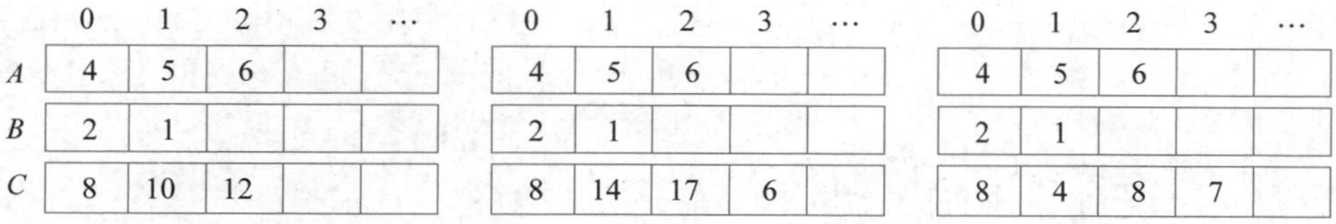

	0	1	2	3	…
A	4	5	6		
B	2	1			
C	8	10	12		

(a) 计算 654×2

	0	1	2	3	…
A	4	5	6		
B	2	1			
C	8	14	17	6	

(b) 计算 654×1

	0	1	2	3	…
A	4	5	6		
B	2	1			
C	8	4	8	7	

(c) 处理进位

图 15-2　大整数乘法的操作过程（个位存储在数组下标为 0 的单元）

算法如下：

```
算法：大整数相乘 BigIntMulti
输入：大整数 A[100]和 B[100]，长度 n 和 m
输出：乘积 C[200]，相乘结果的位数
  1. 循环变量 i 从 0 到 m-1 从个位开始进行 B[i]的乘法：
    1.1 循环变量 j 从 0 到 n-1 从个位开始逐位进行乘法：
      1.1.1 k = i + j;
      1.1.2 C[k] = C[k] + A[j] * B[i];
      1.1.3 j++;
    1.2 i++;
  2. 循环变量 i 从 0 到 k 从个位开始处理进位（注意先计算进位）：
    2.1 C[i+1] = C[i+1] + C[i] / 10;
    2.2 C[i] = C[i] % 10;
    2.3 i++;
  3. 如果 C[i+1]等于 0，返回 k；否则返回 k+1；
```

4）大整数的除法运算

大整数的除法可以模拟普通整数的除法用减法实现。例如，$A=6543$，$B=32$，首先对 3200 执行 2 次减法：$6543-3200\times2=143$，商为 2。由于 $143<320$，商填 0。再对 143 执行 4 次减法：$143-32\times4=15$，商为 4。则 $A\div B$ 的商是 204，余数是 15，如图 15-3 所示。设数组 $C[100]$存储大整数的商，余数保存在数组 A 中，首先确定商的最大下标，注意最后去掉数组 C 高位的 0 返回商的位数。

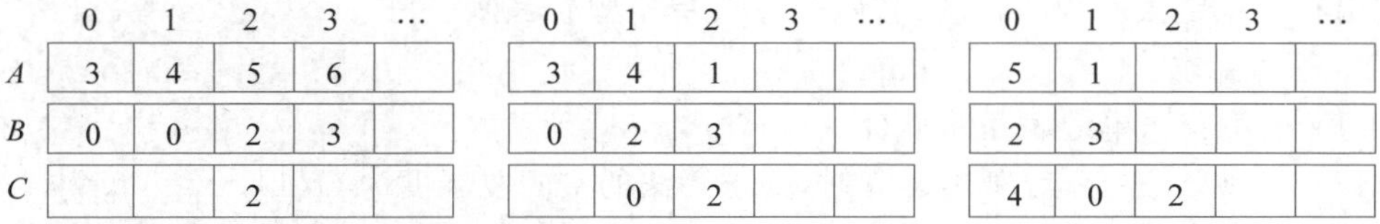

	0	1	2	3	…
A	3	4	5	6	
B	0	0	2	3	
C			2		

(a) 计算 6543−3200×2

	0	1	2	3	…
A	3	4	1		
B	0	2	3		
C		0	2		

(b) 143<320，商填 0

	0	1	2	3	…
A	5	1			
B	2	3			
C	4	0	2		

(c) 计算 143−32×4

图 15-3　大整数除法的操作过程（**A** 和 **B** 的个位存储在数组下标为 0 的单元）

算法如下：

```
算法：大整数相除 BigIntDiv
输入：大整数 A[100]和 B[100]，长度 n 和 m
输出：商 C[100]，商的位数，余数 A[100]
  1. 确定商的最大下标：k = n - m;
  2. 将 B 右移 n-m 位；m = n;
  3. 当 k≥0 时重复执行下述操作：
```

```
    3.1 当 A≥B 时重复执行下述操作:
      3.1.1 计算 A=A-B;
      3.1.2 C[k]++;
    3.2 将 B 左移 1 位(注意高位补 0);m--;k--;
  4. 从数组 C 的高端开始查找第一个非 0 元素 C[i],返回商的位数 i+1;
```

4. 扩展实验

(1) 采用 Karatsuba 乘法实现两个大整数相乘,基本原理是将大整数拆分成两段后变成较小的整数,下面通过一个例子说明。

设 $x=1234$,$y=5678$,如图 15-4 所示,首先将 x 拆为 a 和 b 两部分,将 y 拆为 c 和 d 两部分,然后执行 Karatsuba 乘法,计算过程如下:

步骤 1:计算 $A=a\times c=12\times 56=672$。

步骤 2:计算 $B=b\times d=34\times 78=2652$。

步骤 3:计算 $C=(a+b)\times(c+d)=(12+34)\times(56+78)=6164$。

步骤 4:计算 $D=C-A-B=6164-672-2652=2840$。

步骤 5:计算 $10^4A+10^2D+B=672\times 10^4+2840\times 10^2+2652=7\,006\,652$。

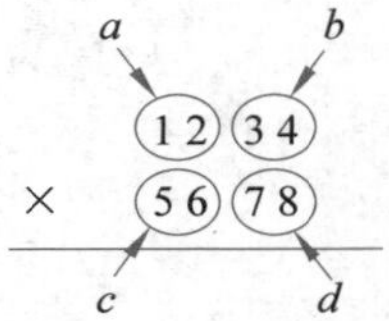

图 15-4 Karatsuba 乘法思想

(2) 采用字符数组存储大整数,这样无须对大整数进行分段输入,并且输入时可以按照人们的习惯从高位开始。当然,将大整数输入到字符数组后,需要将字符转换为数字并且将大整数的低位数字存储在整数数组的低端。实验提示中的大整数没有考虑符号,请用字符数组作为大整数的存储结构实现带符号大整数的代数运算。

15.2 用单链表实现集合

1. 问题描述

用有序单链表实现集合的判等、交、并、差等基本运算。

2. 基本要求

(1) 采用有序单链表存储集合。

(2) 实现交、并、差等基本运算时,要求算法的空间复杂度为 $O(1)$。

(3) 充分利用单链表的有序性,要求算法有较好的时间性能。

(4) 分析算法的时空性能,设计测试数据并上机实现。

3. 实验提示

在主函数中,首先建立两个有序单链表存储集合 A 和 B,然后调用相应函数实现集合的判等、交、并、差等运算,并输出运算结果。用单链表实现集合的操作,需要注意集合中元素的唯一性,即在单链表中不存在值相同的结点。本题要求采用有序单链表,还要注意利用单链表的有序性。

1) 判断集合 A 和 B 是否相等

两个集合相等的充要条件是长度相同,并且各个对应的元素也相等。由于用有序单链表存储集合，所以只要同步扫描两个单链表，若从头至尾每个对应的元素都相等，则表明两个集合相等。算法如下：

```
算法：集合判等运算 IsEqual
输入：两个有序单链表 A 和 B
输出：判断结果
  1. 初始化工作指针:pa = A->next;pb = B->next;
  2. 当指针 pa 和 pb 均不为空时,执行下述操作:
    2.1 如果 pa->data≠pb->data,返回 0;
    2.2 否则,将指针 pa 和 pb 分别后移一个结点;
  3. 如果指针 pa 和 pb 均为空,返回 1;否则返回 0;
```

2）求集合 A 和 B 的交集

根据集合的运算规则，集合 $A\cap B$ 中包含所有既属于集合 A 又属于集合 B 的元素。设 $A\cap B$ 的结果保存在单链表 A 中，算法扫描两个单链表，将单链表 A 和 B 中值相等的结点保留在单链表 A 中，其他结点从单链表 A 中删掉，单链表 B 没有改变，如图 15-5 所示。算法如下：

```
算法：集合的交集运算 Intersect
输入：两个有序单链表 A 和 B
输出：头指针 A
  1. 初始化工作指针:pa = A->next;pb = B->next;
  2. 当指针 pa 和 pb 均不为空时,比较 pa->data 和 pb->data,有以下 3 种情况:
     (1) pa->data = pb->data:将指针 pa 和 pb 分别后移一个结点;
     (2) pa->data > pb->data:将指针 pb 后移一个结点;
     (3) pa->data < pb->data:删除结点 pa;将 pa 指向原指结点的下一结点;
  3. 如果 pa 不为空,将结点 pa 前驱结点的指针域置空;
  4. 返回头指针 A;
```

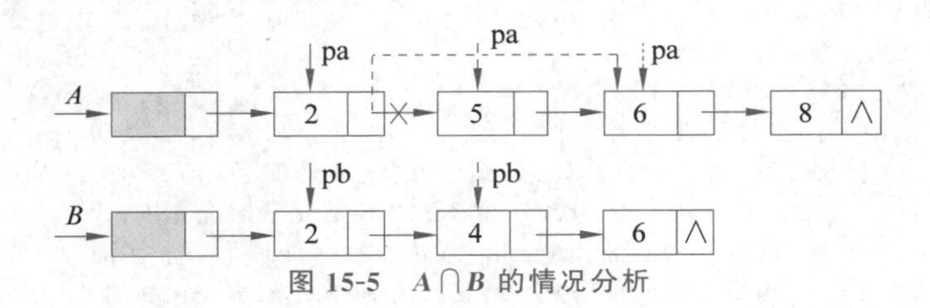

图 15-5 $A\cap B$ 的情况分析

3）求集合 A 和 B 的并集

根据集合的运算规则，集合 $A\cup B$ 中包含所有或属于集合 A 或属于集合 B 的元素。因此，对单链表 B 中的每个元素 x，在单链表 A 中进行查找，若存在和 x 不相同的元素，则将该结点插入到单链表 A 中。请参照集合的交集运算自行设计算法。

4）求集合 A 和 B 的差集

根据集合的运算规则，集合 $A-B$ 中包含所有属于集合 A 而不属于集合 B 的元素。因此，对单链表 B 中的每个元素 x，在单链表 A 中进行查找，若存在和 x 相同的结点，则将该结点从单链表 A 中删除。请参照集合的交集运算自行设计算法。

4. 扩展实验

(1) 如果要求将交、并、差等运算的结果保存在一个新的有序单链表中,应如何修改算法?

(2) 如果表示集合的单链表是无序的,应如何实现集合的判等、交、并、差等基本运算? 时间性能如何?

15.3 算术表达式求值

1. 问题描述

假设算术表达式的运算符有+、-、*、/和圆括号,运算对象是十进制正整数,运算对象和运算符之间可以有空格,表达式没有语法错误。对于任意给定的算术表达式进行求值运算,给出求值结果。

2. 基本要求

(1) 设计求解算术表达式求值问题的存储结构。

(2) 设计算法实现算术表达式求值。

(3) 分析算法的时空性能,设计测试数据并上机运行。

3. 实验提示

假设算术表达式的长度不超过100,可以设字符数组 str[100]存储表达式。中缀表达式的求值过程需要两个栈:运算对象栈 OPND 和运算符栈 OPTR,依次读取字符进行相应处理。由于运算对象可能是多位整数,读取数值字符要进行拼接。算法如下:

```
算法:算术表达式求值 ArthExp
输入:字符数组 str[100]
输出:表达式的值
  1. 初始化:栈 OPND 初始化为空;'#'入栈 OPTR;表达式以'#'结尾;
  2. 循环变量 i 从 0 开始扫描表达式的每一个字符:
    2.1 初始化运算对象:num = 0;
    2.2 读取 str[i],有以下 3 种情况:
      (1) str[i]是空格。处理下一个字符;
      (2) str[i]是数字。转换操作数,直到 str[i]不是数字,num 入栈 OPND;
      (3) str[i]是运算符。比较 str[i]和 OPTR 栈顶元素的优先级:
          ① str[i]的优先级较高。str[i]入栈 OPTR;处理下一个字符;
          ② str[i]的优先级较低。从 OPND 出栈两个元素,从 OPTR 出栈一个元素进行运算,
             将运算结果入栈 OPND;
          ③ 优先级相等。从 OPTR 出栈一个元素;处理下一个字符.
  3. 输出 OPND 的栈顶元素;
```

4. 扩展实验

(1) 如果运算对象包括负整数,请修改算法。

(2) 如果表达式存在语法错误,请给出错误位置和错误提示。

15.4　货车车厢重排

1. 问题描述

一列货车共有 n 节车厢，每节车厢将停放在不同的车站。假定 n 个车站的编号分别为 $1\sim n$，货运列车按照第 n 站至第 1 站的次序经过这些车站。为了便于从列车上卸掉相应的车厢，车厢的编号应与车站的编号相同，使得到达每个车站时只需卸掉最后一节车厢。所以，给定任意次序的车厢，必须进行重新排列。车厢的重排工作可以通过转轨站完成，转轨站设有一个入轨、一个出轨和 k 个缓冲轨，缓冲轨位于入轨和出轨之间。假定缓冲轨按照先进先出的方式工作，求解货车车厢重排问题。

2. 基本要求

(1) 设计求解货车车厢重排问题的存储结构。

(2) 设计算法实现货车车厢重排。

(3) 分析算法的时空性能，设计测试数据并上机运行。

3. 实验提示

缓冲轨按照先进先出的方式工作，因此可以用队列实现，假设有 3 个缓冲轨 H_1、H_2 和 H_3，入轨中有 9 节车厢，次序为 3,6,9,2,4,7,1,8,5，重排后，9 节车厢的出轨次序为 1,2,3,4,5,6,7,8,9。重排过程如下：

(1) 3 号车厢不能直接移至出轨(因为 1 号车厢和 2 号车厢必须排在 3 号车厢之前)，因此，把 3 号车厢移入 H_1。同理，6 号和 9 号车厢移入 H_1，如图 15-6(a)所示。

(2) 2 号车厢不能放在 9 号车厢之后，因此，把 2 号车厢移入 H_2。同理，4 号和 7 号车厢移入 H_2，如图 15-6(a)所示。

(3) 1 号车厢通过 H_3 移至出轨，然后 2 号车厢从 H_2 移至出轨，3 号车厢从 H_1 移至出轨，4 号车厢从 H_2 移至出轨，如图 15-6(b)所示。

(4) 由于 5 号车厢仍在入轨中，所以把 8 号车厢移入 H_2。然后，5 号车厢通过 H_3 移至出轨，如图 15-6(c)所示。此后，可依次从缓冲轨中移出 6 号、7 号、8 号和 9 号车厢。

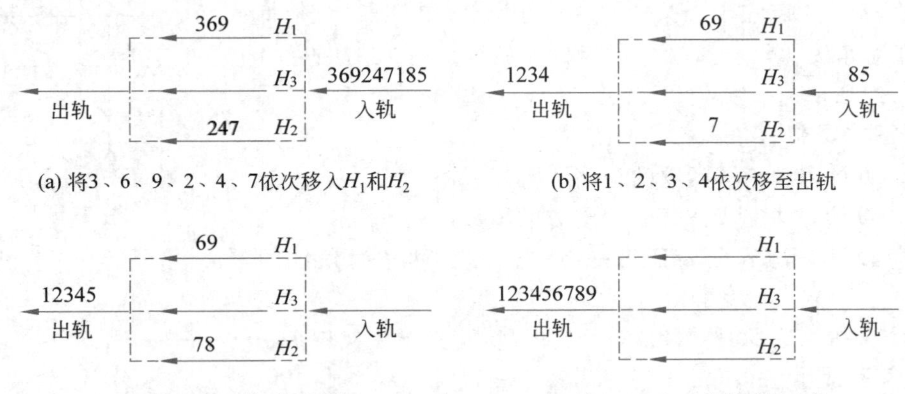

图 15-6　货车车厢重排过程

由上述重排过程可以发现,车厢 c 应该移动到这样的缓冲轨中:该缓冲轨中队尾车厢的编号小于 c。如果有多个缓冲轨满足这个条件,则选择队尾车厢编号最大的缓冲轨;如果没有缓冲轨满足这个条件,则选择一个空的缓冲轨。设数组 in[n]表示入轨中车厢的编号,数组 out[n]表示出轨中的车厢编号,变量 k 表示缓冲轨的个数,变量 nowOut 表示下一个要输出的车厢编号,算法如下:

```
算法:货车车厢重排 sortVan
输入:入轨 in[n],缓冲轨个数 k
输出:出轨 out[n]
  1. 分别初始化 k 个缓冲轨队列;
  2. 初始化:nowOut = 1;
  3. 循环变量 i 从 0 到 n-1 依次处理入轨的每一个车厢:
    3.1 如果 in[i]等于 nowOut,则输出该车厢;nowOut++;转步骤 3.6;
    3.2 否则,循环变量 j 从 0 到 k-1 依次考察每一个缓冲轨队列:
      3.2.1 c = 队列 j 的队头元素;
      3.2.2 如果 c 等于 nowOut,则队列 j 出队;nowOut++;转步骤 3.6;
    3.3 比较 k 个队尾元素,求最大队尾元素所在队列编号 j;
    3.4 如果 nowOut < j,则车厢无法重排,算法结束;
    3.5 否则,将 nowOut 入队缓冲轨 j;
    3.6 i++;
```

4. 扩展实验

(1) 如果缓冲轨的个数不确定,为实现货车车厢重排问题,请计算需要最少的缓冲轨个数。

(2) 如果缓冲轨以双端队列的方式工作,请设计算法求解货车车厢重排问题。

15.5 幻　　方

1. 问题描述

幻方起源于中国,又称为纵横图,最早记载于西汉中期的《大戴礼记》中。n 阶幻方是在一个 $n \times n$ 的矩阵中填入 1 到 n^2 的数字,使得每一行、每一列、两条对角线的累加和(称为幻和)都相等。图 15-7 是一个 3 阶幻方,幻和是 15。

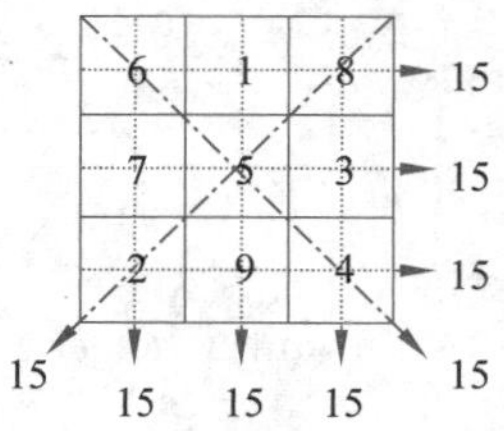

6	1	8	→ 15
7	5	3	→ 15
2	9	4	→ 15
↓ 15	↓ 15	↓ 15	↘ 15

(左下对角线 ↙ 15)

图 15-7　一个 3 阶幻方

2. 基本要求

(1) 设计求解幻方问题的存储结构。

(2) 设计算法完成任意 n 阶幻方的填数过程。

(3) 设计输出界面验证每一行、每一列、两条对角线的累加和。

(4) 分析算法的时空性能,设计测试数据并上机实现。

3. 实验提示

用二维数组 data[n][n]存储 n 阶幻方,下面分 3 种情况进行分析。

1）奇数阶幻方

求解奇数阶幻方问题的方法很多，这里介绍左上斜行法的填数方法。首先将数字1放在第0行的中间位置，然后每次填数往左上角走一步，有以下3种情况：

(1) 左上角超出上边界。在最下边对应位置填数，如图15-8(a)所示。

(2) 左上角超出左边界。在最右边对应位置填数，如图15-8(b)所示。

(3) 左上角已填数。在原位置的同一列下一行填数，如图15-8(c)所示。

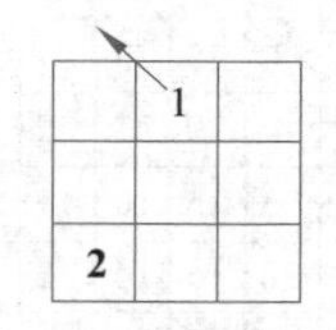

(a) 左上角超出上边界

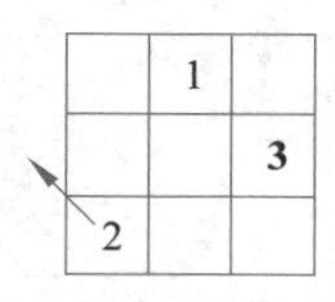

(b) 左上角超出左边界

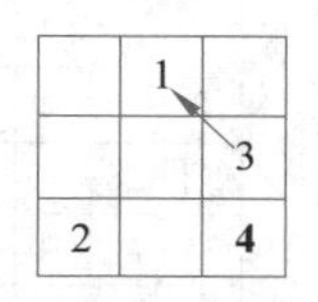

(c) 左上角已填数

图 15-8 左上斜行法的填数过程

2）双偶数阶幻方

能被4整除的偶数称为双偶数，可以采用中心对称交换法。首先把1到n^2按照从上到下、从左到右的顺序填入矩阵，然后将所有4×4子方阵中两条对角线上的数字以n阶方阵的中心做对称交换，其他位置上的数不变。例如，将图15-9(a)所示8阶方阵分割成4个4阶子方阵，对称交换两条大对角线上的元素、区域A和B中两条斜率为1的对角线上的元素、区域C和D中两条斜率为−1的对角线上的元素，得到图15-9(b)所示8阶幻方。

1	2	3	4	5	6	7	8
9	10	11	12	13	14	15	16
17	18	19	20	21	22	23	24
25	26	27	28	29	30	31	32
33	34	35	36	37	38	39	40
41	42	43	44	45	46	47	48
49	50	51	52	53	54	55	56
57	58	59	60	61	62	63	64

(a) 按行序依次填数

A　C　D　B

64	2	3	61	60	6	7	57
9	55	54	12	13	51	50	16
17	47	46	20	21	43	42	24
40	26	27	37	36	30	31	33
32	34	35	29	28	38	39	25
41	23	22	44	45	19	18	48
49	15	14	52	53	11	10	56
8	58	59	5	4	62	63	1

(b) 对称交换4个区域的两条对角线上的元素

图 15-9 双偶数阶幻方的填数过程

特别地，4阶幻方只需交换两条对角线上的元素。进一步观察可以发现：①被交换的数字k实际上替换为n^2+1-k；②设需要替换数字的位置为(i,j)，则斜率为1的对角线满足$(i-j)\ \%\ 4=0$，斜率为−1的对角线满足$(i+j)\ \%\ 4=3$。

3）单偶数阶幻方

不能被4整除的偶数称为单偶数。设$n=2(2k+1)$，将n阶方阵分割成4个$2k+1$阶方阵，首先用$1\sim(2k+1)^2$填写区域A，用$(2k+1)^2+1\sim2\times(2k+1)^2$填写区域B，用$2\times(2k+1)^2+1\sim3\times(2k+1)^2$填写区域C，用$3\times(2k+1)^2+1\sim4\times(2k+1)^2$填写区域D。然后将区域A中每行取$k$个数字（包括中心点及一侧对角线，其他$k-1$个数字只要

不是另一侧对角线就行），和区域D相应位置的数字进行交换，在区域B和C中任取 $k-1$ 列，将相应位置的数字进行交换。例如，将图15-10(a)所示6阶方阵分割成4个3阶子方阵，分别填写4个区域的奇数阶方阵，然后将区域A中心点左侧的两条对角线与区域D相应位置的数字交换，由于 $k=1$，因此不用交换区域B和C的数字，得到图15-10(b)所示的6阶幻方。

	6	1	8	24	19	26	
A	7	5	3	25	23	21	C
	2	9	4	20	27	22	
	33	28	35	15	10	17	
D	34	32	30	16	14	12	B
	29	36	31	11	18	13	

(a) 填写4个3阶幻方

33	1	8	24	19	26
7	32	3	25	23	21
29	9	4	20	27	22
6	28	35	15	10	17
34	5	30	16	14	12
2	36	31	11	18	13

(b) 交换区域A和D中心点一侧对角线上的元素

图15-10 单偶数阶幻方的填数过程

如何在区域A中每行取 k 个数字呢？可以在第 $0\sim k-1$ 行、第 $k+2\sim 2k$ 行每行取前 k 个数字，在第 k 行跳过第0个数字，取第 $1\sim k$ 列共 k 个数字。

4. 扩展实验

(1) 请根据实验提示用伪代码描述3种情况的幻方算法。

(2) 幻方的解法非常多，幻方还具有非常多的性质，请上网查找关于幻方的解法和趣事，写一篇综述论文。

15.6 文档压缩

1. 问题描述

假设某文档只包含26个小写英文字母，文档内容从键盘输入，请应用哈夫曼算法对该文档进行压缩和解压缩操作。

2. 基本要求

(1) 设计求解文档压缩问题的存储结构。

(2) 设计算法，构造哈夫曼编码，对文档进行压缩编码，对压缩文档进行解码。

(3) 分析算法的时空性能，设计测试数据并上机实现。

3. 实验提示

假设文档的字符个数不超过100，设字符数组str[100]存储给定的文档，数组cnt[26]存储文档中26个英文字母出现的次数，数组huffTree[51]存储哈夫曼树，数组huffCode[26]存储26个英文字母的哈夫曼编码，数组code[100]存储文档的压缩编码，数组decode[100]存储解码文档，设计以下函数完成相应功能：

- CountWeight：统计文档中出现的英文字母以及出现的次数。
- HuffTree：以出现的次数作为叶子结点的权值构造哈夫曼树。
- HuffCode：获得各字母的哈夫曼编码。

- HuffEncode：对文档进行哈夫曼压缩编码。
- HuffDecode：对压缩文档进行解码。

主函数接收从键盘输入的字符文档，调用上述函数完成相应功能。简单起见，将计数器 cnt[26]、哈夫曼树 huffTree[51]、哈夫曼编码 huffCode[26]均设为全局变量。函数 CountWeight 扫描文档 str[100]，对于字符 str[i]，累加计数器 cnt[str[i]－'a']。函数 HuffEncode 扫描文档 str[100]，对于字符 str[i]在 huffCode[26]中查表转换为对应的哈夫曼编码。函数 CountWeight 和 HuffEncode 比较简单，请读者自行设计。哈夫曼算法的存储结构以及哈夫曼算法请参见主教材，将函数 HuffTree 的返回值修改为编码个数。为便于获得哈夫曼编码对应的字符，修改哈夫曼树的结点结构，定义如下：

```
typedef struct
{
  char ch;
  int weight;                                        /* 字符 ch 出现的次数 */
  int parent, lchild, rchild;
} ElemType;
```

函数 HuffCode 通过查找叶子结点的双亲直至根结点，获得每个叶子结点的哈夫曼编码。为快速查找某字符的哈夫曼编码，设数组 huffCode[26]依次存储每个字母的哈夫曼编码，文档中未出现的字符，其哈夫曼编码为空。算法如下：

```
算法：获得各字符的哈夫曼编码 HuffCode
输入：数组 huffTree[51]，哈夫曼编码个数 n
输出：huffCode[26]
  1. 循环变量 i 从 0 到 n-1 重复执行下述操作：
    1.1 初始化:index = huffTree[i].ch - 'a';j = i;k = 0;
      1.1.1 执行下述操作直到 huffTree[j].parent 等于-1:
        1.1.1.1 parent = huffTree[j].parent;
        1.1.1.2 如果 huffTree[parent].lchild 等于 j,则 t[k++] = '0';j = parent;
        1.1.1.3 否则,t[k++] = '1';j = parent;
      1.1.2 t[k] = '\0';
      1.1.3 反转字符串 t;
      1.1.4 将 huffCode[index]赋值为 t;
  2. 输出 huffCode[26].
```

函数 HuffDecode 扫描哈夫曼压缩编码文档 code[100]，根据 huffTree[51]对压缩文档进行解码，解码前将变量 j 初始化为哈夫曼树根结点的位置。算法如下：

```
算法：对哈夫曼压缩编码进行解码 HuffDecode
输入：压缩编码文档 code[100]，数组 huffTree[51]，哈夫曼编码个数 n
输出：解码文档 decode[100]
  1. 初始化:i = 0;k = 0;j = 2 * n - 2;
  2. 重复执行下述操作直到 code[i] = '\0':
    2.1 如果 code[i]等于 0,则 j = huffTree[j].lchild;
    2.2 否则 j = huffTree[j].rchild;
```

```
    2.3 如果 huffTree[j].lchild 等于-1 并且 huffTree[j].rchild 等于-1,完成一次解
        码,decode[k++] = huffTree[j].ch;j = 2 * n - 2;
  3. 输出解码文档 decode[100];
```

4. 扩展实验

(1) 如果文档中包含的字符个数和种类不确定,要求哈夫曼编码文档为二进制,如何应用哈夫曼算法进行压缩和解压缩?

(2) 如果文档以文件的形式存储,并要求压缩存储到文件中,如何应用哈夫曼算法进行压缩和解压缩?

15.7 迷宫问题

1. 问题描述

迷宫是实验心理学的一个经典问题。迷宫是一个无顶盖的大盒子,其中设置了很多墙壁,对前进方向形成了多处障碍,图 15-11 为一个迷宫的示例。一只老鼠被放到迷宫的入口处,假设老鼠前进的方向有 4 个,分别是上、下、左、右。在迷宫的唯一出口处放置了一块奶酪,吸引老鼠在迷宫中寻找从入口到出口的通路。

图 15-11　迷宫示例

2. 基本要求

(1) 设计求解迷宫问题的存储结构。

(2) 设计算法求解迷宫问题,给出一条从入口到出口的通路。

(3) 分析算法的时空性能,设计测试数据并上机实现。

3. 实验提示

假设迷宫的大小为 $n \times m$,设二维数组 map$[n+2][m+2]$存储迷宫,其中 map$[i][j]$的值为 1 表示位置(i,j)有障碍,值为 0 表示没有障碍。为了表示四周的围墙,二维数组四周的数组元素值均为 1,如图 15-12 所示,其中双边矩形表示迷宫。由于每个位置有 4 个试探方向,设当前位置的坐标是(x,y),约定试探顺序为上、右、下、左,则从(x,y)到下一个位置的增量为$\{(-1,0),(0,1),(1,0),(0,-1)\}$,如图 15-13 所示,设数组 dx[4] 和 dy[4]分别存储行增量和列增量。

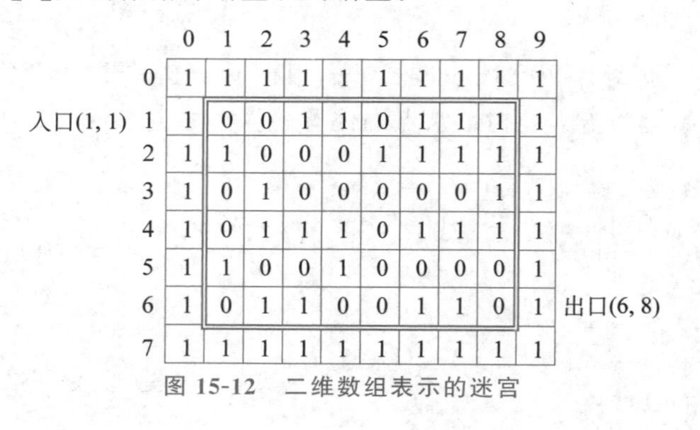

		0	1	2	3	4	5	6	7	8	9	
	0	1	1	1	1	1	1	1	1	1	1	
入口(1, 1)	1	1	0	0	1	1	0	1	1	1	1	
	2	1	1	0	0	0	1	1	1	1	1	
	3	1	0	1	0	0	0	0	0	1	1	
	4	1	0	1	1	1	0	1	1	1	1	
	5	1	1	0	0	1	0	0	0	0	1	
	6	1	0	1	1	0	0	1	1	0	1	出口(6, 8)
	7	1	1	1	1	1	1	1	1	1	1	

图 15-12　二维数组表示的迷宫

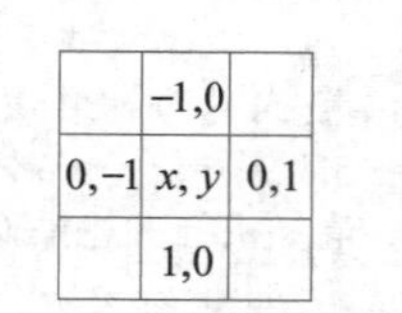

图 15-13　4 个方向的增量

可以采用深度优先搜索，设顺序栈S保存搜索路径，栈元素的数据类型定义如下：

```
typedef struct
{
  int x, y;                                          //当前位置
  int d;                                             //试探方向
} ElemType;
```

从入口出发，按照4个方向逐一试探，如果可以前进，则将当前位置和试探方向入栈，然后到达新的位置；在搜索过程中，如果某个位置的4个试探方向均没有通路，则出栈，即沿原路返回前一个位置，试探下一个方向，直至到达终点或栈空（表示没有通路）。为了避免某个位置被再次搜索到，将经过的位置标记为2，将回溯的位置标记为3。算法如下：

```
算法：迷宫问题 Maze
输入：迷宫 map[n+2][m+2]，入口 x1、y1，出口 x2、y2
输出：是否存在通路，从入口到出口的路径
  1. 栈 S 初始化：top = -1;
  2. 将入口坐标(x1 , y1)及该点的试探方向 d(初值为-1)入栈 S;
  3. 当栈 S 不空时重复执行下述操作：
    3.1 (x , y , d) = S 的栈顶元素；
    3.2 当 d < 4 时依次试探：
      3.2.1 确定试探方向：d++;
      3.2.2 求新位置坐标：i = x + dx[d]; j = j + dy[d];
      3.2.3 如果(i, j)等于(x2, y2)，依次输出栈 S 的元素；返回 1;
      3.2.4 如果 map[i][j]=0，则 map[i][j] = 2; d = -1; 将(i, j, d)入栈 S; 退出循环；
      3.2.5 否则，转步骤 3.2 试探下一个方向；
    3.3 如果 d 等于 4，则 map[i][j] = 3; 执行出栈操作；
  4. 栈 S 为空，不存在通路，返回 0.
```

4. 扩展实验

（1）如果前进的方向有8个，分别是上、下、左、右、左上、左下、右上、右下，如何修改算法实现迷宫求解？

（2）采用广度优先搜索实现迷宫求解，并与深度优先搜索得到的路径进行比较。

15.8 2048游戏

1. 题目描述

2048是一款数字益智游戏，游戏规则是：玩家通过方向键控制4×4方格中的数字方格整体移动，当两个带有相同数字的方格相邻时，这两个数字便会合并成一个数字，且数值变为两者之和，同时获得数值和的分数。在每次移动时，都会有一个值为2或者4的数字方格随机出现在空位上。如果空位均被占满，使得玩家无法执行移动操作，则游戏失败；如果玩家合并出值为2048的数字方格，则游戏胜利。

2. 基本要求

（1）设计2048游戏的存储结构。

（2）根据游戏规则设计相应的算法。

（3）分析算法的时空性能，编程实现并上机测试。

3. 实验提示

设数组 map[4][4]存储 4×4 方格的数字，变量 score 表示玩家的得分，利用键盘左侧的字母键，'w'、'a'、's'、'z'分别表示向上、向左、向右、向下移动，'r'表示重新开始游戏，'q'表示退出游戏。为避免在函数之间传递参数，将数组 map[4][4]和变量 score 设为全局变量。根据游戏规则，设计以下函数实现相应功能：

- InitGame：游戏初始化，包括初始化方格的状态和随机种子等。
- Update：更新游戏的方格画面。
- CheckWin：判断玩家是否取得胜利，即合并出值为 2048 方格。
- CheckLose：判断玩家是否失败，即所有方格均非空并且无法移动。
- GenerateBlock：随机生成值为 2 或 4 的数字方格。
- MoveUp：向上移动数字方格。
- MoveLeft：向左移动数字方格。
- MoveRight：向右移动数字方格。
- MoveDown：向下移动数字方格。

函数 Update 清除屏幕后输出数字方格及相应信息，函数 CheckWin 检查数组 map 是否有值为 2048 的数字方格，函数 CheckLose 首先检查数组 map 是否有值为 0 的数字方格，然后再检查相邻方格是否有相同数字。函数 Update、CheckWin 和 CheckLose 比较简单，请读者自行设计。

主函数首先进行方格初始化，然后接收玩家输入，直至游戏结束。注意游戏开始展现给玩家的是两个随机数字方格。算法如下：

```
算法：2048 游戏主函数
输入：无
输出：无
  1. 调用函数 InitGame 进行游戏初始化；
  2. 调用函数 GenerateBlock 随机生成数字方格；
  3. 重复执行下述操作：
    3.1 调用函数 GenerateBlock 随机生成数字方格；
    3.2 如果无法生成数字方格或者函数 CheckLose 的返回值为 1，输出失败信息，游戏结束；
    3.3 调用函数 Update，更新游戏的方格画面；
    3.4 获取玩家输入，有以下 6 种情况：
      (1) 输入'w'：调用函数 MoveUp；
      (2) 输入'a'：调用函数 MoveLeft；
      (3) 输入's'：调用函数 MoveRight；
      (4) 输入'z'：调用函数 MoveDown；
      (5) 输入'r'：调用函数 InitGame；转步骤 3 重新开始；
      (6) 输入'q'：游戏结束；
    3.5 调用函数 CheckWin，如果玩家合并出 2048，输出胜利信息，游戏结束.
```

函数 InitGame 完成游戏的初始化工作，算法如下：

```
算法：游戏初始化 InitGame
输入：无
输出：无
  1. 清除屏幕:system("cls");
  2. 设置控制台界面大小:system("mode con cols=80 lines=40");
  3. 设置控制台的标题:system("title 2048 游戏");
  4. 清空 map 数组:memset(map, 0, sizeof(int) * 16);
  5. 初始化随机种子:srand(time(NULL));
  6. 初始化得分:score = 0;
```

函数 MoveLeft、MoveRight、MoveUp、MoveDown 分别实现向左、向右、向上、向下移动数字方块，下面以 MoveLeft 为例进行介绍。由于游戏规则要求每行只将左侧相同数字方格合并一次，设变量 flag 表示是否进行了合并。算法如下：

```
算法：向左移动数字方块 MoveLeft
输入：无
输出：无
  1. 循环变量 i 从 0 到 3 依次处理每一行:
    1.1 初始化:k = 0;flag = 0;
    1.2 循环变量 j 从 0 开始处理第一个非零数字方格,有以下 3 种情况:
      (1) map[i][j] = 0:k++;
      (2) map[i][j]≠0 并且 k≠0:map[i][j-k] = map[i][j];map[i][j] = 0;退出循环;
      (3) map[i][j]≠0 并且 k = 0:退出循环;
    1.3 当 j < 4 时,处理第 i 行的剩余数字方格,有以下 3 种情况:
      (1) map[i][j] = 0:k++;
      (2) map[i][j]≠0 且 map[i][j-k-1] = map[i][j]且 flag = 0:
        (2.1) map[i][j-k-1] = map[i][j-k-1] + map[i][j];
        (2.2) map[i][j]= 0;k++;flag = 1;
        (2.3) score = score + map[i][j-k-1];
      (3) map[i][j]≠0 并且 k≠0:map[i][j-k] = map[i][j];map[i][j]= 0;
```

函数 GenerateBlock 在每次执行移动操作后，随机生成数字方格。由于方格较少，可以在产生一个随机位置后顺序查找值为 0 的数字方格。算法如下：

```
算法：随机生成数字方格 GenerateBlock
输入：无
输出：产生数字方格返回 1,否则返回 0
  1. i = [0, 3]区间随机整数;j = [0, 3]区间随机整数;
  2. 循环变量 k 从 1 到 4 在第 i 行查找值为 0 的数字方格:
    2.1 如果 map[i][j]等于 0,转步骤 5 随机生成数字;
    2.2 j = (j+1) % 4;
  3. 循环变量 k 从 1 到 3 在其他行查找值为 0 的数字方格:
    3.1 i = (i+1) % 4;
    3.2 在第 i 行查找值为 0 的数字方格,如果找到,转步骤 5 随机生成数字;
  4. 没有值为 0 的数字方格,返回 0;
  5. rndNum = 以 9：1 的比例生成 2 或者 4;
  6. map[i][j] = rndNum;返回 1.
```

4. 扩展实验

(1) 当前游戏的所有信息均存放在内存中，在游玩结束后不能保存得分。要求通过文件存储的方式实现“排行榜”功能，将玩家每次游玩的得分记录在文件中。

(2) 在玩家生成 2048 后，允许玩家选择继续玩还是退出游戏。如果玩家选择继续玩，则继续游戏，直到玩家无法移动数字方格。

15.9 五 子 棋

1. 题目描述

五子棋起源于中国，也称为连珠五子棋或连珠棋，是一种两人对弈的棋类游戏。双方各执黑白两色棋子，轮流下在棋盘横线与竖线的交叉点，率先在横向、竖向或对角方向形成五子连珠者获胜。假设玩家执黑子，计算机执白子，请实现人机对弈的五子棋游戏。

2. 基本要求

(1) 设计五子棋游戏的存储结构。

(2) 根据游戏规则设计相应的算法。

(3) 分析算法的时空性能，编程实现并上机测试。

3. 实验提示

简单起见，游戏界面可以用字符'W'代表白子，字符'B'代表黑子，没有落子的位置空着，棋盘用网格线表示。在完成游戏基本功能的基础上，请读者设计更好的游戏界面。

目前，国际上使用的五子棋棋盘大小都是 15×15，设数组 map[15][15]表示棋盘的落子情况，其中 0 表示空位，1 表示黑子，2 表示白子。数组 weight[15][15]表示计算机落子的估价值(获胜的可能性)，例如 weight[i][j]表示计算机在位置(i,j)落子的估价值。为了判断是否五子连珠及计算估价值，由位置(x,y)从上开始顺时针统计 8 个方向的落子情况，位置增量如图 15-14 所示。设数组 dx[8]和 dy[8]分别存储行增量和列增量，则 dx[8]={−1,−1,0,1,1,1,0,−1}，dy[8]={0,1,1,1,0,−1,−1,−1}。简单起见，将以上变量均设为全局变量。根据游戏规则，设计以下函数完成基本功能：

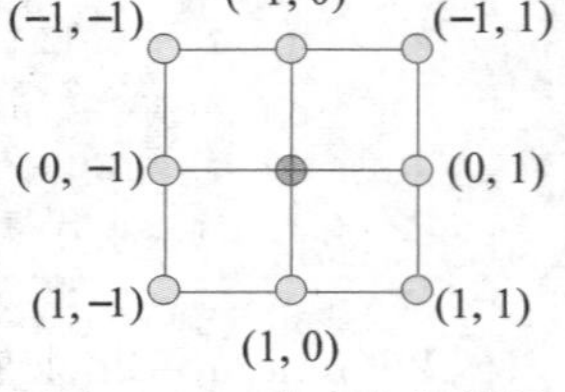

图 15-14　8 个方向的增量

- InitGame：初始化游戏状态。
- Update：更新游戏界面。
- CountBeads：统计 8 个方向的连珠。
- UpdateWeight：更新计算机在每个位置的落子权重(估价值)。
- ComputerTurn：计算机回合的落子。
- CheckWin：判断是否有一方取得胜利。

函数 InitGame 和 Update 比较简单，请读者参照 15.8 节自行设计。假设玩家执黑子，黑子先手。主函数的算法如下：

```
算法：五子棋游戏主函数
输入：无
输出：无
  1. 调用函数 InitGame 初始化游戏状态;
  2. 调用函数 Update 更新游戏界面;
  3. 重复执行下述操作:
    3.1 获取玩家输入,有以下 3 种情况:
      (1) 输入'r':调用函数 InitGame 和 Update,重新开始游戏;
      (2) 输入'q':显示提示信息,退出游戏;
      (3) 输入位置(i, j):如果 map[i][j]等于 0,则 map[i][j] = 1;否则输出错误信息,要
          求玩家重新输入;
    3.2 调用函数 CheckWin 进行判断,如果玩家获胜,则输出提示信息,调用函数 InitGame
        和 Update,重新开始游戏;
    3.3 调用函数 ComputerTurn 处理计算机回合的落子;
```

设数组 tempCnt[8]存储从上开始顺时针 8 个方向的连珠个数,数组 cnt[4]存储竖线、斜率为−1 的斜线、横线、斜率为 1 的斜线上的连珠个数,将 cnt[4]设为全局变量。函数 CountBeads 的算法如下:

```
算法：统计 8 个方向的连珠 CountBeads
输入：棋盘的位置(x, y),落子的颜色 k
输出：cnt[4]
  1. 循环变量 i 从 0 到 7 依次对 8 个方向进行统计:
    1.1 初始化:tempCnt[i] = 0;px = x;py = y;
    1.2 循环变量 j 从 0 到 3 向某个方向最多试探 4 次:
      1.2.1 px = px + dx[i];py = py + dy[i];
      1.2.2 如果(px, py)超出棋盘边界或者 map[px][py]≠k,退出循环;
      1.2.3 否则 tempCnt[i]++;
  2.循环变量 i 从 0 到 3 统计竖线、斜率为-1 的斜线、横线、斜率为 1 的斜线上的连珠个数:
    2.1 cnt[i] = tempCnt[i] + tempCnt[i+4];
    2.2 i++;
```

函数 CheckWin 通过统计 8 个方向的连珠情况判断是否有一方获胜。算法如下:

```
算法：判断是否五子连珠 CheckWin
输入：棋盘的位置(x, y)
输出：1 表示玩家获胜,-1 表示计算机获胜,0 表示没有一方获胜
  1. 获取位置(x, y)的落子:k = map[x][y];
  2. 调用函数 CountBeads 获得 4 个方向的连珠情况 cnt[4];
  3. 循环变量 i 从 0 到 3 判断竖线、斜率为-1 的斜线、横线、斜率为 1 的斜线的情况:
    3.1 如果 cnt[i]≥4 并且 k 等于 1,玩家获胜,返回 1;
    3.2 如果 cnt[i]≥4 并且 k 等于 2,计算机获胜,返回-1;
    3.3 i++;
  4. 没有一方获胜,返回 0;
```

函数 ComputerTurn 处理计算机回合的落子,设变量 maxX 和 maxY 分别表示计算机合适落子的行列下标。算法如下:

```
算法：处理计算机回合的落子 ComputerTurn
输入：无
输出：无
  1. 调用 UpdateWeight 函数,更新每一个位置的权重;
  2. 扫描棋盘,查找具有最大权重的位置(maxX, maxY);
  3. map[maxX][maxY] = 2;
  4. 调用函数 Update 更新游戏界面;
  5. 调用函数 CheckWin 进行判断,如果计算机获胜,则执行下述操作:
    5.1 输出提示信息;
    5.2 调用函数 InitGame 和 Update,重新开始游戏.
```

五子棋游戏最具有挑战性的算法是更新棋盘上每一个位置的权重(估价值),确定计算机落子在哪个位置胜算的概率最大。函数 UpdateWeight 采用了一种简单的方法,设变量 aiWeight 和 playerWeight 分别表示计算机和玩家获胜的权重,对于空白位置(x, y),分别统计计算机和玩家在竖线、斜率为-1的斜线、横线、斜率为1的斜线的落子个数,令第i个方向获胜的权重是$10^{\mathrm{cnt}[i]}$,4个方向的权重和分别是计算机和玩家在位置(x,y)落子获胜的权重,显然,计算机选择对自己最有利或对手最不利的较大值。算法如下:

```
算法：更新权重 UpdateWeight
输入：无
输出：权重状态 weight[15][15]
  1. 扫描棋盘,逐一对位置(x, y)进行计算:
    1.1 如果 map[x][y]≠0,则 weight[x][y] = 0;
    1.2 否则,计算位置(x, y)的权重:
      1.2.1 初始化:aiWeight = 0;playerWeight = 0;
      1.2.2 令 k = 2;调用函数 CountBeads 获得 4 个方向的连珠情况 cnt[4];
      1.2.3 循环变量 i 从 0 到 3 计算:
        1.2.3.1 aiWeight += 10^cnt[i];
        1.2.3.2 i++;
      1.2.4 令 k = 1;调用函数 CountBeads 获得 4 个方向的连珠情况 cnt[4];
      1.2.5 循环变量 i 从 0 到 3 计算:
        1.2.5.1 playerWeight += 10^cnt[i];
        1.2.5.2 i++;
    1.3 weight[x][y] = max(aiWeight,playerWeight);
```

4. 扩展实验

(1) 在玩家游戏的过程中,可能会出现误操作等需要"悔棋"的情况,假设只允许悔一步棋,请设计算法并上机实现。

(2) 实验提示中给出的算法 UpdateWeight 比较简单,计算机落子的估价函数还有评分表法、最小-最大搜索法、α-β 搜索法等。请查阅资料,设计算法并上机实现。

15.10 赛事统计

1. 题目描述

假设某计算机大赛共有 m 个项目，参赛学校有 n 个，每个比赛项目至少有10支参赛队伍，每个学校最多有6支队伍参赛，每支队伍只能参加一个项目，并且每支队伍最多有三位学生和一位指导教师，比赛成绩按照得分降序排列，每项比赛取前三名(如果有并列，则均获奖)，请统计比赛结果并生成报表。主要功能点如下：

(1) 录入并保存赛事项目、参赛学校和参赛队伍的基本信息。

(2) 统计各学校的参赛队伍情况和获奖情况。

(3) 统计各项目的获奖情况(奖项、队数、学校等)。

(4) 可以按照学校编号或名称查询该学校的总分、参与各项比赛的总分等。

(5) 可以按学校编号或名称查询该学校某个项目的获奖情况。

(6) 可以按项目编号或项目名称查询该项目取得前三名的学校。

(7) 对所有参赛学校的总成绩进行排序。

(8) 赛事统计系统以菜单方式工作，交互设计要合理。

2. 基本要求

(1) 设计求解赛事统计问题的存储结构。

(2) 根据功能要求设计相应的算法。

(3) 分析算法的时空性能，设计测试数据并上机实现。

3. 实验提示

对赛事项目、参赛学校、学校的参赛队伍分别建立线性表，同时建立线性表之间的联系，对于每个项目的参赛队伍可以用单链表进行存储。将所有基本信息存入文件。

4. 扩展实验

(1) 更复杂的数据查询需要建立索引，请说明索引结构在该问题中的使用。

(2) 事实上，管理信息系统类软件通常采用数据库完成，请读者用DBMS实现，并对比用DBMS和文件管理数据的差别。

附录 A

实验报告的一般格式

数据结构实验　　　　　　　　　　实验时间　　　　　　　　年　月　日

班级		学号		姓名		成绩	

一、实验题目

说明实验题目，给出问题描述。

二、实验内容

描述实验的具体内容或基本要求。

三、数据结构设计

主要包括从问题抽象的数据模型、数据模型的存储结构、算法运行过程中用到的辅助数据结构等，说明选择或设计数据结构的理由，给出存储结构定义（类或结构体类型、全局变量、符号常量等）。如果有用户界面，还要说明如何设计用户界面。

四、算法设计

说明主函数的调用流程，用伪代码描述每个主要功能点的算法，并分析时间复杂度和空间复杂度。

五、运行结果

设计测试数据，考虑输入数据的类型、值的范围以及输入形式，输出数据的类型、值的范围以及输出形式，哪些属于非法输入，等等。对于每种情况至少给出一组测试数据，对于每组测试数据给出程序运行结果的截图。

六、总结与体会

写出实验完成后的总结与思考、实验过程中遇到的问题及解决办法、得到的收获等。例如，在设计算法过程中，有哪些关键问题是逐渐理顺思路的？在调试程序的过程中遇到了什么问题，是如何解决的？学到了哪些可以运用的抽象模型、算法思路及程序设计技巧？

七、程序源码

打印或手写带有完整注释和良好风格的程序源码，注意排版。